普通高等教育经济管理类"十三五"规划教材

经济法

主　编　高庆国　张金平
副主编　任金玲　杨艳斌　赵书亚

黄河水利出版社
·郑州·

内 容 提 要

本书突出其实用性，内容包括经济法导论、企业法律制度、公司法、企业破产法、合同法、知识产权法律制度、反不正当竞争法和反垄断法、消费者权益保护法、产品质量法、票据法、劳动法律制度、经济仲裁与经济诉讼。

本书可作为各院校法律基础课程的教材，也可作为企事业单位员工经济法律知识的培训用书。

图书在版编目(CIP)数据

经济法/高庆国，张金平主编. —郑州：黄河水利出版社，2017.2

普通高等教育经济管理类"十三五"规划教材

ISBN 978-7-5509-1690-6

Ⅰ.①经… Ⅱ.①高… ②张… Ⅲ.①经济法-中国-高等学校-教材 Ⅳ.①D922.29

中国版本图书馆 CIP 数据核字(2017)第 025835 号

出 版 社：黄河水利出版社　　网址：www.yrcp.com

地址：河南省郑州市顺河路黄委会综合楼 14 层　　邮政编码：450003

发行单位：黄河水利出版社

发行部电话：0371-66026940、66020550、66028024、66022620(传真)

E-mail：hhslcbs@126.com

承印单位：郑州龙洋印务有限公司

开本：787 mm×1 092 mm　1/16

印张：16.25

字数：375 千字　　印数：1—2 000

版次：2017 年 2 月第 1 版　　印次：2017 年 2 月第 1 次印刷

定价：36.00 元

前　言

要建设社会主义市场经济，必须健全社会主义法制，必须有大批熟练掌握和运用经济法知识对社会经济进行管理的人才。经济法是会计职称考试、司法考试、公务员考试等的必考内容，也是注册会计师考试的必考科目。本书正是为满足这一社会需求而编写的。本书特点是针对培养应用型人才的教学要求，采取了系统化、通俗化、精简化的写法，全书重点突出，难度适中，每章后都附有思考题和练习题。本书内容包括经济法导论、企业法律制度、公司法、企业破产法、合同法、知识产权法律制度、反不正当竞争法和反垄断法、消费者权益保护法、产品质量法、票据法、劳动法律制度、经济仲裁与经济诉讼。

本书由河南工程学院高庆国、郑州工程技术学院张金平担任主编，郑州航空工业管理学院任金玲、河南工程学院杨艳斌、河南交通职业技术学院赵书亚担任副主编。高庆国编写第一章、第四章、第六章、第九章，任金玲编写第二章、第三章，杨艳斌编写第五章、第八章、第十二章，张金平编写第七章，赵书亚编写第十章、第十一章。河南工程学院黄东坡副教授担任教材主审。河南工程学院廖会杰、黄淮学院史婷婷、洛阳理工学院黄鑫冉、郑州大学升达经贸管理学院周家迪参与对本书部分书稿和电子课件的整理。

本书可作为各院校法律基础课程的教材，也可作为企事业单位员工经济法律知识的培训用书。

在本书的编写过程中，我们借鉴了许多学者的研究成果和文献资料，在此表示衷心的感谢。

本书虽然经过多次讨论和修改，但由于水平有限、时间仓促，难免有不足和不当之处，我们真诚希望得到读者的批评和指正，联系信箱：hdp316@163.com。

本套教材均附带教师专用电子课件及习题答案，任课教师如有需要，请联系黄河水利出版社闫晓慧（电话：0371－66025355；邮箱：406779136@qq.com）。

编　者

2016年10月

目 录

第一章　经济法导论

学习目标

1.了解经济法的产生与发展、经济法的渊源等基础知识；

2.明确经济法的概念、调整对象及经济法律关系的构成要素；

3.掌握法律行为、代理制度。

第一节　经济法概述

一、经济法的产生与发展

（一）西方国家经济法的产生和发展

在自由资本主义时期，国家对经济运行采取不干预的政策，国家的任务是保障个人享有财产的绝对权利和缔结契约的自由权。在立法上以个人主义和自由主义为宗旨，并由此形成了资产阶级的三大法律原则，即私有财产神圣不可侵犯、契约自由、权利平等原则，经济生活完全由市场这一“看不见的手”来调节。到自由资本主义末期和垄断资本主义初期，垄断组织迅速扩大，使市场经济所固有的竞争机制和自发调节失去了应有的效应，自由竞争的环境被破坏殆尽，资本主义私有制固有的根本矛盾和社会矛盾一齐激化和爆发出来，这些都严重地威胁着资本主义国家的经济制度和政治制度。因此，资本主义国家不得不放弃对经济生活不加干预的政策，实行全面干预，把“看得见的手”与“看不见的手”协调起来，开始实行国家干预和市场调节相结合的经济政策。国家干预经济生活就是国家通过法律来调整特定的经济关系，规范市场主体和市场运行，如对竞争行为进行规范和限制，禁止和限制垄断行为。这样，作为对经济生活进行调控的有力武器，现代意义的经济法就产生了。

（二）新中国经济法的产生和发展

1.新中国经济法的产生

新中国成立初期，党和国家就开始着手在经济领域内进行社会主义法制建设，以迅速恢复和发展国民经济，进行有计划的经济建设，完成对生产资料私有制的社会主义改造任务。国民经济恢复和第一个五年计划时期，国家就土地改革、国民经济计划、财政经济工作、税收、基本建设、经济合同、公私合营企业、对外贸易、矿业等很多方面，制定了大量的经济法规，如《土地法》[①]《矿业暂行条例》《全国税收实施细则》等，基本上适应了当时社会经济发展的需要。有了经济法律保证，这一时期成为中国经济发展最快的时期之一。但这些经济法规多与行政法混在一起，并不是科学意义上的社会主义经济法。

2. 新中国经济法的初步发展

中国共产党十一届三中全会以后，中国进入了以经济建设为中心的新的历史发展时期。这一时期，党和国家拨乱反正，解放思想，并开始探索建立适应中国国情的经济体制。在经济立法方面，全国人民代表大会及其常务委员会制定了大量的经济法律，国务院制定了大量的经济法规，如《土地管理法》《经济合同法》《涉外经济合同法》《商标法》《专利法》《全民所有制工业企业法》《私营企业暂行条例》《中外合资经营企业法》《中外合作经济企业法》《外资企业法》等。这些经济法律、法规涉及改革开放和国民经济建设的各个方面，经济法制与经济建设同步发展、相互促进，取得了很大的成绩，对改革开放和国民经济的发展起到了重要的保证和促进作用。这一阶段，中国经济法的发展是与有计划的商品经济体制关联的。

3. 新中国经济法的快速发展

中国共产党第十四次全国代表大会确立了中国经济体制改革的目标是建立社会主义市场经济体制，从此以后，中国经济法制建设有了更加明确的方向。市场经济条件下，在经济法理论方面的某些基本问题上，人们的认识日益趋同，这就为中国经济法的进一步发展奠定了重要的基础。中国经济法进入了一个新的发展阶段。这一时期的立法更加注重对市场经济规律的认识，更加注重限制政府对经济干预的权力，更加注重法律体制的建设与协调，不仅经济立法的数量大大增加，还修改了一些不适应市场经济需要的法律法规，基本建立起了科学的社会主义市场经济法律体系。这一时期颁布的主要法律法规有《公司法》《反不正当竞争法》《消费者权益保护法》《证券法》《产品质量法》《广告法》《对外经贸法》《预算法》《审计法》《合伙企业法》《个人独资企业法》等。新中国经济法尽管历史不长，但其发展却为世人瞩目。

二、经济法的概念和特征

（一）经济法的概念

经济法是指在调整经济管理和经济协作过程中产生的经济关系的法律规范的总称。经济法的产生源于国家对经济运行管理和协调的必要性，它通过确立国家管理、协调经济运行的方式促进了生产力的发展，为社会的发展尤其是经济的发展做出了巨大贡献。

（二）经济法的特征

经济法具有一般法律的基本特征，即国家意志性、特殊的规范性和应有的强制性。经济法与其他法律相比较，又有自己的一些特点，具体表现在以下几个方面。

1. 综合性

经济法的综合性表明其不限于单一的范围，主要表现在以下几个方面：

（1）在调整手段上，经济法将各种法律调整手段有机地结合起来对经济关系进行综

---

① 本书法律名称多用简称，如《土地法》即《中华人民共和国土地法》。

合调整，这主要表现在经济法往往运用民事的、行政的、刑事的、程序的、专业的及技术的等手段作用于某一经济领域，以达到维护社会经济秩序的目的。

(2)在规范构成上，经济法既有高阶位法律，也有低阶位的法令、条例、细则和办法；既有实体法规范，又有程序法规范；既包括强制性规范和任意性规范，又包括指导性规范和诱导性规范。

(3)在调整范围上，经济法既包括宏观经济领域的管理和调控关系，也包括微观经济领域的管理和协作关系。

2. 经济性

经济法的经济性的重要表现是经济法往往把经济制度、经济活动的内容和要求直接规定为法律。此外，经济法反映了经济生活的基本经济规律，并服务于经济基础，受经济基础的决定和制约。经济法的调整手段主要是经济手段，这与行政、刑事手段不同。

3. 行政主导性

作为国家特殊意志在法律上的反映，经济法更浓重地体现了法的强制性、授权性、指导性的色彩，并多以限制或禁止性规定来规范主体的作为或不作为，还常以奖励与惩罚并用的方法来促进主体的行为符合社会经济利益的整体需要。这与民法规范不同。

4. 政策性

经济法具有显著的政策性特征，这主要表现在经济法随时根据国家意志的需要赋予政策以法的效力，并根据政策的变化而变化。在经济法的执法和司法力度方面，也无不受政策的影响。

三、经济法的调整对象

经济法所调整的是特定的经济关系，是国家在宏观调控和协调社会经济运行中发生的经济关系。具体有以下几种关系。

(1)经济管理关系。它是指各级国家机关之间，国家机关与经济组织、公民之间在国民经济管理活动中产生的经济关系。

(2)经济协作关系。它是指法人、其他经济组织及公民相互之间在经济往来中产生的经济关系。

(3)市场经济主体在内部经济管理中产生的经济关系。它是指企业、其他经济组织在内部经济管理中产生的经济关系。这种经济关系一方面是经济组织内部机构相互之间的组织管理关系，另一方面是经济组织内部贯彻实行经济责任制过程中产生的经济管理和经济协作关系。

(4)涉外经济关系。涉外经济关系包括涉外经济管理关系和涉外经济协作关系。两者既相互区别，又相互联系，由中国经济法统一地、综合地进行调整。经济法调整两者的统一性和综合性，在关系国计民生的行业中，在地区、行业的经济协调中表现得尤为明显。

四、经济法的基本原则

经济法的基本原则是指由经济法的本质所决定的，贯穿于经济法始终的、在管理和协调经济运行中必须遵循的根本准则。

（一）国家适度干预原则

国家适度干预原则是体现经济法突出特征的原则。经济法是为了适应国家对社会经济的干预产生的一种法律形式。国家的干预要适度，绝不可以过于强硬或干预过多。市场经济主要是由价值规律、供求规律和竞争规律起作用的。充分发挥市场机制的作用是必然的。但是，由于市场调节不可避免的滞后性与盲目性，国家干预成为对经济稳定与发展的一种必不可少的调节方式。但国家对经济的干预是适度调节，主要是从宏观上对市场主体的市场行为进行指导、扶持与约束，国家对经济的干预要同时体现国家协调、促进经济发展的重要功能。

（二）市场主体独立平等原则

市场经济的本质要求是交易自由、竞争自由。这就要求法律必须赋予市场以独立的主体资格，为实现交易自由创造最基本的条件。在此基础上，法律必须承认这些独立的市场主体在法律上一律平等，一概受到法律的同等保护，他们在交易关系中应共同遵循平等、自愿、公平、等价有偿和诚实信用等准则，任何主体都不能享有特殊的权利和承担额外的义务。

（三）维护公平竞争原则

竞争是市场机制的灵魂，公平竞争是市场经济健康发展的基本要求。发展市场经济必须维护公平竞争。维护公平竞争原则的基本要求是：营造并维护一个平等、公正、统一和有序的外部竞争环境；保护和促进市场主体之间的公平的、有效的自由竞争，以维护市场经济的活力和有效运行；对妨碍公平竞争的垄断行为、限制竞争行为和不正当竞争行为予以制止和制裁；对竞争进行适度控制，以防止过度竞争所带来的消极后果发生；弘扬优良商业道德，树立诚信、公平的基本理念，要求市场主体在不损害其他竞争者、不损害社会公共利益和市场道德秩序的前提下去追求利润的最大化。

（四）平衡协调原则

平衡协调原则是由经济法的社会性和公私交融性所决定的一项普遍原则，是不同社会经济体制的经济法所共同遵循的一项主导性原则。作为现代新兴法律部门的经济法，已经不再是国家与私人极端对立之下维护任何一方利益的工具。通过经济法的平衡协调原则，使社会整体利益与个体利益之间得以协调，维护国家利益、社会利益和个体利益之间的公正合理的平衡，最终创造一个能使自由市场机制和民法得以充分发挥作用的外部环境。

五、经济法的渊源

经济法的渊源，亦称经济法的形式，是指经济法的存在或表现形式。经济法一般没有法典这一法律表现形式。

（一）宪法

宪法是由国家最高权力机关（全国人民代表大会）制定的根本大法，具有最高的法律地位和法律效力，其制定和修改程序与一般的法律均有所不同。一切法律、行政法规和地方性法规都不得与宪法相抵触。

（二）法律

法律是由国家最高权力机关及其常设机构（全国人民代表大会及其常务委员会）制定、颁布的规范性文件（狭义法律），法律的地位和效力低于宪法，高于其他国家机关制定的各种规范性文件。

（三）行政法规

行政法规是由国家最高行政机关（国务院）制定、颁布的规范性文件。行政法规的法律地位低于法律，高于地方各级权力机关和行政机关制定、发布的各种规范性文件。

（四）司法解释

司法解释是立法机关授予最高人民法院和最高人民检察院在审判过程中及检察过程中对适用法律问题所作出的具有法律效力的阐释与说明。

（五）地方性法规

地方性法规是由省、自治区、直辖市及省、自治区政府所在地的市和经国务院批准的较大的市的权力机关根据本行政区域内的具体情况和实际需求，在法定权限内所制定、发布，并报全国人民代表大会常务委员会或国务院备案的规范性文件。地方性法规只在本行政区域内有效，而且不能与宪法、法律和行政法规相抵触。

（六）规章

规章主要指国务院组成部门及直属机构，省、自治区、直辖市人民政府及省、自治区政府所在地的市和经国务院批准的较大的市的人民政府，在它们的职权范围内，为执行法律、法规需要制定的事项，或属于本行政区域的具体行政管理事项而制定的规范性文件。规章因级别不同效力等级也不同。

（七）国际条约或协定

国际条约或协定是指我国作为国际法主体同外国或地区缔结的双边、多边协议和其他具有条约、协定性质的文件。

六、经济法的体系

经济法体系是由经济法律、法规按一定逻辑关系建立起来的各个经济法部门所组成的有机联系的统一整体，与经济法的调整对象相适应。

（一）市场主体法

市场主体主要指在市场上从事直接和间接交易活动的经济组织。市场主体是构成一国国民经济体系的最基础的环节。国家对经济进行干预，首先须对市场主体的入市资格进行法律上的确认。由于我国关于市场主体方面的立法正在调整之中，公司法与企业法并存。公司法强调以责任形式认识经济组织，而企业法则强调以企业资产所有制来认识企业。由此，市场主体法律便包括《企业法》《国有企业法》《个人独资企业法》《合伙企业法》《公司法》《外商投资企业法》《破产法》等。

（二）市场运行规制法

维护公平竞争是国家协调发展经济活动的重要方面。这一关系是指国家为了维持市场经济的正常运行和保持其活力，采取相应的措施维护、促进或限制竞争的过程中形成的社会经济关系。垄断和不正当竞争是妨碍市场经济发展的大敌，这就必须通过制定经济法规对市场经济关系加以协调,以完善市场规则,维护自由竞争的经济秩序。这方面的法律包括《物权法》《合同法》《担保法》《反不正当竞争法》《反垄断法》《产品质量法》《消费者权益保护法》《价格法》《商标法》《著作权法》《专利法》等。

(三)宏观调控法

宏观调控是指国家为了实现经济总量的基本平衡,促进经济结构的优化,引导国民经济持续、快速、健康发展,对国民经济总体活动进行的调节和控制。宏观调控立法有助于发挥其宏观性、整体性优势,克服市场缺陷,防止并消除经济总量的失衡和经济结构的失调,优化资源配置,促进经济个体与社会整体共同发展。这部分的法律包括《财政法》《税收法》《银行法》《票据法》《证券法》《外汇管理法》《会计法》《环境法》《对外贸易法》等。

(四)劳动和社会保障法

劳动关系和社会保障关系是经济法调整的重要内容。社会主义法律保障劳动者的合法权益,调动广大劳动者的积极性,为社会主义建设服务。同时,通过法律对社会资源进行合理的再分配,以保障低收入阶层及老、弱、病、残者得到社会的救助,保障社会成员的基本生活权利,维护社会的稳定。这方面的法律法规包括《劳动法》《劳动合同法》《工会法》《失业保险条例》《社会保险费征缴暂行条例》《妇女权益保障法》《残疾人权益保障法》等。

第二节　经济法律关系

一、经济法律关系概述

(一)法律关系的概念与基本特征

法律关系是指法律规范在调整人们行为过程中形成的权利义务关系。即法律关系是指社会关系被法律规范调整之后所形成的权利和义务关系。其构成要素包括法律关系的主体、法律关系的内容、法律关系的客体。其与其他社会关系相比较,具有以下特征:

第一,法律关系是一种意志关系,属上层建筑范畴。这里的意志是指国家的意志和行为人的意志,法律关系是反映统治者意志及行为人意志而形成的关系。

第二,法律关系是由法律规定和调整的关系。法律关系的产生、变更和消灭是以得到法律认可为前提的,因而法律规范是法律关系存废的前提条件。

第三,法律关系是以权利义务为内容的关系。法律规定和调整人们的行为是通过界定行为人的权利义务得以实现的,因此没有权利义务的法律关系是不存在的。

第四,法律关系是受国家强制力保证实施的关系。法律规范是由国家强制力保证实施的行为规范,故由此而形成的关系就受国家强制力的保护。

在法律关系中,由于其反映的物质社会关系的不同,从而会形成不同的法律关系。以调整平等主体之间的财产关系和人身非财产关系而形成的法律关系,称为民事法律关系;调整婚姻家庭关系而形成的法律关系,称为婚姻家庭法律关系;以调整行政管理关系而形成的法律关系,称为行政法律关系;以调整刑事犯罪与惩罚关系而形成的法律关系,称为刑事法律关系;以调整经济管理与协调关系而形成的法律关系,称为经济法律关系,等等。

(二)经济法律关系的概念与基本特征

经济法律关系是指经济法主体在进行经济管理和经济活动过程中所形成的,由经济法加以确认的经济权利和经济义务关系。经济法律关系具有以下主要特征:

第一,经济法律关系是在经济领域中发生的意志关系,属于上层建筑。经济法律关系产生于经济领域,这一关系体现的是国家意志和当事人意志,而后者必须以前者为依据,不能违背前者的基本内容,与此同时,后者又是前者的归宿,即国家意志最终是靠当事人意志来实现调整经济关系的目的,没有当事人意志,经济法律关系既不能形成,也不可能实现。

第二,经济法律关系是以经济法律规范的存在为前提的。由于经济法律规范是经济法律关系产生和其内容得以实现的前提。因此,没有经济法律规范的具体规定,该法律关系不能产生,其内容亦无法实现。从此意义而言,经济法律关系也是经济法律规范调整经济关系的必然结果。

第三,经济法律关系是主体之间具有经济内容的权利义务关系。权利义务是法律关系的核心,法律确认某一法律关系的目的亦是依靠确认权利义务来实现的。经济法律关系所体现的权利义务则具有经济内容,即是为了完成一定的经济任务和实现一定的经济目的。权利义务关系的确定是经济法律关系形成的标志,其变更是经济法律关系变更的依据,其实现是当事人参与经济法律关系的根本目的。

第四,经济法律关系是由国家强制力保证实施的权利义务关系。经济法律关系的权利义务一旦形成,即受国家强制力保护,任何一方当事人都不得违背。如果某一方不履行经济法律关系确定的义务,将会受到法律的追究,任何一方的权利受到侵害,都可请求法律的保护。

二、经济法律关系的构成

(一)经济法律关系的主体

经济法律关系的主体是指在经济管理、协调过程中依法独立享受一定权利和承担一定义务的当事人。享有一定权利的当事人叫作权利主体,承担一定义务的当事人则称为义务主体。但双方当事人在许多情况下既享受经济权利,又承担经济义务。经济法律关系主体有以下特点:经济法律关系主体能够以自己名义独立地参加经济法律关系;经济法律关系主体是经济法律关系中权利和义务的担当者;经济法律关系主体能够独立地承担经济法律责任。

经济法律关系主体范围是由经济法调整的对象范围决定的。由于经济法调整的对象范围的广泛性,这一主体范围十分广泛,其大致可分为以下两大类。

第一,经济管理主体。经济管理主体主要是国务院及其承担经济管理职能的部、委、局、署、会、行和地方及其相应机构,也包括各级权力机关,以及由国家和法律授权而承担某种经济管理职能的其他组织等。主要有三类:一是综合管理机关,主要负责对国民经济进行宏观调控;二是行业管理部门,负责对国民经济特定部门、行业进行管理;三是专门职能部门,如国家工商行政管理总局、国家税务总局等。

第二,经济活动主体。经济活动主体是指依据民法、经济法、行政法以及其他法律、法规设立,从事经济活动的组织和个人。这类主体主要包括各类企业、事业单位、社会团体、农村承包经营户、个体工商户、公民个人等。此外,经济组织的内部机构,虽不具有独立法律人格,但在一定条件下也是经济法律关系的主体。例如,担负企业一定生产经营职能的分支机构、职能科室和基层业务活动的组织等,依法与企业订立承包租赁等责任制合同;分公司、分店等依法作为纳税人参加税收法律关系等。

在某些情况下,国家也可以作为经济法的主体参与经济法律关系。如发行国债,以政府名义与他国签订经济贸易协定等。

(二)经济法律关系的内容

经济法律关系的内容是指经济法律关系主体享有的权利和承担的义务。这是经济法律关系的核心,直接体现了经济法主体的利益和要求。因此,没有权利和义务的经济法律关系是不存在的。

1. 权利

权利是指经济法律关系的主体依法具有的自己为一定行为或不为一定行为和要求他人为一定行为或不为一定行为的资格。它包括以下几个方面的含义:

第一,经济法律关系的主体在法定范围内依照自己的利益需要,根据自己的意志实施一定的经济行为。这一行为包括作为和不作为,前者指按其意志进行某种行为,后者则是依其意志不进行某种行为。

第二,经济法律关系的主体有权依法要求负有义务的人作出或不作出一定的行为,以实现自己的利益。例如,税务机关有权要求纳税人依法纳税;消费者有权要求商户提供符合产品质量要求的产品等。

第三,经济法律关系的主体在其合法权利受到侵害或不能实现时,有权依法请求国家机关给予强制力保护。

权利本质在于满足经济法律关系主体的经济利益。经济法律关系主体通过权利的行使,在实现自身利益的过程中,也同时实现了国家利益和社会利益。因此,经济利益是权利的实质和核心内容。经济法赋予经济法律关系主体一定的权利,就意味着经济法律关系主体获得了实现经济利益的自由。

2. 义务

义务是指经济法律关系主体为了满足特定的权利主体的权利,在法律规定的范围内必须实施或不实施某种经济行为。义务是相对权利而存在的,是法律对经济法律关系主体行为的限制和约束。它包括以下三个方面的含义。

第一,义务主体必须作出或者不作出一定行为。这一行为的目的在于满足权利主体的利益需要。

第二,义务主体实施的义务行为是在法定的范围内进行的。超越法律规定的限度,义务主体则不受限制和约束。

第三,义务主体不依法履行义务,就应承担相应的法律责任,受到法律的制裁。

(三)经济法律关系的客体

经济法律关系的客体是指经济法律关系的主体享有权利和承担义务所共同指向的对象。客体是确立权利义务关系性质和具体内容的依据,也是确定权利行使与否、义务是否履行的客观标准。如果没有客体，权利义务就失去了依附的目标和载体，也不可能发生权利义务。因此，客体是经济法律关系不可缺少的要素之一，主要包括以下内容：

第一，物。这是指可以为人们控制和支配，有一定经济价值并以物质形态表现出来的物体。有些物不能为人所控制或支配，或即使可为人们控制或支配，但无一定经济价值的物，都不能作为经济法律关系的客体。从法的角度来看，物亦可作多种划分，如生产资料和生活资料、流通物与限制流通物、特定物和种类物、有形物与无形物、主物与从物等。

第二，行为。这是指经济法律关系的主体为达到一定经济目的所进行的行为。它包括经济管理行为、完成一定工作的行为和提供一定劳务的行为。

第三，智力成果。这是指人们创造的能够带来经济价值的创造性脑力劳动成果，如专利权、专有技术、著作权等。随着社会进步和科学技术的发展，智力成果在社会财富中将日显重要，其成为经济法律关系的客体也就是一种必然。

第四，经济权利。经济权利本是经济法律关系的内容，但是，当某种权利成为另一权利的对象时，该权利就成为客体的组成部分。例如，土地使用权的客体是土地，但是，当土地使用权在土地出让和转让法律关系中成为这一法律关系指向的对象时，土地使用权就构成该法律关系的客体。

第三节　民事法律行为

一、法律行为的概念和特征

法律行为是一个民法上的概念，但现在被广泛用于法理学和其他法律学科，并被赋予不同的含义。这里所述的法律行为是指民事法律行为，即指以意思表示为要素，设立、变更或终止权利义务的合法行为。其具有以下几个特征：

第一，以意思表示为要素。意思表示指行为人将进行法律行为，达到某种预期法律后果的内在意思表现于外的行为。意思表示是法律行为的核心，也是法律行为与非表意行为（如事实行为等）相区别的重要标志。

第二，以设立、变更或终止权利义务为目的。法律行为是行为人的自觉自愿行为，而非受胁迫、受欺诈的行为；否则，就达不到行为人的目的。侵权行为往往也会导致一定的法律后果，但却是与行为人的预期目的相悖的。

第三，是一种合法行为。我国法律确认法律行为的合法性的意义在于，通过建立法律行为的行为模式，以指导人们何可为何不可为，何为法律认同何不为法律认同，从而达到维护社会正常秩序的目的。

法律行为的上述三个特征构成法律行为制度的理论基础。

二、法律行为分类

（一）单方的法律行为和多方的法律行为

单方的法律行为是根据一方当事人的意思表示而成立的法律行为。该法律行为仅有一方当事人的意思表示而无需他方的同意即可发生法律效力，如委托代理的撤销、债务的免除、无权代理的追认等。多方的法律行为是两个以上的当事人意思表示一致而成立的法律行为。该法律行为的当事人有两个以上,不仅各自需要进行意思表示,而且意思表示还需一致,如合同行为等。

(二)有偿的法律行为和无偿的法律行为

有偿的法律行为是指当事人互为给付一定代价(包括金钱、财产、劳务)的法律行为,如买方为获得对方的货物而支付价款、承揽人为获得对方的报酬而提供劳务等。无偿的法律行为是指一方当事人承担给付一定代价的义务,而他方当事人不承担相应给付义务的法律行为,如赠予行为、无偿委托、无偿消费借贷等。

(三)要式的法律行为和不要式的法律行为

要式的法律行为是指法律规定必须采取一定形式或者履行一定的程序才能成立的法律行为。不要式的法律行为是指法律不要求采取一定形式,当事人自由选择一种形式即可成立的法律行为。该类法律行为的形式可由当事人协商确定。

(四)主法律行为和从法律行为

主法律行为是指不需要有其他法律行为的存在就可以独立成立的法律行为。从法律行为是指从属于其他法律行为而存在的法律行为。从法律行为的效力依附于主法律行为:主法律行为不成立,从法律行为则不能成立;主法律行为无效,则从法律行为也不能生效。但是,主法律行为履行完毕,并不必然导致从法律行为效力的丧失。

三、法律行为的有效要件

法律行为的有效是指法律行为足以引起权利义务的设立、变更、终止的法律效力。法律行为的成立是法律行为有效的前提,但是,已成立的法律行为不一定必然发生法律效力,只有具备一定有效要件的法律行为,才能产生预期的法律效果。法律行为的有效要件分为实质有效要件和形式有效要件。

(一)法律行为的实质有效要件

1. 行为人具有相应的民事行为能力

只有具有相应的民事行为能力的人才能进行民事法律行为。对于自然人而言,无行为能力人进行的行为不具有法律效力,限制行为能力人只能进行与其能力相当的法律行为,完全行为能力人也只有在其权利能力范围内,才具有相应的行为能力。对于法人来说,只有具有与权利能力范围相适应的行为能力,其进行的法律行为方为有效。

2. 意思表示真实

当事人在自愿的基础上作出的意思表示与其内心的真实意愿是一致的。如果行为人的意思表示是基于胁迫、欺诈的原因而作出的,则不能反映行为人的真实意志,这就不能产生法律上的效力。

3. 不违反法律或者社会公共利益

法律行为的内容不得与法律的强制性或禁止性规定相抵触,也不得滥用法律的授权性或任意性规定达到规避法律强制规范的目的。法律行为在目的上和效果上不得有损社会经济秩序、社会公共秩序和社会公德,不得损害国家及各类社会组织和个人的利益。

（二）法律行为的形式有效要件

我国《民法通则》第五十六条规定：民事法律行为可以采取书面形式、口头形式或者其他形式。法律规定是特定形式的，应当依照法律规定。如果行为人进行某项特定的法律行为时，未能采用法律规定的特定形式的，则不能产生法律效力。书面形式有一般书面形式和特殊书面形式。特殊书面形式主要是指公证形式、审核批准形式、登记公告形式等。一般而言，书面形式优于口头形式，特殊书面形式优于一般书面形式。此外，还有一种既不是语言也不是书面而是以沉默的方式进行意思表示的形式。该形式只有在法律有规定或当事人有约定的情况下才能产生法律效力。

四、附条件和附期限的法律行为

（一）附条件的法律行为

附条件的法律行为是指在法律行为中指定一定的条件，把该条件的成就或不成就作为法律行为效力的发生或终止的根据。

法律行为中所附的条件有以下几个主要特征：

第一，须属于将来发生的事实，既成的事实不能被设定为条件。

第二，须属于成就与否不能确定的事实，必成的事实和根本就不能发生的事实都不能设定为条件。

第三，须属于合法的事实，违法的事实不能设定为条件。

第四，须被设定为控制合同效力的条件；否则，该合同不是严格意义上的附条件的合同。当事人为自己的利益不正当地阻止条件成就，视为条件已成就；不正当地促成条件成就的视为条件不成就。

（二）附期限的法律行为

附期限的法律行为是指在法律行为中指明一定的期限，把期限的到来作为法律行为生效或终止的依据。期限是必然到来的事实，这与附条件的法律行为所附的条件不同。法律行为附期限可以是明确的期限，如某年某月某日；也可以是不确定的期限，如“某人死亡之日”“果实成熟之时”等。

五、无效的民事行为

无效的民事行为是指虽然成立但因欠缺有效要件而不具有法律约束力的行为。在民事行为不符合有效条件时，就不能按照当事人的意思设立、变更或者消灭民事法律关系，而产生其他法律规定的后果。

按照我国《民法通则》第五十八条的规定，无效的民事行为包括：无民事行为能力人实施的；限制民事行为能力人依法不能独立实施的；一方以欺诈、胁迫的手段或者乘人之危，使对方在违背真实意思的情况下所为的；恶意串通，损害国家、集体或者第三人利益的；违反法律或者社会公共利益的；经济合同违反国家指令性计划的；以合法形式掩盖非法目的的。

另外，我国《合同法》除将乘人之危订立的合同纳入到可撤销的合同外，还将欺诈、胁迫订立的合同进行区分，将不损害国家利益的欺诈、胁迫订立的合同纳入可撤销的合同之列。

六、可撤销的民事行为

(一)可撤销民事行为的概念和特征

可撤销民事行为是指欠缺民事行为的有效条件但又并不当然无效,而由当事人自主决定是否使其归于无效的民事行为。该行为与无效的民事行为相比有以下特征:第一,在该行为撤销前,其效力已经发生,未经撤销,其效力不消灭;第二,该行为的效力消灭,以撤销为条件;第三,该行为的撤销,应由撤销权人提出并实施,其他人不能主张其效力的消灭;第四,该行为一经撤销,其效力溯及于行为开始时无效。

(二)可撤销民事行为的种类

(1)欺诈、胁迫民事行为。欺诈是指一方当事人故意告知对方虚假情况,或者故意隐瞒真实情况,诱使对方当事人作出错误意思表示的行为。胁迫是指以给公民及其亲友的生命健康、荣誉、名誉、财产等造成损害,或者以给法人的荣誉、名誉、财产等造成损害为要挟,迫使对方作出违背真实的意思表示的行为。欺诈、胁迫行为,也是在不损害国家利益时,才构成可撤销民事行为;否则,为无效民事行为。

(2)乘人之危的民事行为。这是指一方当事人乘对方处于危难之际,为谋取不正当利益,迫使对方作出不真实的意思表示,严重损害对方利益的行为。

(3)重大误解的民事行为。这是指行为人因对行为的性质、对方当事人、标的物的品种、质量、规格和数量的错误认识,使行为的后果与自己的意思相悖,并造成较大损失的行为。

(4)显失公平的民事行为。这是指一方当事人利用优势或者利用对方没有经验,致使双方的权利义务明显违反公平和等价有偿原则的行为。

七、民事行为无效或者被撤销的法律后果

(1)返还财产。

返还财产是指民事行为被确认为无效或者被撤销后,当事人因该行为取得的财产,应当返还给受损失的一方。如果一方取得,取得方应该将该财产返还给对方;如果双方取得,双方相互返还。如果原物存在应以原物返还,否则应以种类物返还,不能以种类物返还时,应作价偿还。

(2)赔偿损失。

赔偿损失是指民事行为被确认无效或者被撤销后,对民事行为无效或者被撤销有过错的一方应当赔偿对方因此所受的经济损失;双方都有过错的,依各自过错大小相抵后赔偿对方损失。

(3)追缴财产。

追缴财产是指双方恶意串通,实施民事行为损害国家、集体或者第三人利益的,应当追缴双方取得的财产,收归国家、集体所有或者返还第三人。

第四节 代理制度

一、代理的概念

代理是指代理人在代理权限范围内,以被代理人的名义与第三人进行法律行为,其权利义务后果直接由被代理人承担的一种法律制度。

法律行为通常是行为人亲自进行的,但是随着社会的发展,尤其是经济的发展,人们的社会交往面越来越宽,同时许多业务专业性越来越强,公民或者法人既没有足够时间,也没有全面的专业知识亲自处理所有的事情,因此就产生了代理制度。例如,诉讼、报关、海事、金融、结算、知识产权等需要聘请有专门知识的人或机构代理。

根据代理权产生的根据不同,代理一般分为委托代理、法定代理和指定代理三类。委托代理是民商事活动中最常见的一种代理方式,指代理人根据被代理人的委托授权而产生的代理关系。在实践中,被代理人的委托授权既可以是口头的,也可以是书面的。书面形式的授权书一般应对代理的事项、权限、期限、报酬、责任等予以明确约定。委托书授权不明的,被代理人应向第三人承担民事责任,代理人负连带责任。法定代理是指基于法律的直接规定而发生的代理。法定代理通常适用于被代理人是无行为能力人、限制行为能力人的情况。指定代理是基于人民法院或者有关单位的指定行为而发生的代理。指定代理适用于既无委托代理人,又无法定代理人而又有特定事项需要代理人的情况。

二、代理的法律特征

第一,代理行为是具有法律意义的行为。代理是民事法律行为的一种,能够引起民事权利和民事义务关系的建立、变更或终止的法律后果。

第二,代理行为是在代理权限内通过独立意思表示而实施的行为。代理人有权根据被代理人的授权和第三人提出的条件提出自己的主张,从而在被代理人与第三人之间产生权利与义务关系。

第三,代理行为是以被代理人的意志和名义进行代理活动。

第四,代理行为的法律后果直接归属被代理人。代理行为所产生的权利、义务和民事法律责任,均由被代理人承担。

三、代理权行使的规则

第一,代理人必须认真履行职责,维护被代理人的利益。由于代理人行为的法律后果最终是由被代理人承担的,因此作为代理人应当勤勉工作,谨慎、认真地进行代理活动,尽可能维护好被代理人的利益,不得损害被代理人的利益。

第二,代理人必须亲自完成代理事务。代理关系的形成包含着被代理人对代理人的信任或代理人与被代理人的特殊身份关系。代理人是否亲自履行代理职责,完成代理事务，与被代理人的利益有重大关系。因此，原则上不得转委托，只有出现特殊的法律允许的例外情况时，代理人才可以转委托他人。

第三，必须履行报告义务。这主要是指委托代理，特别是商务代理中，代理人应将处理代理事务的一切重要情况向被代理人报告，以便被代理人知道代理事务的进展情况及自己利益的损益情况。在代理事务执行完毕之后，代理人还应向被代理人报告执行任务的过程和结果，并提交必要的文件材料。

第四，必须遵守保密义务。代理人在执行代理任务的过程中知晓的被代理人的个人秘密和商业秘密不得向外界泄露，更不得利用其同被代理人进行不正当竞争。

四、表见代理与表见代表

表见代理指无权代理人的代理行为客观上存在足以使相对人相信其有代理权的情况，且相对人主观上为善意且无过失，由此产生的法律效果依法归于本人承担的代理。

表见代表指法人或者其他组织的法定代表人、负责人超越权限订立的合同，除相对人知道或者应当知道其超越权限的以外，该代表行为有效。法人也应对此行为承受其法律后果。

法律确立表见代理和表见代表规则的主要意义在于维护人们对代理制度的信赖，保护善意无过失的相对人，从而保障交易安全。

五、代理权的滥用

代理人不得滥用代理权。常见代理权滥用的情况有：代理他人与自己进行民事活动；代理双方当事人进行同一民事行为；代理人与第三人恶意串通，损害被代理人的利益。滥用代理权的行为视为无效代理。代理人滥用代理权给被代理人及他人造成损害的，必须承担赔偿责任。

六、无权代理

无权代理是指没有代理权而以他人名义进行的民事行为。无权代理包括三种情况：①没有代理权的代理；②超越代理权的代理；③代理权终止后而为的代理。

无权代理一般不发生法律效力。但是如果经过本人追认或者本人知道他人以本人名义实施民事行为而不作否认表示的，无权代理人所为代理行为的法律效果归属于被代理人，视为有效代理。另外，无权代理如果符合表见代理的情况代理有效。

本章小结

经济法是指在调整经济管理和经济协作过程中产生的经济关系的法律规范的总称。经济法律关系的主体是指在经济管理、协调过程中依法独立享受一定权利和承担一定义务的当事人。经济法律关系的内容是指经济法律关系主体享有的权利和承担的义务。经济法律关系的客体是指经济法律关系的主体享有权利和承担义务所共同指向的对象。法律行为是指民事法律行为，即指以意思表示为要素，设立、变更或终止权利义务的合法行为。代理是指代理人在代理权限范围内，以被代理人的名义与第三人进行法律行为，其权利义务后果直接由被代理人承担的一种法律制度。

思考题

1. 经济法律关系的构成要素有哪些？
2. 法律行为的有效要件有哪些？
3. 代理的法律特征有哪些？

练习题

1. 下列规范性文件中，属于行政法规的是(　　)。
   A. 全国人民代表大会常务委员会制定的《中华人民共和国公司法》
   B. 国务院制定的《中华人民共和国外汇管理条例》
   C. 深圳市人民代表大会制定的《深圳经济特区注册会计师条例》
   D. 中国人民银行制定的《人民币银行结算账户管理办法》
2. 经济法律关系的内容包括(　　)。
   A. 经济行为　　B. 经济关系
   C. 经济权利　　D. 经济义务
3. 以下能作为经济法律关系客体的是(　　)。
   A. 土地所有权　　B. 经济管理行为
   C. 商标权　　D. 技术诀窍
4. 以下属于代理行为的是(　　)。
   A. 代人照看孩子　　B. 代人捎口信
   C. 代人办理企业登记　　D. 代人打官司
5. 以下可构成表见代理的事由是(　　)。
   A. 被代理人对第三人表示已将代理权授予他人，而实际并未授权
   B. 被代理人将某种有代理权的证明文件(如合同专用章)交给他人，他人以该种文件使第三人相信其有代理权并与之进行法律行为
   C. 代理授权不明
   D. 代理关系终止后未采取必要措施而使第三人仍然相信行为人有代理权，并与之进行法律行为

第二章 企业法律制度

学习目标

1.了解企业的种类以及有关法律法规；

2.熟悉个人独资企业、合伙企业和外商投资企业的基本概念，个人独资企业、合伙企业和外商投资企业的财产、事务执行、权利与义务；

3.能运用企业法的相关知识，分析、判断社会经济生活中存在的经济法律关系问题。

第一节 个人独资企业法

一、个人独资企业法概述

(一)个人独资企业的概念和特点

个人独资企业是指依照《中华人民共和国个人独资企业法》(简称《个人独资企业法》)在中国境内设立,由一个自然人投资,财产为投资人个人所有,投资人以其个人财产对企业债务承担无限责任的经营实体。

个人独资企业具有以下特征:

(1)个人独资企业是由一个自然人投资的企业。

设立个人独资企业只能是自然人,任何组织都不能作为设立人。自然人只能是中国公民。自然人是否应具备民事行为能力,法律对此未作明确规定,通常认为应该是完全民事行为能力人。

(2)个人独资企业是非法人企业。

个人独资企业由一个自然人出资,投资人对企业的债务承担无限责任。因此,个人独资企业不具有法人资格,不能独立承担民事责任。但个人独资企业是独立的民事主体,可以以自己的名义从事民事活动。

(3)投资人对个人独资企业的债务承担无限责任。

个人独资企业的投资人是一个自然人,对企业的出资多少、是否追加资金或减少资金、采取什么样的经营方式等事项均由投资人决定。从权利和义务上看,出资人与企业是不可分割的。而且个人独资企业是非法人企业,没有独立承担民事责任的资格。所以,投资人对企业债务承担无限责任，即当企业的资产不足以清偿到期债务时，投资人应以自己个人的合法财产来清偿企业债务。

(4)个人独资企业的内部机构设置简单。

个人独资企业的投资人既是企业的所有者，又可以是企业的经营者。因此，其内部机构的设置较为简单，决策程序也较为灵活。

(二)个人独资企业法的概念和基本原则

1. 个人独资企业法的概念

个人独资企业法有广义和狭义之分，广义的个人独资企业法，是指国家关于个人独资企业的各种法律规范的总称；狭义的个人独资企业法是指1999年8月30日第九届全国人民代表大会常务委员会第十一次会议通过的《个人独资企业法》。

2. 个人独资企业法的基本原则

(1)依法保护个人独资企业的财产和其他合法权益。

个人独资企业的财产是指个人独资企业的财产所有权，包括对财产的占有、使用、处分和收益的权利；其他合法权益是指财产所有权以外的有关权益，如有关商号权、商誉、自主经营权、平等竞争权、拒绝摊派权等。

(2)个人独资企业从事经营活动必须遵守法律、行政法规，遵守诚实信用原则，不得损害社会公共利益。

遵守法律、法规是每个企业应尽的义务，企业只有遵守法律、法规，才能保证生产经营活动的有序进行。个人独资企业遵守的诚实信用原则是我国民商事活动的基本原则。诚实是指要客观真实，不欺人、不骗人；信用是指遵守承诺，并及时、全面履行承诺。企业只有诚实守信，才能取得他人的信任，这既能增加企业的商业机会，也能树立企业形象，同时也是维护正常的社会经济秩序的需要。个人独资企业不得损害社会公共利益也是我国民法规定的民事活动中必须遵循的基本原则之一。个人独资企业在经营活动中，还必须遵守社会公德，不得滥用权利。

(3)个人独资企业应当依法履行纳税义务。

依法纳税是每个公民和企业应尽的义务。个人独资企业在经营活动中应当依法缴纳国家规定的各项税款。

(4)个人独资企业应当依法招用职工。

个人独资企业应严格依照劳动法及有关规定招用职工。企业招用职工应当与职工签订劳动合同，劳动合同必须遵循平等自愿、协商一致的原则，并不得违反国家法律、法规和有关政策规定。企业应当遵守劳动保护制度，制定劳动安全技术规程和劳动卫生规程，对女工和未成年工要给予特殊的劳动保护；企业应当遵守国家规定的社会保险与福利制度，如养老保险、待业保险、伤病保险等。

(5)个人独资企业职工的合法权益受法律保护。

个人独资企业职工的自主签订合同权、合理的休息权、获取劳动报酬权、接受职业技能培训权、享受保险福利权等劳动法和其他有关法律规定的权利不受侵犯。个人独资企业职工有权依法建立工会，工会依法开展活动。

二、个人独资企业的设立

（一）个人独资企业的设立条件

设立个人独资企业应当具备下列条件：

(1)投资人为一个自然人，且只能是中国公民。

(2)有合法的企业名称。

名称是企业的标志，企业必须有相应的名称，并应符合法律、法规的要求。个人独资企业的名称应当符合国家关于企业名称登记管理的有关规定，企业名称应与其责任形式及从事的营业相符合，个人独资企业的名称中不得使用“有限”“有限责任”或者“公司”字样。

(3)有投资人申报的出资。

个人独资企业法对设立个人独资企业的出资数额未作限制。设立人可以用货币出资，也可以用实物、土地使用权、知识产权或者其他财产权利出资，采取非货币出资的应将其折算成货币数额。投资人可以以个人财产出资，也可以以家庭共有财产作为个人出资。以家庭共有财产作为个人出资的，投资人应当在设立登记申请书上予以注明。

(4)有固定的生产经营场所和必要的生产经营条件。

住所是企业的主要办事机构所在地，是企业的法定地址。

(5)有必要的从业人员。

（二）个人独资企业的设立程序

1. 提出申请

申请设立个人独资企业，应当由投资人或者其委托的代理人向个人独资企业所在地的登记机关提出设立申请。投资人申请设立登记，应当向登记机关提交下列文件：

(1)投资人签署的个人独资企业设立申请书。个人独资企业投资人以个人财产出资或者以其家庭共有财产作为个人出资的，应当在设立申请书中予以明确。

(2)投资人身份证明，主要是身份证和其他有关证明材料。

(3)企业住所证明和生产经营场所使用证明等文件，如土地使用证明、房屋产权证或租赁合同等。

(4)委托代理人申请设立登记的，应当提交投资人的委托书和代理人的身份证明或者资格证明。

(5)国家工商行政管理总局规定提交的其他文件。从事法律、行政法规规定须报经有关部门审批的业务的，应当提交有关部门的批准文件。

2. 工商登记

登记机关应当在收到设立申请文件之日起15日内，对符合个人独资企业法规定条件的予以登记，发给营业执照；对不符合个人独资企业法规定条件的，不予登记，并发给企业登记驳回通知书。营业执照签发日期，为个人独资企业成立日期，在营业执照签发前投资人不得以个人独资企业名义从事经营活动。

3. 分支机构登记

个人独资企业设立分支机构，应当由投资人或者其委托的代理人向分支机构所在地的登记机关申请设立登记。向登记机关提交下列文件:①分支机构设立登记申请书;②登记机关加盖印章的个人独资企业营业执照复印件;③经营场所证明;④国家工商行政管理总局规定提交的其他文件。分支机构从事法律、行政法规规定须报经有关部门审批的业务,还应当提交有关部门的批准文件。个人独资企业投资人委派分支机构负责人的,应当提交投资人委派分支机构负责人的委托书及其身份证明。委托代理人申请分支机构设立登记的,应当提交投资人的委托书和代理人的身份证明或者资格证明。

个人独资企业应当在其分支机构经核准设立、变更或者注销登记后15日内,将登记情况报该分支机构隶属的个人独资企业的登记机关备案。分支机构的民事责任由设立该分支机构的个人独资企业承担。

三、个人独资企业的投资人及事务管理

(一)个人独资企业的投资人

个人独资企业的投资人是一个具有中国国籍的自然人,但法律、行政法规禁止从事营利性活动的人,不得作为投资人申请设立个人独资企业。根据我国有关法律、行政法规规定,国家公务员、党政机关领导干部、警官、法官、检察官、商业银行工作人员等,不得作为投资人申请设立个人独资企业。

个人独资企业投资人对本企业的财产依法享有所有权,其有关权利可以依法进行转让或继承。企业的财产包括投资人的原始投入和经营所得,均归投资人所有。投资人的财产和企业财产是有区别的:一是投资人申办个人独资企业,要申报出资,这一出资的财产与投资人的其他财产不同;二是企业应有一定稳定独立的资金,这是企业生产经营的需要;三是将两者的财产加以区别,有利于计算企业的生产经营成果。

个人独资企业投资人在申请企业设立登记时,明确以其家庭共有财产作为出资的,应当以家庭共有财产对企业债务承担无限责任。由于出资人与其家庭的特殊关系,出资人的财产往往与其家庭财产难以划清。夫妻财产是共有财产,夫妻一方取得的财产为夫妻双方的共同财产,财产是共有的,收益也是共同所有,对债务也应以共有财产清偿;从其他家庭成员之间的关系看,家庭成员允许出资人将家庭财产用于投资办企业本身就意味着许诺将这部分财产用于承担风险,而出资人取得的收益也是全家共同享用,这就意味着个人独资企业的收益是家庭共同财产的一部分。

(二)个人独资企业的事务管理

1.管理的方式

个人独资企业投资人可以自行管理企业事务,也可以委托或者聘用其他具有民事行为能力的人负责企业的事务管理。投资人委托或者聘用他人管理个人独资企业,应当与受托人或者被聘用的人签订书面合同。合同应订明委托的具体内容、授予的权利范围、受托人或者被聘用的人应履行的义务、报酬和责任等。

2.诚信、勤勉义务

受托人或者被聘用的人员应当尽到善良管理人的义务,不得从事下列行为:

(1)利用职务上的便利,索取或者收受贿赂;

(2)利用职务或者工作上的便利侵占企业财产;

(3)挪用企业的资金归个人使用或者借贷给他人;

(4)擅自将企业资金以个人名义或者以他人名义开立账户储存;

(5)擅自以企业财产提供担保;

(6)未经投资人同意,从事与本企业相竞争的业务;

(7)未经投资人同意,同本企业订立合同或者进行交易;

(8)未经投资人同意,擅自将企业商标或者其他知识产权转让给他人使用;

(9)泄露本企业的商业秘密;

(10)法律、行政法规禁止的其他行为。

3. 投资人对受托人或者被聘用的人员职权的限制,不得对抗善意第三人

所谓第三人,是指除受托人或被聘用的人员外与企业发生经济业务关系的人。所谓善意第三人,是指对受托人权利限制不知情的人。个人独资企业的投资人与受托人或者被聘用的人员之间有关权利义务的限制只对受托人或者被聘用的人员有效,对第三人并无约束力,善意第三人可主张其有效。

四、个人独资企业的权利和工商管理

(一)个人独资企业的权利

个人独资企业享有以下权利。

1. 依法申请贷款

个人独资企业可以根据《商业银行法》《合同法》和中国人民银行发布的《贷款通则》等一系列法律法规的规定申请贷款,以供企业生产经营之用。

2. 依法取得土地使用权

个人独资企业可根据《土地管理法》《土地管理法实施细则》《城镇国有土地使用权出让和转让暂行条例》等规定取得土地使用权。

3. 拒绝摊派权

任何单位和个人不得违反法律、行政法规的规定,以任何方式强制个人独资企业提供财力、物力、人力;对于违法强制提供财力、物力、人力的行为,个人独资企业有权拒绝。

4. 法律、行政法规规定的其他权利

个人独资企业除享有上述权利外,还依法享有十分广泛的权利,如:可以依法取得外贸经营权或根据业务需要,委托具有外贸经营权的单位代为办理进出口业务;可以取得专利保护;可以取得商标保护等。

(二)个人独资企业的工商管理

个人独资企业变更企业名称、住所、经营范围及方式、出资额和出资方式,应当在作出变更决定之日起 15 日内向原登记机关申请变更登记。申请变更登记,应当向登记机关提交下列文件:①投资人签署的变更登记申请书;②国家工商行政管理总局规定提交的其他文件。从事法律、行政法规规定须报经有关部门审批的业务的,应当提交有关部门的批准文件。委托代理人申请变更登记的,应当提交投资人的委托书和代理人的身份证明或者资格证明。

登记机关应当在收到按规定提交的全部文件之日起 15 日内,作出核准登记或者不予

登记的决定。予以核准的,换发营业执照或者发给变更登记通知书;不予核准的,发给企业登记驳回通知书。个人独资企业变更住所跨登记机关辖区的,应当向迁入地登记机关申请变更登记。迁入地登记机关受理的,由原登记机关将企业档案移送迁入地登记机关。个人独资企业因转让或者继承致使投资人变更的,个人独资企业可向原登记机关提交转让协议书或者法定继承文件,申请变更登记。个人独资企业改变出资方式致使个人财产与家庭共有财产变更的,个人独资企业可向原登记机关提交改变出资方式文件,申请变更登记。

个人独资企业应当按照登记机关的要求,在规定的时间内接受年度检验。登记机关依法对个人独资企业进行审查,以确认个人独资企业继续经营的资格。个人独资企业营业执照分为正本和副本,正本和副本具有同等法律效力。个人独资企业根据业务需要,可以向登记机关申请核发若干营业执照副本。个人独资企业营业执照遗失的,应当在报刊上声明作废,并向登记机关申请补领。个人独资企业营业执照毁损的,应当向登记机关申请更换。个人独资企业应当将营业执照正本置放在企业住所的醒目位置。任何单位和个人不得伪造、涂改、出租、转让营业执照。任何单位和个人不得承租、受让营业执照。个人独资企业的营业执照正本和副本样式,由国家工商行政管理总局制定。

五、个人独资企业的解散和清算

(一)个人独资企业的解散

个人独资企业的解散是指个人独资企业终止活动并消灭其民事主体资格的行为。个人独资企业有下列情形之一时,应当解散:

(1)投资人决定解散;

(2)投资人死亡或者被宣告死亡,无继承人或者继承人决定放弃继承;

(3)被依法吊销营业执照;

(4)法律、行政法规规定的其他情形。

(二)个人独资企业的清算

个人独资企业解散时,应当进行清算。程序如下。

1. 组成清算人

投资人在解散事由出现之日15日内自行组成清算人,否则利害关系人可以请求人民法院指定清算人。

2. 通知和公告债权人

投资人自行清算的,应当在清算前15日内书面通知债权人,无法通知的,应当予以公告。债权人应当在接到通知之日起30日内,未接到通知的应当在公告之日起60日内,向投资人申报其债权。

3. 财产清偿顺序

个人独资企业解散的,财产应当按照下列顺序清偿:①所欠职工工资和社会保险费用;②所欠税款;③其他债务。个人独资企业财产不足以清偿债务的,投资人应当以其个人的其他财产予以清偿。

4. 清算期间对投资人的要求

清算期间,个人独资企业不得开展与清算目的无关的经营活动。

5. 注销登记

个人独资企业清算结束后,投资人或者人民法院指定的清算人应当编制清算报告,并于清算结束之日起15日内向原登记机关申请注销登记。个人独资企业申请注销登记。应当向登记机关提交下列文件:①投资人或者清算人签署的注销登记申请书;②投资人或者清算人签署的清算报告;③国家工商行政管理总局规定提交的其他文件。登记机关应当在收到按规定提交的全部文件之日起15日内,作出核准登记或者不予登记的决定。予以核准的,发给核准通知书;不予核准的,发给企业登记驳回通知书。经登记机关注销登记,个人独资企业终止。

6. 投资人的持续偿债责任

个人独资企业解散后,原投资人对个人独资企业存续期间的债务仍应承担偿还责任,但债权人在5年内未向债务人提出偿债请求的,该责任消灭。

第二节　合伙企业法

一、合伙的概念及类型

(一)合伙的含义

合伙是由合伙人为实现共同目的而相互约定,实行共同行为的一种联合体。合伙有两种含义。含义之一是作为合伙人共同订立的合伙协议。含义之二是由两个以上的民事主体联合起来共同从事一种事业,因此形成了一种组织或团体。

自然人、法人和其他组织依照《合伙企业法》在中国境内设立普通合伙企业和有限合伙企业。普通合伙企业由普通合伙人组成,合伙人对合伙企业债务承担无限连带责任。有限合伙企业由普通合伙人和有限合伙人组成,普通合伙人对合伙企业债务承担无限连带责任,有限合伙人以其认缴的出资额为限对合伙企业债务承担责任。

(二)合伙的类型

1. 民事合伙与商事合伙

民事合伙与商事合伙是以合伙设立与存在所适用的规范是民法还是商法为标准进行的划分。鉴于我国民商合一体制,而且《民法通则》与《合伙企业法》均规定合伙以营利为目的的内容,因此这一分类对我国现行立法、司法的形式意义不大,但是从具体的制度而言,合伙企业与个人合伙存在显著区别,因此这一区分具有较大的实际意义。

2. 个人合伙与法人合伙

个人合伙与法人合伙是以合伙人是自然人还是法人为标准进行的划分。

3. 显名合伙与隐名合伙

显名合伙与隐名合伙是以合伙中是否存在不公开姓名且不参与合伙事务执行的合伙人为标准进行的划分。前者中所有的合伙人均公开其姓名并参与合伙事务执行。后者则存在一个或一个以上的不公开姓名并且不参与合伙事务执行的合伙人。隐名合伙实际上是部分合伙人出资而由其他合伙人经营的合伙，而且这一事实不对外公开。隐名合伙人仅仅是对外隐名，不对外直接承担责任，但是对内则与显名合伙人一样承担责任。《合伙企业法》未规定隐名合伙，隐名合伙在实践中是存在的，在此立法、司法与民事实际存在脱节。

4. 一般普通合伙与特殊普通合伙

一般普通合伙与特殊普通合伙是依据合伙人是否对其他合伙人的执业过错行为产生的合伙债务承担无限连带责任为标准对普通合伙进行的划分。普通合伙，全体合伙人对合伙债务均负无限连带责任。而特殊普通合伙，合伙人对于自己的执业过错造成的合伙债务承担无限责任或无限连带责任，而其他合伙人则以其在合伙企业中的财产份额为限承担责任。

5. 普通合伙与有限合伙

普通合伙与有限合伙是以合伙中是否存在对合伙债务负有限责任的合伙人为标准进行划分。普通合伙是全体合伙人均对合伙债务负无限连带责任即普通合伙人。有限合伙则是除普通合伙人外，还有对合伙债务负有限责任的合伙人存在，因此此类合伙也被称为有限合伙。

二、普通合伙

（一）普通合伙企业设立的条件

1. 有两个以上合伙人

合伙人可以是自然人、法人，也可以是非法人组织。合伙人为自然人的，应当具有完全民事行为能力。国有独资公司、国有企业、上市公司以及公益性的事业单位、社会团体不得成为普通合伙人。

2. 有书面合伙协议

全体合伙人协商一致，以书面形式订立，经全体合伙人签名、盖章后生效。修改合伙协议，应当经全体合伙人一致同意；但合伙协议另有约定的除外。

合伙协议的内容：

（1）合伙企业的名称和主要经营场所的地点；

（2）合伙目的和合伙经营范围；

（3）合伙人的姓名或者名称、住所；

（4）合伙人的出资方式、数额和缴付期限；

（5）利润分配、亏损分担方式；

（6）合伙事务的执行；

（7）入伙与退伙；

（8）争议解决办法；

（9）合伙企业的解散与清算；

（10）违约责任。

3. 有合伙人认缴或者实际缴付的出资

合伙人应当按照合伙协议约定履行出资义务。合伙人可以用货币、实物、知识产权、土地使用权或者其他财产权利出资,也可以用劳务出资。

4. 有合伙企业的名称和生产经营场所

合伙企业名称中应当标明“普通合伙”字样,不得包含“有限”“公司”字样。

5. 法律、行政法规规定的其他条件

除合伙企业法外,其他法律、行政法规对设立条件另有规定的,遵守其规定。

(二)合伙企业设立的程序

1. 申请人与登记机关

设立合伙企业,应由全体合伙人指定的代表或者共同委托的代理人向工商管理部门申请设立登记。

2. 申请时应提交的材料

申请设立合伙企业,应向公司部门提交登记申请书、合伙协议书、全体合伙人的身份证明等文件。

3. 登记

企业登记机关应自收到申请人提交的全部文件之日起 20 日内,作出是否登记的决定。决定登记的,颁发营业执照,营业执照签发日期为企业成立之日。不予登记的,登记机关应当书面答复并说明理由。领取营业执照之前,合伙人不得以合伙企业名义从事合伙业务。合伙企业可以设立分支机构。合伙企业设立分支机构的,应当向分支机构所在地的企业登记机关申请登记,领取营业执照。

(三)合伙企业的财产

1. 合伙企业财产的构成

合伙人的出资,合伙人的出资转入合伙企业时就变成了合伙企业的财产;以合伙企业名义取得的收益;依法取得的其他财产,如接受赠予的财产等。

2. 合伙企业财产的性质

合伙企业的财产只能由全体合伙人共同管理和使用;在合伙企业存续期间,合伙人不得请求分割合伙企业的财产;合伙企业的财产具有共有财产的性质,对合伙财产的占有、使用、收益和处分,均应依据全体合伙人的共同意志进行。

3. 合伙企业财产份额的转让

合伙人之间转让的,通知其他合伙人即可。转让给合伙人之外的其他人的,须经其他合伙人一致同意。受让人经修改合伙协议成为合伙企业的合伙人。对外转让时,同等条件下其他合伙人有优先购买权;合伙协议对转让和优先购买权另有约定的除外。

4. 合伙企业财产份额的出质

合伙人以合伙企业财产份额出质的,须经其他合伙人一致同意;未经其他合伙人一致同意,其行为无效,由此给善意第三人造成损失的,由行为人依法承担赔偿责任。

(四)合伙事务执行

合伙人对执行合伙事务享有同等的权利。执行合伙事务所产生的收益归合伙企业,所产生的费用和亏损由合伙企业承担。

1. 合伙人对合伙企业事务的管理

执行的方式:全体合伙人共同执行合伙企业事务;委托 1 名或数名合伙人执行合伙企

业事务;合伙人分别执行合伙事务。

在合伙人较少的情况下,可以由全体合伙人共同执行。各合伙人都直接参与经营,处理合伙事务,对外代表合伙企业。可以委托一名或数名合伙人对外代表合伙企业,执行合伙事务。其他合伙人不能执行合伙事务,但有权监督执行事务合伙人执行的情况。执行事务合伙人应当定期向其他合伙人报告事务执行情况以及合伙企业的经营和财务状况,合伙人为了解合伙企业的经营状况和财务状况,有权查阅合伙企业会计账簿等财务资料。

也可以由合伙人分别执行合伙事务。执行事务合伙人可以对其他合伙人执行的事务提出异议。提出异议时,应当暂停该项事务的执行。如果发生争议,按照合伙协议约定的表决办法办理。合伙协议未约定或者约定不明确的,实行合伙人一人一票并经全体合伙人过半数通过的表决办法。受委托执行合伙事务的合伙人不按照合伙协议或者全体合伙人的决定执行事务的,其他合伙人可以决定撤销该委托。

2. 合伙人的忠实义务

竞业禁止:合伙人不得自营或者同他人合作经营与本合伙企业相竞争的业务。

自我交易:合伙人不得同本合伙企业进行交易,合伙协议另有约定或者经全体合伙人一致同意的除外。

损害禁止:合伙人不得从事损害本合伙企业利益的活动。

3. 聘任合伙人以外的经营管理人员

经全体合伙人一致同意,受聘人应当在合伙企业授权范围内履行职务,超越合伙企业授权范围履行职务,或者在履行职务过程中因故意或者重大过失给合伙企业造成损失的,依法承担赔偿责任。

4. 合伙企业的议事规则

合伙人对合伙企业有关事项作出决议,按照合伙协议约定的表决办法办理。合伙协议未约定或者约定不明确的,实行合伙人一人一票并经全体合伙人过半数通过的表决办法。

除合伙协议另有约定外,合伙企业的下列事项应当经全体合伙人一致同意:改变合伙企业的名称;改变合伙企业的经营范围、主要经营场所的地点;处分合伙企业的不动产;转让或者处分合伙企业的知识产权和其他财产权利;以合伙企业名义为他人提供担保;聘任合伙人以外的人担任合伙企业的经营管理人员。

(五)合伙企业的利润分配和亏损承担

合伙企业的利润分配和亏损承担,按照合伙协议的约定办理;合伙协议未约定或者约定不明确的,由合伙人协商决定;协商不成的,由合伙人按照实缴出资比例分配、分担;无法确定出资比例的,由合伙人平均分配、分担。

合伙协议不得约定将全部利润分配给部分合伙人或者由部分合伙人承担全部亏损。

(六)合伙企业与第三人关系

1. 与善意第三人的关系

合伙企业对合伙人执行合伙事务、对外代表合伙企业权利的限制,不得对抗善意第三人。

2. 合伙企业债务

(1)应先以合伙企业全部财产进行清偿。合伙企业不能清偿到期债务的,合伙人承担无限连带责任。合伙人清偿数额超过其分担比例的,有权向其他合伙人追偿。

(2)合伙人对合伙企业债务承担无限连带清偿责任。所谓无限责任,是指各合伙人对合伙企业财产不足清偿的债务,负有无限清偿责任,并不以其出资额为限。所谓连带责任,是指每一合伙人均对合伙企业财产不足清偿的全部债务负责,债权人可以要求合伙人中一人或数人清偿全部债务,也可以自己确定比例向各个合伙人分别追偿,被请求的债务人有义务按要求进行清偿,不得以内部约定的债务承担比例加以抗辩;每一合伙人的清偿行为皆对其他合伙人产生相应的清偿效力。

(3)对内追偿权。若合伙人实际清偿的债务数额超过了其应承担的比例,有权就超过部分要求未承担或未足额承担责任的合伙人予以偿还。

3. 合伙人个人债务

合伙人的债权人,不得以其债权抵销其对合伙企业的债务,也不得代位行使合伙人在合伙企业中的权利。合伙人的自有财产不足清偿个人债务的,该合伙人可以以其从合伙企业中分取的收益用于清偿;债权人也可以依法请求人民法院强制执行该合伙人在合伙企业中的财产份额用于清偿。

人民法院强制执行合伙人财产份额的,应通知全体合伙人,其他合伙人有优先购买权;其他合伙人未购买,又不同意将该财产份额转让给他人,为该合伙人办理退伙结算,或办理削减该合伙人相应财产份额的结算。人民法院强制执行合伙人全部份额,该合伙人退伙。

(七)入伙

1. 程序

新人入伙,除合伙协议另有约定外,应当经全体合伙人一致同意,并依法订立书面入伙协议。订立入伙协议时,合伙人应当如实告知原合伙企业的经营状况和财务状况。

2. 新合伙人的权利和义务

新合伙人与原合伙人享有同等权利,承担同等责任;入伙协议另有约定的除外。新合伙人对入伙前合伙企业的债务承担无限连带责任。

(八)退伙

1. 退伙的分类

退伙分为自愿退伙、通知退伙、法定退伙及除名退伙。退伙后合伙人失去合伙人资格。

2. 自愿退伙

合伙协议约定合伙期限的,在合伙企业存续期间,有下列情形之一的,合伙人可以退伙:合伙协议约定的退伙事由出现;经全体合伙人一致同意;发生合伙人难以继续参加合伙的事由;其他合伙人严重违反合伙协议约定的义务。

3. 通知退伙

合伙协议未约定合伙期限,合伙人退伙不给合伙企业事务执行造成不利影响,提前30日通知其他合伙人即可退伙。

4. 法定退伙

法定退伙又叫当然退伙，退伙事由实际发生之日为退伙生效日。当然退伙包括以下情形：作为合伙人的自然人死亡或者被依法宣告死亡；个人丧失偿债能力；作为合伙人的法人或者其他组织依法被吊销营业执照、责令关闭、撤销，或者被宣告破产；法律规定或者合伙协议约定合伙人必须具有相关资格而丧失该资格；合伙人在合伙企业中的全部财产份额被人民法院强制执行。

合伙人死亡或者被依法宣告死亡的，对该合伙人在合伙企业中的财产份额享有合法继承权的继承人，按照合伙协议的约定或者经全体合伙人一致同意，从继承开始之日起，取得该合伙企业的合伙人资格。但有下列情形之一的，合伙企业应当向合伙人的继承人退还被继承合伙人的财产份额：继承人不愿意成为合伙人；法律规定或者合伙协议约定合伙人必须具有相关资格，而该继承人未取得该资格；合伙协议约定不能成为合伙人的其他情形。

合伙人的继承人为无民事行为能力人或者限制民事行为能力人的，经全体合伙人一致同意，可以成为有限合伙人，普通合伙企业依法转为有限合伙企业。全体合伙人未能一致同意的，合伙企业应当将被继承合伙人的财产份额退还该继承人。

合伙人民事行为能力的丧失的处理：合伙人被依法认定为无民事行为能力人或者限制民事行为能力人的，经其他合伙人一致同意，可以依法转为有限合伙人，普通合伙企业依法转为有限合伙企业。

5. 除名退伙

合伙人有下列情形之一的，经其他合伙人一致同意，可以决议将其除名：未履行出资义务；因故意或者重大过失给合伙企业造成损失；执行合伙事务时有不正当行为；发生合伙协议约定的事由。

对合伙人的除名决议应当书面通知被除名人。被除名人接到除名通知之日起除名生效，被除名人退伙。被除名人对除名决议有异议的，可以自接到除名通知之日起 30 日内，向人民法院起诉。

6. 退伙后的财产处理

按退伙时的合伙企业财产状况进行结算，退还退伙人的财产份额。退伙对给合伙企业造成损失的，相应扣减其应当退还的数额。由合伙协议约定或者由全体合伙人决定，可以退还货币，也可以退还实物。退伙人对基于其退伙前的原因发生的合伙企业债务，承担无限连带责任。合伙人退伙时，合伙企业财产少于合伙企业债务的，退伙人应当依照合伙企业法规定分担亏损。

（九）特殊的普通合伙企业

以专业知识和专门技能提供有偿服务的专业服务机构，可以设立为特殊的普通合伙企业。

该类企业中，一个或数个合伙人在执业活动中因故意或重大过失造成合伙企业债务的，应承担无限责任或无限连带责任，其他合伙人以其在合伙企业的财产份额为限承担责任。合伙人在执业活动中非因故意或者重大过失造成的合伙企业债务，由全体合伙人承担无限连带责任。

企业名称中应当标明“特殊普通合伙”字样。应当建立执业风险基金、办理职业保险。

二、有限合伙

(一)合伙企业设立的条件

(1)有2个以上50个以下合伙人;至少应当有1个普通合伙人。

(2)有书面合伙协议。

合伙协议的内容除普通合伙企业协议的内容外,还应有下列内容:普通合伙人和有限合伙人的姓名或者名称、住所;执行事务合伙人应具备的条件和选择程序;执行事务合伙人权限与违约处理办法;执行事务合伙人的除名条件和更换程序;有限合伙人入伙、退伙的条件、程序以及相关责任;有限合伙人和普通合伙人相互转变程序。

(3)有合伙人认缴或者实际缴付的出资。

有限合伙人不得以劳务出资。有限合伙人应当按照合伙协议的约定按期足额缴纳出资;未按期足额缴纳的,应当承担补缴义务,并对其他合伙人承担违约责任。有限合伙企业登记事项中应当载明有限合伙人的姓名或者名称及认缴的出资数额。

(4)有合伙企业的名称和生产经营场所。

(5)法律、行政法规规定的其他条件。

(二)合伙企业财产

1. 有限合伙人财产份额的转让

有限合伙人可以转让其财产份额,但应当提前30日通知其他合伙人。

2. 有限合伙人财产份额的出质

有限合伙人可以将其财产份额出质,但是,合伙协议另有约定的除外。

(三)合伙事务执行

1. 合伙人对合伙企业事务的管理

普通合伙人执行合伙事务,可以在合伙协议中确定执行事务的报酬及提取方式。有限合伙人不得执行合伙事务,不得对外代表有限合伙企业。

第三人有理由相信有限合伙人为普通合伙人并与其交易的,该有限合伙人对该笔交易承担与普通合伙人同样的责任。

2. 合伙人的忠诚义务

有限合伙人可以同本有限合伙企业进行交易,但是,合伙协议另有约定的除外。有限合伙人可以自营或者同他人合作经营与本有限合伙企业相竞争的业务,但是,合伙协议另有约定的除外。

(四)有限合伙企业利润、亏损承担

有限合伙企业不得将全部利润分配给部分合伙人,但合伙协议另有约定的除外。

(五)合伙企业与第三人关系

有限合伙人的个人债务。有限合伙人的自有财产不足清偿其个人债务的,该合伙人可以以其从有限合伙企业中分取的收益用于清偿;债权人也可以依法请求人民法院强制执行该合伙人在有限合伙企业中的财产份额用于清偿。人民法院强制执行有限合伙人的

财产份额时，应当通知全体合伙人。在同等条件下其他合伙人有优先购买权。

（六）入伙

新入伙的有限合伙人对入伙前的企业债务，以其认缴的出资额为限承担责任。

（七）退伙

1. 有限合伙人当然退伙

有限合伙人当然退伙的情形：作为合伙人的自然人死亡或者被依法宣告死亡；作为合伙人的法人或者其他组织依法被吊销营业执照、责令关闭、撤销，或者被宣告破产；法律规定或者合伙协议约定合伙人必须具有相关资格而丧失该资格；合伙人在合伙企业中的全部财产份额被人民法院强制执行。

作为有限合伙人的自然人死亡、被依法宣告死亡或者作为有限合伙人的法人及其他组织终止时，其继承人或者权利承受人可以依法取得该有限合伙人在有限合伙企业中的资格。

作为有限合伙人的自然人在有限合伙企业存续期间丧失民事行为能力的，其他合伙人不得因此要求其退伙。

2. 有限合伙人退伙后的责任

对基于其退伙前的原因发生的有限合伙企业债务，以其退伙时从有限合伙企业中取回的财产承担责任。

（八）合伙企业及合伙人的转变

1. 合伙企业的转变

有限合伙企业仅剩有限合伙人的，应当解散；有限合伙企业仅剩普通合伙人的，转为普通合伙企业。

2. 合伙人的转变

普通合伙人转变为有限合伙人，或者有限合伙人转变为普通合伙人，应当经全体合伙人一致同意；但是，合伙协议另有约定的除外。

合伙人转变的，对其转变前的有限合伙企业债务承担无限连带责任。

三、合伙企业的解散与清算

（一）合伙企业的解散

合伙企业解散的原因：合伙企业协议约定的经营期限届满，合伙人不愿意继续经营；合伙协议约定的解散事由出现；全体合伙人决定解散；合伙人不具备法定的人数；合伙协议约定的合伙目的已经实现或者无法实现；被依法吊销营业执照；出现法律、行政法规规定的合伙企业解散的其他原因。

（二）合伙企业的清算

合伙企业解散的，应当进行清算。

1. 确定清算人

清算人由全体合伙人担任；经全体合伙人过半数同意，可以自合伙企业解散事由出现后 15 日内指定一个或者数个合伙人，或者委托第三人担任清算人。自合伙企业解散事由出现之日起 15 日内未确定清算人的，合伙人或者其他利害关系人可以申请人民法院指定清算人。

2. 清算人职责

清算人在清算期间执行下列事务：

(1)清理合伙企业财产，分别编制资产负债表和财产清单；

(2)处理与清算有关的合伙企业未了结事务；

(3)清缴所欠税款；

(4)清理债权、债务；

(5)处理合伙企业清偿债务后的剩余财产；

(6)代表合伙企业参加诉讼或者仲裁活动。

3. 通知和公告债权人

清算人自被确定之日起10日内将合伙企业解散事项通知债权人，并于60日内在报纸上公告。债权人应当自接到通知书之日起30日内，未接到通知书的自公告之日起45日内，向清算人申报债权。债权人申报债权，应当说明债权的有关事项并提供证明材料。清算人应当对债权进行登记。清算期间，合伙企业存续，但不得开展与清算无关的经营活动。

4. 清偿顺序

合伙企业财产在支付清算费用和职工工资、社会保险费用、法定补偿金及缴纳所欠税款、清偿债务后的剩余财产，依法进行分配。

5. 注销登记

清算结束，清算人应当编制清算报告，经全体合伙人签名、盖章后，在15日内向企业登记机关报送清算报告，申请办理合伙企业注销登记。注销后合伙企业终止。合伙企业注销后，原普通合伙人对合伙企业存续期间的债务仍应承担无限连带责任，债权人5年内不请求的，债权消灭。

第三节 外商投资企业法

一、外商投资企业法概述

(一)外商投资企业的概念

外商投资企业，是指外国投资者经中国政府批准，在中国境内投资举办的企业。

(二)外商投资企业的种类

1. 中外合资经营企业

中外合资经营企业亦称股权式合营企业。它是指由外国公司、企业和其他经济组织或者个人同中国的公司、企业或者其他经济组织，依照中国的法律和行政法规，经中国政府批准，设在中国境内的，由双方共同投资、共同经营，按照各自的出资比例共担风险、共负盈亏的企业。这种形式较多地应用于投资多、技术性强、合作时间长的项目。

2. 中外合作经营企业

中外合作经营企业亦称契约式合营企业。它是指由外国公司、企业和其他经济组织或者个人同中国的公司、企业或者其他经济组织，依照中国的法律和行政法规，经中国政府批准，设在中国境内的，由双方通过合作经营企业合同约定各自的权利和义务的企业。这种形式的特点是合作方式较为灵活。

3. 外资企业

外资企业亦称外商独资经营企业。它是指外国的公司、企业和其他经济组织或者个人，依照中国的法律和行政法规，经中国政府批准，设在中国境内的，全部资本由外国投资者投资的企业。

4. 中外合资股份有限公司

中外合资股份有限公司，是指外国的公司、企业和其他经济组织或者个人同中国的公司、企业或者其他经济组织，依照中国的法律和行政法规，在中国境内设立的，全部资本由等额股份构成，股东以其所认购的股份对公司承担责任，公司以其全部财产对公司债务承担责任，中外股东共同持有公司股份的企业法人。

（三）外商投资企业的投资项目

外商投资企业的投资项目分为鼓励、限制、禁止和允许四类。

1. 鼓励类外商投资项目

鼓励类外商投资项目：属于农业新技术、农业综合开发和能源、交通、重要原材料工业的；属于高新技术、先进适用技术，能够改进产品性能、提高企业技术经济效益或者生产国内生产能力不足的新设备、新材料的；适应市场需求，能够提高产品档次、开拓新市场或者增加产品国际竞争能力的；属于新技术、新设备，能够节约能源和原材料、综合利用资源和再生资源及防治环境污染的；能够发挥中西部地区的人力和资源优势，并符合国家产业政策的。

鼓励类外商投资项目，除依照有关法律、行政法规的规定享受优惠待遇外，从事投资额大、回收期长的能源、交通、城市基础设施建设、经营的，经批准，可以扩大与其相关的经营范围。

2. 限制类外商投资项目

限制类外商投资项目：技术水平落后的；不利于节约资源和改善生态环境的；从事国家规定实行保护性开采的特定矿种勘探、开采的；属于国家逐步开放的产业的；法律、行政法规规定的其他情形。

3. 禁止类外商投资项目

禁止类外商投资项目：危害国家安全或者损害社会公众利益的；对环境造成污染损害，破坏自然资源或者损害人体健康的；占用大量耕地，不利于保护、开发土地资源的；危害军事设施安全和使用效能的；运用我国特有工艺或者技术生产产品的；法律、行政法规规定的其他情形。

4. 允许类外商投资项目

不属于鼓励类、限制类和禁止类的外商投资项目，为允许类外商投资项目。

产品全部直接出口的允许类外商投资项目，视为鼓励类外商投资项目。产品出口销售额占其产品销售总额70%以上的限制类外商投资项目，经省、自治区、直辖市及计划单列市人民政府或者国务院主管部门批准，可以视为允许类外商投资项目。

(四)外商投资企业的出资

1. 外商投资企业的出资方式

外商投资企业的出资方式有现金、实物、场地使用权、工业产权、专有技术和其他财产权利。

(1)现金出资。外方投资者以现金出资时,只能以外币缴付出资。中方投资者用人民币缴付出资。经审批机关批准,外国投资者也可以用其从中国境内举办的其他外商投资企业获得的人民币利润出资。

(2)实物出资。中外投资者以实物出资需要作价时,由中外投资各方协商确定,或者聘请双方同意的第三者评定。

中外投资者用作投资的实物,必须为自己所有且未设立任何担保物权,并应当出具其拥有所有权和处置权的有效证明,任何一方都不得用以企业名义取得的贷款、租赁的设备或者其他财产,以及用他人财产作为自己的实物出资,也不得以企业或者投资他方的财产和权益为其出资担保。外方投资者用以投资的机器设备或者其他物料,还应报审查批准机关批准。

此外,外方投资者以机器设备或者其他物料出资的,应符合下列条件:

①为企业生产所必需的;

②作价不得高于同类机器设备或其他物料当时的国际市场价格。

(3)场地使用权出资。在举办中外合资经营企业和中外合作经营企业时,中方投资者可以用场地使用权作为出资。如果未用场地使用权作为中方投资者出资的,则举办的外商投资企业应向中国政府缴纳场地使用费。中方投资者以场地使用权作价出资的,其作价金额应与取得同类场地使用权所应缴纳的使用费相同。

(4)工业产权、专有技术出资。根据我国有关法律规定,外方投资者出资的工业产权、专有技术必须符合下列条件之一:

①能显著改进现有产品的性能、质量,提高生产效率;

②能显著节约原材料、燃料、动力。

(5)中外合作者除可以用以上资产作为出资或者合作条件外,还可以用其他财产权利出资或者作为合件条件。主要包括:

①国有企业的经营权;

②国有自然资源的使用经营权;

③公民或集体组织的承包经营权;

④公司股份或其他形式的权益等。

2. 外商投资企业的出资比例

在中外合资经营企业中,外国合营者的投资比例一般不得低于合营企业注册资本的25%。在中外合作经营企业中,对取得法人资格的合作企业,外国合作者投资比例一般不得低于注册资本的25%;对不具备法人资格的合作企业,合作各方的投资比例或合作条件,由国务院对外经济贸易主管部门规定。在外资企业中,外资企业的注册资本全部由外国投资者投入。在中外合资股份有限公司中,外国股东购买并持有的股份应不低于公司注册资本的25%。

对外国投资者的出资比例低于25%的，除法律、行政法规另有规定外，均应按照设立外商投资企业的审批登记程序进行审批和登记。通过审批的，颁发加注“外资比例低于25%”字样的外商投资企业批准证书；取得登记的，颁发在“企业类型”后加注“外资比例低于25%”字样的外商投资企业营业执照。

3. 外商投资企业的出资期限

外商投资企业的投资应按照项目进度，在合同、章程中明确规定出资期限。未作规定的，审批机关不予批准，登记机关不予登记注册。外商投资企业合同中规定一次缴付出资的，投资各方应当自营业执照签发之日起6个月内缴清；合同中规定分期缴付出资的，投资各方第一期出资不得低于各自认缴出资额的15%，并且应当在营业执照签发之日起3个月内缴清。外商投资企业各方未能在规定的期限内缴付出资的，视同外商投资企业自动解散，外商投资企业批准证书自动失效。外商投资企业应当向工商行政管理机关办理注销登记手续，缴销营业执照；不办理注销登记手续和缴销营业执照的，由工商行政管理机关吊销其营业执照，并予以公告。外商投资企业投资一方未按照合同的规定如期缴付或者缴清其出资的，即构成违约。守约方应当催告违约方在1个月内缴付或者缴清出资，逾期仍未缴付或者缴清的，视同违约方自动退出外商投资企业。守约方应当在逾期1个月内，向原审批机关申请批准解散外商投资企业或者另找外国投资者承担违约方在合同中的权利和义务。守约方可以依法要求违约方赔偿因未缴付或者缴清出资造成的经济损失。如守约方未按照有关规定向原审批机关申请批准解散外商投资企业或者申请批准另找外国投资者的，审批机关有权吊销对该外商投资企业的批准证书。批准证书吊销后，外商投资企业应当向工商行政管理机关办理注销登记手续，缴销营业执照；不办理注销登记手续和缴销营业执照的，工商行政管理机关有权吊销其营业执照，并予以公告。

外商投资企业合同经审批后，如确因特殊情况需要超过合同规定的缴资期限延期缴资的，应报原审批机关批准和登记机关备案，并办理相关手续。中外合作经营企业和外资企业比照中外合资经营企业的规定执行。

二、中外合资经营企业法

（一）中外合资经营企业的特点

中外合资经营企业通常简称为合营企业。合营企业的特点主要体现在以下几个方面：

（1）合营企业的一方为外国合营者，另一方为中国合营者。外国合营者可以是公司、企业、其他经济组织或者个人。中国合营者可以是公司、企业或者其他经济组织。

（2）中外合营各方共同投资、共同经营，按各自的出资比例共担风险、共负盈亏。

（3）合营企业的组织形式为有限责任公司，合营各方对合营企业的责任以各自认缴的出资额为限。

（4）合营企业是经中国政府批准设立的中国法人，必须遵守中国的法律和行政法规，并受中国的法律和行政法规的保护。

（二）中外合资经营企业的设立条件和程序

1. 设立合营企业的条件

国家鼓励、允许、限制或者禁止设立合营企业的行业，按照国家指导外商投资方向的规定及外商投资产业指导目录执行。

申请设立合营企业有下列情况之一的,不予批准:

(1)有损中国主权的;

(2)违反中国法律的;

(3)不符合中国国民经济发展要求的;

(4)造成环境污染的;

(5)签订的协议、合同、章程显属不公平,损害合营一方权益的。

2. 设立合营企业的审批机关

设立合营企业的审批机关是国务院对外经济贸易主管部门。国家规定的限额以下、限制投资和涉及配额、许可证管理的合营企业的设立由国务院对外经济贸易主管部门负责核准。在拟设立的合营企业的投资总额在国务院规定的投资审批权限以内,中国合营者的资金来源已经落实,并且不需要国家增拨原材料,不影响燃料、动力、交通运输、外贸出口配额等方面的全国平衡的情况下,可由国务院授权的省、自治区、直辖市人民政府及国务院有关行政机关审批,报国务院对外经济贸易主管部门备案。

3. 设立合营企业的步骤

设立合营企业一般要经过以下步骤:

申请设立合营企业。中外合营者须共同向审批机关提交下列文件:

(1)设立合营企业的申请书;

(2)合营各方共同编制的可行性研究报告;

(3)由合营各方授权代表签署的合营企业协议、合同和章程;

(4)由合营各方委派的合营企业董事长、副董事长、董事人选名单;

(5)审批机关规定的其他文件。

审批机关审批:审批机关应当在收到全部文件之日起 3 个月内决定是否批准。审批机关如发现报送的文件有不当之处,应当要求申请人限期修改,否则不予批准。合营企业经批准后由审批机关发给批准证书。须经国务院商务部门审批批准的,由其发给批准证书;国务院授权的省级人民政府或国务院有关部门审批批准的,应当报国务院商务部门备案,并由国务院商务部门发给批准证书。

合营企业应当自收到批准证书后 1 个月内按照国家有关规定,向工商行政管理机关办理登记手续,领取营业执照,开始营业。合营企业的营业执照签发日期,即为该合营企业的成立日期。

(三)中外合资经营企业的注册资本与投资总额

1. 合营企业的注册资本

合营企业的注册资本,是指为设立合营企业在工商行政管理机关登记注册的资本,应为合营各方认缴的出资额之和。外国合营者的出资比例一般不得低于 25%。

合营企业在合营期限内,不得减少其注册资本。但因投资总额和生产经营规模等发生变化,确需减少注册资本的,须经审批机关批准。合营企业增加注册资本应当经合营各方协商一致,并由董事会会议通过,报经原审批机关核准。合营企业增加、减少注册资本,应当修改合营企业章程,并办理变更注册资本登记手续。

2. 合营企业的投资总额

合营企业的投资总额，是指按照合营企业的合同、章程规定的生产规模需要投入的基本建设资金和生产流动资金的总和。它由注册资本与借款构成。合营企业的借款是指为弥补投资总额的不足，以合营企业的名义向金融机构借入的款项。合营企业的注册资本和投资总额之间应当保持正确、合理的比例关系：

(1)投资总额在300万美元以下(含300万美元)的，注册资本至少应占投资总额的7/10；

(2)投资总额在300万美元以上至1 000万美元(含1 000万美元)的，注册资本至少应占投资总额的1/2，其中投资总额在420万美元以下的，注册资本不得低于210万美元；

(3)投资总额在1 000万美元以上至3 000万美元(含3 000万美元)的，注册资本至少应占投资总额的2/5，其中投资总额在1 250万美元以上的，注册资本不得低于500万美元；

(4)投资总额在3 000万美元以上的，注册资本至少应占投资总额的1/3，其中投资总额在3 600万美元以下的，注册资本不得低于1 200万美元。

(四)中外合资经营企业的组织机构

1. 董事会

董事会是合营企业的最高权力机构，根据合营企业章程的规定，讨论决定合营企业的一切重大问题。董事会由董事长、副董事长及董事组成。董事会成员不得少于3人。董事长、副董事长由合营各方协商确定或者由董事会选举产生。中外合营者一方担任董事长的，他方担任副董事长。董事名额的分配由合营各方参照出资比例协商确定，董事由合营各方按照分配的名额委派和撤换。董事任期4年，可以连任。

董事会会议由董事长召集，董事长不能召集时，可以由董事长委托副董事长或者其他董事召集。董事会每年至少召开一次董事会会议，经1/3以上董事提议，可以召开临时会议。董事会会议讨论的重大问题具体包括企业发展规划、生产经营活动方案、收支预算、利润分配、劳动工资计划、停业，以及总经理、副总经理等高级管理人员的任命或聘请及其职权和待遇等。董事会会议应有2/3以上董事出席，其决议方式可以根据合营企业章程载明的议事规则作出。但涉及合营企业的下列事项，必须经出席董事会会议的董事一致通过方可作出决议：

(1)合营企业章程的修改；

(2)合营企业的终止、解散；

(3)合营企业注册资本的增加、减少；

(4)合营企业的合并、分立。

2. 经营管理机构

经营管理机构负责合营企业的日常经营管理工作，设总经理1人，副总经理若干，其他高级管理人员若干。总经理的职责主要有：执行董事会会议的各项决议；组织领导合营企业的日常经营管理工作；在董事会的授权范围内，代表合营企业对外进行各项经营业务；任免下属人员；董事会授予的其他职权。

（五）中外合资经营企业的经营管理

1. 生产经营管理

合营企业在其合同规定和批准的经营范围内，享有生产经营自主权。

（1）购买物资。

合营企业所需的机器设备、原材料、燃料、配套件、运输工具和办公用品等，有权自行决定在中国市场购买或者在国际市场购买。合营企业需要在中国购置的办公、生活用品，按需要量购买，不受限制。

（2）销售产品。

国家鼓励合营企业向国际市场销售产品。合营企业有权自行出口其产品，也可以委托外国合营者的销售机构或中国的外贸公司代销或经销。

2. 财务会计管理

合营企业应当建立健全财务会计管理机构，根据中国法律和财务会计制度，制定适合本企业的财务会计制度，报当地财政、税务机关备案。合营企业应向合营各方、当地税务机关、财政机关报送季度和年度会计报表。年度会计报表应抄报原审批机关。

合营企业的下列文件、报表、证件，应经中国注册会计师验证方为有效：

（1）合营各方的出资证明书；

（2）合营企业的年度会计报表；

（3）合营企业清算的会计报表。

3. 劳动用工管理

合营企业在劳动用工方面享有自主权，同时也要遵守中国的法律和行政法规的规定。合营企业用工实行劳动合同制，劳动合同由合营企业同本企业的工会组织代表职工集体签订，规模较小的合营企业，也可以由合营企业同职工个人签订。

合营企业职工有权建立基层工会组织，开展工会活动。合营企业董事会会议研究决定有关职工奖惩、工资制度、生活福利、劳动保护和劳动保险等问题时，工会代表有权列席会议，董事会应当听取工会意见。

（六）中外合资经营企业出资额的转让

合营企业出资额的转让是指在合营企业中合营一方将其全部或部分出资额转让给合营企业另一方或第三者。

1. 合营企业出资额的转让条件

合营企业出资额的转让须经合营各方同意。虽然出资额的转让是转让方与受让方之间的协议，但转让生效后，受让方成为合营企业的主体，参与企业的经营管理，必然涉及合营他方的利益。为了保护合营他方的合法权益，出资额的转让必须经合营各方同意。为了维护国家利益和加强对合营企业的管理，合营企业出资额的转让必须经董事会会议通过后报原审批机关批准，接受国家对出资额转让的审查。合营企业一方转让其全部或部分出资额时，合营他方有购买权。即合营一方向第三者转让出资额的条件，不得比向合营他方转让的条件优惠。

2. 合营企业出资的转让程序

1）申请出资额转让

当合营一方提出转让出资额要求时，合营他方同意的，合营他方应作出明确表示同意转让。同时合营他方应考虑是否购买部分或全部转让的出资额，如决定不买，应及时通过对方寻找第三者。在此基础上，由合营企业提出出资额转让的书面申请。

2）董事会审查决定

在确定合营企业出资额转让时，董事会应召集董事会会议进行审查。董事会应审查：

（1）出资额的转让是否经合营各方同意；

（2）出资额的转让是否经董事会会议通过；

（3）是否对出资额的受让方进行了资格审查，是否符合转让条件。

3）报告审批机关批准

合营企业出资额转让经董事会审查后，应报原审批机关批准。审批机构受理后，应在3个月内作出批准或不批准的决定。

4）办理变更登记手续

转让出资额经审批机关批准后，合营企业应向原登记管理机关办理变更登记手续。

（七）中外合资经营企业的期限、解散和清算

1. 合营企业的期限

合营企业的期限，是指合营各方根据中国法律，在合同中对合营企业存续期间的规定。合营期限，可以按不同行业、不同情况约定。规定如下：

（1）举办合营企业，属于下列行业的，合营各方依法在合营合同中约定合营期限：服务性行业的；从事土地开发及经营房地产的；从事资源勘查开发的；国家规定限制投资项目的；国家其他法律、法规规定需要约定合营期限的。

合营期限原则上为10～30年。投资大、建设周期长、资金利润率低的项目及由外国合营者提供先进技术或者关键技术生产尖端产品项目，或者在国际上有竞争能力的产品项目，其合营期限可以延长到50年。经国务院特别批准的，可以在50年以上。

对于属于国家规定鼓励投资和允许投资项目的合营企业，除上述行业外，合营各方可以约定合营期限，也可以不约定。

（2）合营期满合营各方同意延长的，应在距合营期满6个月前向审查批准机关提出申请。审查批准机关应当自收到申请之日起1个月内决定批准或者不批准。合营企业各方如一致同意将合营合同修改为不约定合营期限的，应提出申请，报原审批机关审查。原审批机关应当自收到上述申请文件之日起90日内决定批准或不批准。

（3）合营企业经营期限在10年以上的，从开始获利的年度起，第1年和第2年免征所得税，第3到第5年减半征收企业所得税。

2. 中外合资经营企业的解散

合营企业解散的原因主要有以下几项：

（1）合营企业合同或章程确定的合营期限已经到期，而投资各方又无意继续延长合营期限，则合营企业解散。

（2）合营企业发生严重亏损，无力继续经营。企业因经营管理不善或者其他原因，造成严重亏损，企业无力继续经营，则合营企业解散。

(3)合营一方不履行合营企业协议、合同、章程规定的义务，致使企业无法继续经营。

(4)因自然灾害、战争等不可抗力遭受严重损失，无法继续经营。

(5)合营企业未达到其经营目的，同时又无发展前途。

(6)合营合同、章程所规定的其他解散原因已经出现。

上述第(2)、(4)、(5)、(6)项情况发生的，由董事会提出解散申请书，报审批机关批准。第(3)项情况发生的，由履行合同一方提出申请，报审批机关批准。

(7)企业无力偿还到期债务的，企业债权人可以向人民法院要求宣告该企业破产；企业也可以自行申请破产。法院宣告企业破产后，企业应予解散。

3. 中外合资经营企业的清算

合营企业宣告解散时，应当进行清算。合营企业清算应成立清算委员会，负责清算事宜。

清算委员会的成员一般应当在合营企业的董事中选任。董事不能担任或者不适合担任清算委员会成员时，合营企业可以聘请中国的注册会计师、律师担任。审批机关认为必要时，可以派人进行监督。

清算委员会的任务主要有：

(1)对合营企业财产、债权、债务进行全面清查。

(2)编制资产负债表和财产目录，提出财产作价依据，制订清算方案。

(3)履行企业偿债义务。清算委员会制订的清算方案经董事会通过后，由清算委员会代合营企业履行偿债义务，偿债顺序按照国家有关法律和行政法规执行。

(4)清算期间，清算委员会代表该合营企业起诉或应诉。

合营企业以全部资产对其债务承担责任。合营企业清偿债务后的剩余财产按照合营各方的出资比例进行分配，但合营企业协议、合同、章程另有规定的除外。合营企业解散时，其资产净额或者剩余财产减除企业未分配利润、各项基金和清算费用后的余额，超过实缴资本的部分为清算所得，应当依法缴纳所得税。

清算工作结束后，由清算委员会提出清算结束报告，提请董事会会议通过后，报告审批机关，向登记管理机关办理注销登记手续，缴销营业执照。

三、中外合作经营企业法

(一)中外合作经营企业的特点

1. 合作企业的特点

合作企业的一方为外国合作者，另一方为中国合作者。外国合作者可以是公司、企业、其他经济组织或者个人。中国合作者可以是公司、企业或者其他经济组织。

合作企业合作各方的权利和义务都在签订的合同中确定，包括投资者合作条件、利润的分配、风险和亏损的分担、经营管理方式和合作企业解散时财产的归属等事项。

合作企业的法人资格有可选择性。合作企业可以是依法取得中国法人资格，也可以是不具备法人资格。具备法人资格的合作企业，为有限责任公司，以其投资或者提供的合作条件为限对合作企业承担责任；不具备法人资格的合作企业及其合作各方，依照中国民事法律的有关规定承担民事责任。

合作企业中的外国合作者可以先行回收投资。合作期满后,合作企业的全部固定资产一般归中国合作者所有。

合作企业的管理机构具有多样性。合作企业可以采用董事会制,也可以采用联合管理委员会制,还可以采用委托管理制。

2. 合作企业与合营企业特点的比较

1)合营方式不同

合营企业属于股权式合营,中外合营各方共同投资、共同经营,按各自的出资比例共担风险、共负盈亏;而合作企业属于契约式的合营,中外合作各方不以投资数额、股权等作为利润分配的依据,而是通过签订合同具体确定各方的权利和义务。

2)组织形式不同

合营企业必须依法取得中国法人资格,为有限责任公司,以其拥有的全部财产承担有限责任;而合作企业可以是取得中国法人资格的企业,也可以是不具备中国法人资格的企业。

3)投资回收方式不同

在合营企业存续期内,外国合营者不能收回投资。

4)经营管理机构不同

合营企业的经营管理机构是董事会及董事会领导下的经营管理机构,董事会为最高权力机构;而合作企业的经营管理机构具有多样性。

5)利润分配方式不同

合营企业是在毛利润扣除所得税和按规定提取的基金后,将净利润按各方的股权比例进行分配;而合作企业是按合同约定的方式和比例分配利润,可以采取净利润分成、产品分成或产值分成等分配方式。

(二)设立中外合作经营企业的条件和法律程序

1. 设立合作企业的条件

在中国境内设立合作企业,应当符合国家的发展政策和产业政策,遵守国家关于指导外商投资方向的规定。国家鼓励举办的合作企业如下:

(1)产品出口的生产型合作企业,是指企业产品主要用于出口创汇的生产型合作企业。

(2)技术先进的生产型合作企业,是指外国合作者提供先进技术,从事新产品的开发,实现产品升级换代,以增加出口创汇或者替代进口的生产型合作企业。

2. 设立合作企业的法律程序

由中国合作者向审查批准机关报送有关文件。包括:

(1)设立合作企业的项目建议书;

(2)合作各方共同编制的可行性研究报告;

(3)合作企业协议、合同、章程;

(4)合作各方的营业执照或注册登记证明、资信证明及法定代表人的有效证明文件;

(5)合作各方协商确定的合作企业董事长、副董事长、董事或者联合管理委员会主任、副主任、委员的人选名单；

(6)审查批准机关要求报送的其他文件。

审查批准机关审批：审查批准机关应当自收到规定的全部文件之日起45日内决定批准或者不予批准。审查批准机关认为报送的文件不全或者有不当之处的，有权要求合作各方在指定期间内补正或修正。

批准设立的合作企业依法向工商行政管理机关申请登记，领取营业执照。

以上所称审查批准机关，是指国务院对外经济贸易主管部门或者国务院授权的部门和地方人民政府。国务院对外经济贸易主管部门和国务院授权的部门批准设立的合作企业，由国务院对外经济贸易主管部门颁发批准证书；国务院授权的地方人民政府批准设立的合作企业，由有关地方人民政府颁发批准证书，并自批准之日起30日内将有关批准文件报送国务院对外经济贸易主管部门备案。

(三)中外合作经营企业的组织机构

合作企业设立董事会或者联合管理委员会。具备法人资格的合作企业，一般设立董事会；不具备法人资格的合作企业一般设立联合管理委员会。董事会或者联合管理委员会是合作企业的权力机构，按照合作企业章程规定，决定合作企业的重大问题。董事会或者联合管理委员会成员不得少于3人，其名额的分配由中外合作者参照其投资或者提供的合作条件协商确定。董事会或者联合管理委员会成员由合作各方自行委派或者撤换。董事会董事长、副董事长或者联合管理委员会主任、副主任的产生办法由合作企业章程规定；中外合作者的一方担任董事长、主任的，他方担任副董事长、副主任。董事或者委员的任期由合作企业章程规定，每届任期不得超过3年。董事或者委员任期届满，委派方继续委任的可连任。

董事会会议或者联合管理委员会会议每年至少召开1次，由董事长或者主任召集并主持。董事长或者主任因特殊情况不能履行职务时，由指定的副董事长、副主任或者其他董事、委员召集并主持。1/3以上的董事或者委员可以提议召开董事会会议或者联合管理委员会会议。董事会议或者联合管理委员会会议应当有2/3以上董事或者委员出席方能举行。董事会会议或者联合管理委员会会议作出决议，须经全体董事或者委员过半数通过。但对合作企业章程的修改、注册资本的增减、资产抵押及合作企业的合并、分立、解散等事项，应由出席董事会会议或者联合管理委员会会议的董事或者委员一致通过。

合作企业成立后，改为委托合作各方以外的他人经营管理的，必须经董事会或者联合管理委员会一致同意，报审查批准机关批准，并向工商行政管理机关办理变更登记手续。

(四)中外合作经营企业的合同和章程

1. 合作企业的合同

合作企业的合同，是指合作各方为设立合作企业就相互之间的权利、义务关系达成一致意见后形成的书面文件。合作企业中合作各方的权利、义务都是在合作企业合同中确定的。

合作企业合同一般包括以下主要条款：

(1)合作各方名称、注册地、住所及法定代表人的姓名、职务、国籍(外国合作者是自然人的，其姓名、国籍和住所）；

（2）合作企业的名称、住所、经营范围；

（3）合作企业的投资总额、注册资本，合作各方投资或者提供合作条件的方式、期限；

（4）合作各方投资或者提供的合作条件的转让；

（5）合作各方收益或者产品的分配，风险或者亏损的分担；

（6）合作企业董事会或者联合管理委员会的组成，董事或者联合管理委员会委员名额的分配，总经理及其他高级管理人员的职责和聘任、解聘办法；

（7）采用的主要生产设备、生产技术及其来源；

（8）产品在中国境内销售和境外销售的安排；

（9）合作企业外汇收支安排；

（10）合作企业的期限、解散和清算；

（11）合作各方其他义务及违反合同的责任；

（12）财务、会计、审计的处理原则；

（13）合作各方之间争议的处理；

（14）合作企业合同的修改程序。

合作企业合同自审查批准机关颁发批准证书之日起生效。在合作期限内，合作企业合同有重大变更的，须经审查批准机关批准。

2. 合作企业的章程

合作企业的章程，是指按照合作企业合同约定，经合作各方一致同意，约定合作企业的组织原则、经营管理方法等事项的书面文件。合作企业章程的内容与合作企业合同不一致的，以合作企业合同为准。合作企业章程自审查批准机关颁发批准证书之日起生效。在合作期限内，合作企业章程有重大变更的，须经审查批准机关批准。

合作企业的章程主要包括下列内容：

（1）合作企业名称及住所；

（2）合作企业的经营范围和合作期限；

（3）合作各方的名称、注册地、住所及法定代表人的姓名、职务和国籍；

（4）合作企业的投资总额、注册资本，合作各方投资或者提供合作条件的方式、期限；

（5）合作各方收益或者产品的分配，风险或者亏损的分担；

（6）合作企业董事会或者联合管理委员会的组成、职权和议事规则，董事会董事或者联合管理委员会的任期，董事长、副董事长或者联合管理委员会主任、副主任的职责；

（7）经营管理机构的设置、职权、办事规则，总经理及其他高级管理人员的职责和聘任、解聘办法；

（8）有关职工招聘、培训、劳动合同、工资、社会保险、福利、职工安全卫生等劳动管理事项的规定；

（9）合作企业财务、会计和审计制度；

（10）合作企业解散和清算办法；

（11）合作企业章程的修改程序。

（五）外商先行回收投资的规定

1. 外商先行回收投资的法定条件

外国合作者在合作期限内先行回收投资应符合下列法定条件：

（1）中外合作经营者在合作企业合同中约定合作期限届满时，合作企业的全部固定资产无偿归中国合作者所有；

（2）对于税前回收投资的，必须向财政税务机关提出申请，并由财政税务机关依法审查批准；

（3）中外合作者应当依照有关法律的规定和合作企业合同的约定，对合作企业的债务承担责任；

（4）外国合作者提出先行回收投资的申请，并具体说明先行回收投资的总额、期限和方式，经财政税务机关审查同意后，报审查批准机关审批；

（5）外国合作者应在合作企业的亏损弥补之后，才能先行回收投资。

2. 外商先行回收投资的方式

外国合作者在合作期限内可以下列方式先行回收其投资：

（1）在按照投资或者提供合作条件进行分配的基础上，在合作企业合同中约定扩大外国合作者的收益分配比例；

（2）经财政税务机关审查批准，外国合作者在合作企业缴纳所得税前回收投资；

（3）经财政税务机关和审查批准机关批准的其他回收投资方式。

（六）中外合作经营企业的期限、解散和清算

1. 合作企业的期限

合作企业的期限由中外合作者协商确定，在合作企业合同中订明。合作企业期限届满，合作各方协商同意要求延长合同期限的，应当在期限届满的 180 日前向审查批准机关提出申请，说明原合作企业合同执行情况、延长合作期限的原因，同时报送合作各方就延长的期限内各方的权利、义务等事项所达成的协议。审查批准机关应当自接到申请之日起 30 日内，决定批准或者不批准。经批准延长合作期限的，合作企业凭批准文件向工商行政管理机关办理变更登记手续。

合作企业合同约定外国合作者先行回收投资，并且投资已经回收完毕的，合作企业期限届满不再延长。但外国合作者增加投资的，经合作各方协商同意，可以向审查批准机关申请延长合作期限。

2. 合作企业的解散事由

合作企业解散的事由主要有：

（1）合作期限届满；

（2）合作企业发生严重亏损，或者因不可抗力遭受严重损失，无力继续经营；

（3）中外合作者一方或者数方不履行合作企业合同、章程规定的义务，致使合作企业无法继续经营；

（4）合作企业合同、章程中规定的其他解散原因；

（5）合作企业违反法律、行政法规，被依法责令关闭。

上述第（2）项、第（4）项所列情形发生，应当由合作企业的董事会或者联合管理委员会作出决定，报审查批准机关批准。在第(3)项所列情形下，不履行合作企业合同、章程规定义务的中外合作者一方或者数方，应当对守约他方遭受的损失承担赔偿责任。守约一方或者数方有权向审查批准机关申请解散合作企业。

3. 合作企业的清算

合作企业期满或者提前终止时，应当依照法定程序对资产和债权、债务进行清算。中外合作者应当依照合作企业合同的约定确定合作企业财产的归属。

四、外资企业法

(一)外资企业的特点

外资企业是依照中国的法律规定在中国境内设立的法人企业。

外资企业的全部资本由外国投资者投入。这是外资企业与中外合资经营企业、中外合作经营企业的主要区别。

外国企业和其他经济组织在中国境内设立的分支机构，属于外国企业的分公司，不属于我国外资企业法的调整范围。

外资企业是一个独立的经济实体，独立核算，自负盈亏，独立承担法律责任。

(二)外资企业的设立条件和程序

1. 外资企业的设立条件

设立外资企业，必须有利于中国国民经济的发展，能够取得显著的经济效益。国家鼓励外资企业采用先进技术和设备，从事新产品开发，实现产品升级换代，节约能源和原材料，并鼓励举办产品出口的外资企业。

申请设立外资企业，有下列情况之一的，不予批准：

(1)有损中国主权或者社会公共利益的；

(2)危及中国国家安全的；

(3)违反中国法律、法规的；

(4)不符合中国国民经济发展要求的；

(5)可能造成环境污染的。

2. 外资企业的设立程序

设立外资企业的法律程序一般有申请、审批和登记三个阶段。申请时，须经企业所在地县级或者县级以上人民政府签署意见。设立外资企业的具体步骤是：

(1)外国投资者向拟设外资企业所在地的县级或者县级以上人民政府提交报告。报告的内容包括：

①设立外资企业的宗旨；

②经营范围、规模；

③生产的产品；

④使用的技术设备；

⑤用地面积及要求；

⑥需要的能源条件和数量；

⑦对公共设施的要求等。

收到报告的人民政府应自收到之日起30日内以书面形式答复外国投资者。

(2)外国投资者通过外资企业所在地的县级或者县级以上人民政府向审批机关提出申请,并报送下列文件:

①设立外资企业申请书;

②可行性研究报告;

③外资企业章程;

④外资企业法定代表人名单;

⑤外国投资者的法律证明文件和资信证明文件;

⑥拟设立外资企业所在地的县级或者县级以上人民政府的书面答复;

⑦需要进口的物资清单等。

(3)审批机关(国务院对外经济贸易主管部门及国务院授权的省级人民政府和计划单列市、经济特区人民政府)在收到申请文件之日起90日内决定批准或者不批准。

(4)外国投资者在收到批准证书之日起30日内向工商行政管理机关申请登记,领取营业执照。外资企业的营业执照签发之日为该企业成立日期。外国投资者在收到批准证书之日起满30日未向工商行政管理机关申请登记的,外资企业批准证书自动失效。外资企业在企业成立之日起30日内向税务机关办理税务登记。

外资企业的分立、合同或者由于其他原因导致资本发生重大变化,须经审批机关批准,并应聘请中国的注册会计师验证和出具验资报告;经审批机关批准后,向工商行政管理机关办理变更登记手续。

(三)外资企业的组织机构和经营管理

1.外资企业的组织形式

外资企业的组织形式为有限责任公司,经批准也可以为其他责任形式。外资企业为有限责任公司的,外国投资者对企业的责任以其认缴的出资额为限;外资企业为其他责任形式的,外国投资者对企业的责任适用有关法律规定。

2.外资企业的组织机构

外资企业的组织机构可以由外国投资者根据企业不同情况自行设置。

如果企业由多个外国投资者出资建立,董事会董事的名额应按照每个股东的出资比例分配。外资企业设立的董事会应推选出董事长。董事长是企业的法定代表人,须向中国政府申报备案。

3.外资企业的经营管理

1)生产经营管理

外资企业在制订生产经营计划、购买物资、销售产品等方面享有与中外合资经营企业大致相同的自主权。

2)劳动管理

外资企业在中国境内雇用职工,应当依照中国的法律签订劳动合同。外资企业不得雇用童工。外资企业职工有权建立工会组织,开展工会活动。外资企业研究决定有关职工奖惩、工资制度、生活福利、劳动保护和保险问题时,工会代表有权列席会议。外资企业应当听取工会的意见,与工会充分合作。外资企业应当每月按照企业职工实发工资总额的2%拨交工会经费，由本企业工会依照有关工会经费管理办法使用。

3）财务会计管理

外资企业应当执行国家统一的财务会计制度，并根据中国有关法律和财务会计制度的规定，制定适合本企业的财务会计制度，报当地财政、税务机关备案。

外资企业依照缴纳所得税后的利润，应当提取储备金、职工奖励及福利基金。储备基金提取比例不得低于税后利润的10%，当累计提取金额达到注册资本的50%时，可以不再提取。职工奖励及福利基金的提取比例由外资企业自行确定。外资企业以往会计年度的亏损未弥补前，不得分配利润；以往会计年度未分配的利润，可与本会计年度可分配的利润一并分配。

外资企业的年度会计报表和清算会计报表，应依照中国法律编制。以外币编报会计报表的，应同时编报外币折合为人民币的会计报表，外资企业的年度会计报表和清算会计报表，应当聘请中国的注册会计师进行验证并出具报告，应当在规定的时间内报送财政、税务机关，并报审批机关和工商行政管理机关备案。

（四）外资企业的期限、终止和清算

1. 外资企业的期限

外资企业的经营期限，根据不同行业的具体情况，由外国投资者在设立外资企业的申请书中拟订，经审批机关批准。外资企业的经营期限，从其营业执照签发之日起计算。

外资企业经营期满需要延长经营期限的，应当在距经营期限满180日前向审批机关报送延长经营期限的申请书。审批机关应当在收到申请书之日起30日内决定批准或者不批准。外资企业经批准延长经营期限的，应当自收到批准延长期限文件之日起30日内，向工商行政管理机关办理变更登记手续。

2. 外资企业的终止

外资企业有下列情形之一的，应予终止：

（1）经营期限届满；

（2）经营不善，严重亏损，外国投资者决定解散；

（3）因自然灾害、战争等不可抗力而遭受严重损失，无法继续经营；

（4）破产；

（5）违反中国法律、法规，危害社会公共利益被依法撤销；

（6）外资企业章程规定的其他解散的事由已经出现。

外资企业如存在上述第（2）、（3）、（4）项所列情形，应自行提交终止申请书，报审批机关核准，审批机关作出核准的日期为企业的终止日期。

3. 外资企业的清算

外资企业宣告终止时，应当进行清算。除企业破产或者撤销清算，应当按照中国有关法律规定进行清算外，外资企业的清算应由外资企业提出清算程序、原则和清算委员会人选，报审批机关审核后进行清算。清算委员会应当由外资企业的法定代表人、债权人代表及有关主管机关的代表组成，并聘请中国的注册会计师、律师等参加。

外资企业清算结束，其资产净额和剩余财产超过注册资本的部分视同利润，应当依照中国税法缴纳所得税。同时，应当向工商行政管理机关办理注销登记手续，缴销营业执照。

本章小结

本章主要介绍了个人独资企业法、合伙企业法及四种外商投资企业法包括外商投资企业法、中外合资经营企业法、中外合作经营企业法、外资企业法，介绍了我国企业法的基本内容，明确了以上企业的设立条件、流程和经营管理中涉及的相关规定。

思考题

1. 合伙人如何处理财产和管理方面的纠纷？
2. 现实中如何选择企业形式？影响的因素可能有哪些？
3. 简述四种外商投资企业的优缺点。

练习题

一、单项选择题

1. 个人独资企业的投资人对企业债务承担何种责任？（　　）

A. 以出资额为限承担责任

B. 以企业财产为限承担责任

C. 以其个人财产承担无限责任

D. 以其个人财产承担无限连带责任

2. 2016 年 1 月 5 日，赵某申请登记成立了一个人独资企业，该企业的事务可以由谁来管理？（　　）

A. 赵某的父母

B. 不幸遭遇车祸变成植物人的赵某

C. 赵某或其委托、聘用的其他有民事行为能力的人

D. 赵某的在上大学的 17 岁的儿子

3. 下列对普通合伙企业设立的论述，符合法律规定的是（　　）。

A. 公民张某与自己年仅 13 周岁的儿子成立一个合伙企业

B. 合伙人必须一次全部缴付出资，不可以约定分期出资

C. 公民甲、乙、丙、丁出资设立一个普通合伙企业，甲可以以劳务出资

D. 合伙企业名称中没有标明“普通”或是“有限”字样的话，就视为是普通合伙企业

二、多项选择题

1. 甲是某普通合伙企业合伙人，因病身亡，其继承人只有乙。关于乙继承甲的合伙财产份额的下列表述中，符合《合伙企业法》规定的有（　　）。

A. 乙可以要求退还甲在合伙企业的财产份额

B. 乙只能要求退还甲在合伙企业的财产份额

C. 乙因继承财产份额而当然成为合伙企业的合伙人

D. 经其他合伙人同意，乙因继承而成为合伙企业的合伙人

2. 下列有关有限合伙企业的表述中，不符合《合伙企业法》规定的是（　　）。

A. 有限合伙企业至少应当有一个普通合伙人

B. 有限合伙企业中的合伙人一律不得以劳务作为出资

C. 有限合伙人可以执行合伙事务

D. 有限合伙企业登记事项中应载明有限合伙人的姓名或名称

3. 关于特殊的普通合伙企业,下列表述正确的有(　　)。

A. 适用于以专业知识和专门技能为客户提供有偿服务的专业服务机构

B. 一个合伙人在执业活动中造成合伙企业债务的,其他合伙人承担有限责任

C. 企业名称中应当标明"特殊普通合伙"字样

D. 应当建立执业风险基金

第三章 公司法

学习目标

1.了解公司的概念、公司财产和公司的财务会计制度；

2.熟悉两种公司在资本制度、组织结构等方面的区别和联系；

3.理解股东、公司和相对人之间的法律关系；

4.掌握公司法人治理结构的法律规定；

5.运用法律设立公司、建立公司组织结构，解决现实中的股权争议。

第一节 公司法概述

一、公司的概念和法律特征

（一）公司的概念

公司是指依公司法成立，全部资本由股东出资构成，股东以其出资额或所持股份为限对公司承担有限责任，公司以其全部资产对公司债务承担责任的企业法人。

（二）公司的法律特征

1.公司是以盈利为目的的企业组织

盈利性决定了公司的企业性质。盈利是指以较小的经营投入获取较大的经营的收益，通过经营获取利润，盈利是股东设立公司的最根本的目的。

2.公司具有独立的法人地位

公司是法人的一种，具备民法规定的法人的全部特征。公司拥有独立的财产，设有独立的组织机构，独立承担财产责任。

3.公司是依据法定条件和程序成立的企业法人

在我国，严格的公司法意义上的公司只有有限责任公司和股份有限公司，其他的诸如国有公司、集体公司、外商投资公司等公司并不是完全按照公司法规定的条件和程序设立的。

二、公司设立的原则

所谓公司设立的原则，是指一个国家在法律上对公司设立的基本方式所做的要求，主要表现为以何种程序规范公司的设立。

概括起来,从历史到现在先后存在的公司设立原则可以归纳为以下几个:

(1)自由主义,公司的设立完全听凭当事人的自愿,法律不做任何限制;

(2)特许主义,公司的设立必须以国家元首发布特别命令或者议会颁发特别法令的形式予以认可;

(3)核准主义,公司的设立除具备法律规定的条件外,还必须经过政府主管机关的审核批准,否则不能成立;

(4)准则主义,设立公司不需要经过政府主管部门的审批,只要具备法律规定的条件即可成立;

(5)严格的准则主义,进一步严格了设立的条件,进一步加重了设立过程中发起人的责任。

我国公司设立的原则是准则主义。

三、公司章程

(一)公司章程的概念

公司章程,是指公司必须具备的,由公司投资者制定的,并对公司、股东、董事、监事、经理等具有约束力的,调整公司内外法律关系的自治规则。公司章程就是公司存在和活动的根本依据和根本规则,是对公司相关的主体、内外部法律关系进行全面调整和规范的文件。

(二)公司章程的制定和修改

1. 公司章程的制定

有限公司章程的制定者就是设立时所有的股东,章程必须经过全体股东签字。国有独资公司的章程是由国有资产监督管理机构制定或者由董事会制定并报国有资产监督管理机构批准。股份公司的章程是由发起人制定,采取募集方式设立的要经创立大会通过。

2. 公司章程的修改

章程的修改权是由股东会或股东大会来行使。章程修改的程序:有限公司必须经代表2/3以上表决权的股东通过;股份公司必须经出席会议的股东所持表决权的2/3以上通过。

(三)公司章程的效力

1. 章程对主体的效力

公司章程对公司、股东、董事、监事、高级管理人员具有约束力。

2. 章程的时间效力

章程生效的时间:章程内容约定发起人之间的义务和责任的,约定股东之间关系的,从签字盖章时就生效。有些在公司正式成立之后才生效,特别是约束、规定公司本身的一些事项。

章程失效的时间:章程应该在公司注销后失效。

四、公司的权利能力

公司是法人,其行为是由代表机关的行为实现,其中最重要的是法定代表人。董事长、执行董事或者经理都可以作为法定代表人,由公司章程具体规定。

(一)性质上的限制

公司的权利能力受到一些限制,某些自然人所享有的权利能力法人没有,特别是人格权方面的权利。

(二)法律上的限制

1. 公司资金对外借贷的限制

董事、高级管理人员不得违反公司章程的规定,未经股东会、股东大会或者董事会同意,将公司资金借贷给他人或者以公司财产为他人提供担保。

2. 公司对外担保的限制

公司向其他企业投资或者为他人提供担保,依照公司章程的规定,由董事会或者股东会、股东大会决议;公司章程对投资或者担保的总额及单向投资或者担保的数额有限额规定的,不得超过规定的限额。这意味着公司是具有对外担保能力的,只是担保的程序需要符合特别决定。

公司为公司股东或者实际控制人提供担保的,必须经股东会或者股东大会决议,但该公司股东或者实际控制人支配的股东不得参与该表决。该项表决由出席会议的其他股东所持表决权的过半数通过。通过该制度安排,既解决了公司对外担保的需求,又解决了对中小股东权益保护的问题。

3. 对公司转投资的限制

公司可以向其他企业投资,但是,除法律另有规定外,不得成为对所投资企业的债务承担连带责任的出资人。

4. 经营范围的限制

在实践中,一般不涉及强制性许可的业务,都是可以从事的。

五、公司资本制度

公司法有两大支柱:一是资本制度,二是治理制度。

(一)公司资本的概念

公司资本,是公司章程确定并载明的股东出资的总额。公司资本是公司成立的基本条件,也是公司经营及对外承担责任的物质基础和基本保障。

(二)公司资本与相关概念的联系与区别

1. 公司资本与资产

公司资产是指公司实质占有、使用和支配的全部财产。资产可以分为有形资产和无形资产,有形资产按照形态可分为固定资产、流动资产。

资本与资产既有联系,又有区别。在公司最初成立时,公司的全部资产都是由股东出资构成的,资本等于资产;公司成立之后,资本不变,资产始终处于不断的变化之中。

2. 公司资本与净资产

净资产是指公司的总资产减去总负债的余额,是实质的财产价值。

净资产与资本的关系:公司刚成立时没有任何对外的负债,资本、资产、净资产可能是相同的数额;公司成立后,资产、负债可能变化,因此净资产也在变化。

3. 公司资本与股东权益

股东权益是指股东对公司净资产所享有的权利。

在财务报表中,股东权益分为四个部分:一是资本,二是资本公积,三是盈余公积,四是可分配的利润。所以,资本是股东权益构成中的一部分。

(三)公司资本三原则

1. 资本确定原则

资本确定原则是指公司在设立时必须在章程中对公司的资本总额做出明确规定,并由股东全部认足,否则公司不能成立;公司成立后如果发行股份,必须经股东会决议并修改章程。

资本确定原则也称为法定资本制,其核心内容是公司设立的时候就要预先确定资本总额且要一次性认足,防止公司设立的欺诈行为。

2. 资本维持原则

资本维持原则是指公司在存续过程中应保持与其资本额相当的财产。资本是公司信用的标志,相对人据以判断公司能力,公司实际资产应尽可能不低于公司的资本。

资本维持原则在公司法中的体现:公司成立后,股东不得抽逃出资;公司股份不得折价发行;禁止回购本公司的股份;公司不得接受本公司股份提供的担保;按规定提取和使用公积金;无赢利不得分配。

3. 资本不变原则

资本不变原则即公司的资本一经确定,不得随意改变,如果增减必须严格按照法律程序进行。

(四)公司资本的形成制度

1. 法定资本制

法定资本制,是指在公司设立时必须在章程中明确规定公司的资本总额,并一次性全部发行,由股东全部认足,否则公司不得成立。

主要内容:公司设立时,必须在章程中明确规定资本总额;股份认足后各认股人应当根据发行的规定缴纳股款;公司成立后如果需要增加资本,必须按法定程序进行。

2. 授权资本制

授权资本制,是指在公司设立时公司章程载明的公司资本不是一次性发行,而只是发行一部分公司即可成立,其余部分授权董事会在必要的时候再发行或募集。其特点是分次发行,所谓授权就是股东会预先把发行的权力授予董事会,由董事会根据情况决定新股的发行。

3. 折中资本制

折中资本制,是结合法定资本制和授权资本制两种制度的优势演变而成的一种新的资本形成制度。折中资本制可分为许可资本制和折中授权资本制两种情况。

1)许可资本制

在公司设立时要在章程中确定资本总额,并一次性发行,全部认足,同时公司章程授权董事会在公司成立后的一定期限内,在授权资本的一定比例范围内,发行新股,增加资本,而无需股东会特别决议。

2）折中授权资本制

公司设立时确定资本总额之后，发行和认购一定比例的资本，公司即可成立，而未发行的部分授权董事会根据需要来发行，但是授权发行的部分不得超过公司资本的一定比例，并且要在一定的期限内发行。

两者区别：许可资本制是在原来的资本之外授权发行新的资本，折中授权资本制是在一般的授权资本制的范围内进行的折中，是在资本预先总额的范围内的授权发行，与普通的授权资本制的区别在于施加了两个限制，一是比例的限制，二是时间的限制。

六、董事、监事、高级管理人员的任职资格及其责任

（一）董事、监事、高级管理人员的任职资格

不得担任公司的董事、监事、高级管理人员的情形如下：

（1）无民事行为能力或者限制民事行为能力；

（2）因贪污、贿赂、侵占财产、挪用财产或者破坏社会主义市场经济秩序，被判处刑罚，执行期满未逾5年，或者因犯罪被剥夺政治权利，执行期满未逾5年；

（3）担任破产清算的公司、企业的董事或者厂长、经理，对该公司、企业的破产负有个人责任的，自该公司、企业破产清算完结之日起未逾3年；

（4）担任因违法被吊销营业执照、责令关闭的公司、企业的法定代表人，并负有个人责任的，自该公司、企业被吊销营业执照之日起未逾3年；

（5）个人所负数额较大的债务到期未清偿。

公司违反前述规定选举、委派董事、监事或者聘任高级管理人员的，该选举、委派或者聘任无效。

（二）董事、监事、高级管理人员的义务

1. 董事、监事、高级管理人员三者共同的义务

（1）应当遵守公司章程，忠实履行职务，维护公司利益，不得利用在公司的地位和职权为自己谋取私利。

（2）不得利用职权收受贿赂或者其他非法收入，不得侵占公司的财产。

（3）除法律规定或者经股东会同意的除外，不得泄露公司秘密。

（4）执行职务违反法律、行政法规和公司章程，给公司造成损害的，应承担赔偿责任。

2. 董事、高级管理人员独有的责任

董事、高级管理人员不得有下列行为：

（1）挪用公司资金；

（2）将公司资金以其个人名义或者以其他个人名义开立账户存储；

（3）违反公司章程的规定，未经股东会、股东大会或者董事会同意，将公司资金借贷给他人或者以公司财产为他人提供担保；

（4）违反公司章程的规定或者未经股东会、股东大会同意，与本公司订立合同或者进行交易；

（5）未经股东会或者股东大会同意，利用职务便利为自己或者他人谋取属于公司的商业机会，自营或者为他人经营与所任职公司同类的业务；

(6)接受他人与公司交易的佣金归为己有；

(7)擅自披露公司秘密；

(8)违反对公司忠实义务的其他行为。

董事、高级管理人员违反前述规定所得的收入应当归公司所有。

七、公司财务会计制度

(一)公司财务会计报告

公司应当依照法律、行政法规和国务院财政主管部门的规定建立本公司的财务、会计制度。应当在每一会计年度终了时编制财务会计报告,并依法经会计师事务所审计。公司财务会计报告的内容有会计报表(资产负债表、利润表、现金流量表、相关附表)、会计报表附注、财务情况说明书。聘用和解聘会计师事务所应由公司的股东会、股东大会或者董事会决定。

有限责任公司应当依照公司章程规定的期限将财务会计报告送交各股东。股份有限公司的财务会计报告应当在召开股东大会年会的20日前置备于本公司,供股东查阅;公开发行股票的股份有限公司必须公告其财务会计报告。

(二)公积金

公积金,是公司依照法律、公司章程或股东会决议从公司营业利润或其他收入中提取的一种储备金。公积金制度是公司财务会计制度重要的组成部分。

公积金根据来源不同可以分为资本公积金和盈余公积金。

盈余公积金是指企业按规定从税后利润中提取的资金,分为法定盈余公积金和任意盈余公积金两种。法定盈余公积金是法律强制要求公司必须提取的公积金,任意盈余公积金是由公司自己决定是否提取的公积金。

资本公积金是由资本、资产本身及其他原因形成的股东权益收入。公司的资本公积金,主要来源于股票发行的溢价收入、接受的赠予、资产增值、因合并而接受其他公司资产净额等。

公司的公积金用于弥补公司的亏损、扩大公司生产经营或者转为增加公司资本。但是总资本公积金不得用于弥补公司的亏损。

(三)公司的股利分配

股利是股东依据所持股份从公司年度利润中所分配的收入。

1.股利分配的法律限制

规定公司不能用资本发放股利。

公司税后利润必须先提取法定盈余公积金,提取法定公积金后的利润净额才可以用于支付股利。而且,公司年度累计净利润必须为正数时才可发放股利,以前年度亏损也要足额弥补。

2.股利分配的支付方式

现金股利是股利支付的主要方式。

财产股利主要是以公司所拥有的其他企业的有价证券,如债券、股票作为股利支付给股东。

负债股利通常以公司的应付票据支付给股东,不得已情况下也有发行公司债券抵付股利的。

股票股利是公司以发放的股票作为股利的支付方式。

3. 股利分配的顺序

第一,弥补以前年度亏损。企业发生的年度亏损,可以用下一年度实现的税前利润弥补,下一年度税前利润不足弥补的,可以在 5 年内连续弥补。

第二,缴纳企业所得税。

第三,如果企业亏损还没有弥补,可以继续弥补;亏损未弥补完不得提取法定公积金。

第四,从税后利润提取法定公积金。法定公积金按照税后净利润的 10% 提取。法定公积金已达注册资本的 50% 时可不再提取。提取的法定公积金用于弥补以前年度亏损或转增资本,但转增资本后留存的法定公积金不得低于注册资本的 25%。如果公司章程有规定或者股东会、股东大会有决议,可以继续从税后利润提取任意公积金、公益金。

第五,向投资人分配利润。企业以前年度未分配的利润,可以并入本年度分配。

4. 股东利润分配比例

有限责任公司股东分配红利的原则是按照实缴的出资比例。但如果全体股东通过公司章程或者其他方式约定不按出资比例分配红利的,依照该约定分配红利。

股份有限公司的股东原则上依其所持有的股份比例分配红利。但股东可以通过公司章程规定不按持股比例分配红利。公司持有的本公司股份不得分配利润。

第二节　有限责任公司

一、有限责任公司概述

(一)有限责任公司的概念

有限责任公司是指依法设立,由股东共同出资,股东以其认缴的出资额为限对公司承担责任,公司以其全部资产对公司债务承担责任的企业法人。

(二)有限责任公司的特征

(1)封闭性,不允许发行股票,不要求公开财务。

(2)股东责任的有限性。股东只以出资额为限对公司债务承担责任。

(3)资合性和人合性的统一。资合性是指企业以资本信用为基础,而人合性则以人的信用为基础。有限责任公司具有资合公司与人合公司的双重性质。股东以其出资额为限对公司承担有限责任,这是有限责任公司具有资合性的表现。人合性表现在股东的人数,出资转让的限制,公司对股东出质、募集方式等行为的法律限制方面。

(4)股东人数的限制性。一般来说,有限责任公司股东为 2 ~ 50 人。

(5)组织结构相对简单。人数较少、规模较小的公司,可以不设立董事会和监事会。

(6)设立程序的简便性。主要是准则主义。

二、有限责任公司的设立

(一)设立条件

1. 有符合法定人数的股东

(1)股东人数方面。股东人数受到严格的限制,有限责任公司由1~50个股东共同出资设立。

(2)股东资格方面。国家授权投资的机构或部门、企业法人、具有法人资格的事业单位和社会团体、公民个人及外商投资者,都可以作为股东。

2. 股东出资有记载

(1)股东的出资数额。公司应有相应的资本,否则无法开展生产经营活动,也没有对外承担责任的物质基础。

(2)股东的出资方式。股东可以用货币出资,也可以用实物、知识产权、土地使用权等可以用货币估价并可以依法转让的非货币财产作价出资,但是法律、行政法规规定不得作为出资的财产除外。对作为出资的实物、工业产权、非专利技术和土地使用权,必须经过评估作价,不得高估或者低估。

(3)股东出资的缴纳。有限责任公司的注册资本为在公司登记机关登记的全体股东认缴的出资额。

股东应根据公司章程按期缴纳出资。以货币出资的,应当将货币出资足额存入公司的银行账户;以非货币财产出资的,应依法办理财产权转移手续。股东不按照前款规定缴纳出资的,除应当向公司足额缴纳外,还应当向已按期足额缴纳出资的股东承担违约责任。

有限责任公司成立后,发现作为设立公司出资的非货币财产的实际价额显著低于公司章程所定价额的,应由交付该出资的股东补足其差额,公司设立时的其他股东承担连带责任。

3. 制定公司章程

设立有限责任公司,其章程由设立人共同制定,并获一致同意。公司章程以书面形式订立,全体设立人签名、盖章后生效。

4. 有公司名称,建立符合有限责任公司要求的组织机构

公司的名称是区别于其他组织的专用文字标志,也是公司实现权利和义务的商号,因此公司名是设立公司的一个必备条件。有限责任公司的名称一般应由公司所在行政区域、商号(字号)、所在行业、“有限责任公司”字样等四部分构成,且不得含国家禁止使用的内容和文字。

公司的组织机构是公司法人的机关,是公司形成法人意志,从事各种活动的重要组成部分。有限责任公司组织机构包括股东会、董事会、监事会和经理等。

5. 有公司住所

公司以其主要办事机构所在地为住所。

(二)设立程序

设立有限责任公司,应当由全体股东指定的代表或者共同委托的代理人向公司登记

机关申请登记。申请登记时,应提交公司设立申请书、公司章程、股东的法人资格证明或自然人的身份证明等文件。法律、行政法规规定需要经有关部门审批的,应当在申请时提交批准文件。公司登记机关对符合公司法规定条件的,予以登记,发给公司营业执照;对不符合公司法规定条件的,则不予登记,并应当给予书面答复,说明理由。

公司营业执照签发日期即为有限责任公司的成立日期。

三、有限责任公司的股东及出资

(一)股东的权利

股东基于其股东资格而享有权利,股东权利主要有两类:

(1)公司法上规定的权利,主要包括:参加股东会并按照出资比例行使表决权;选举和被选举为董事、监事;查阅股东会会议记录和公司财务会计报告,监督公司的经营;按照出资比例分取红利;依照法律和公司章程转让出资;优先购买其他股东转让的出资;优先认购公司新增的资本;依法分配公司解散结算后的剩余财产;共同制定公司章程等。

(2)公司章程上规定的股东权利,除上述法定的股东权利外,公司章程还可以规定股东享有的其他权利,但这种规定不得同相关法律、法规的规定相抵触。股东有权查阅、复制公司章程、股东会会议记录、董事会会议决议、监事会会议决议和财务会计报告。

股东可以要求查阅公司会计账簿。股东要求查阅公司会计账簿的,应当向公司提出书面请求,说明目的。公司有合理根据认为股东查阅会计账簿有不正当目的,可能损害公司合法利益的,可以拒绝提供查阅,并应当自股东提出书面请求之日起 15 日内书面答复股东,说明理由。公司拒绝提供查阅的,股东可以请求人民法院要求公司提供查阅。

(二)股东的义务

股东的义务主要有:

(1)缴纳所认缴的出资,主要包括四个方面:一是依认缴的出资类别缴纳出资;二是按期缴纳;三是履行出资义务应包括股东履行认购所增资本的出资义务;四是股东不按上述要求缴纳所认缴的出资,应当向已足额缴纳出资的股东承担违约责任。

(2)依其所认缴的出资额为限对公司承担责任,有限责任公司的股东对公司负有限责任,而不对债权人直接负责。

(3)公司登记后,不得抽回出资。

(4)遵守公司章程。

四、有限责任公司的组织机构

(一)股东会

1. 股东会组成和性质

有限责任公司的股东会由全体股东组成,是公司的权力机构。股东会是公司的最高意思机关,对董事会、监事会和经理等具有约束力。

2. 股东会的职权

股东会行使下列职权:

(1)决定公司的经营方针和投资计划;

(2)选举和更换非由职工代表担任的董事、监事,决定有关董事、监事的报酬事项;

(3)审议批准董事会的报告;

(4)审议批准监事会或者监事的报告;

(5)审议批准公司的年度财务预算方案、决算方案;

(6)审议批准公司的利润分配方案和弥补亏损方案;

(7)对公司增加或者减少注册资本作出决议;

(8)对发行公司债券作出决议;

(9)对公司合并、分立、变更公司形式、解散和清算等事项作出决议;

(10)修改公司章程;

(11)公司章程规定的其他职权。

对前述所列事项股东以书面形式一致表示同意的,可以不召开股东会会议,直接作出决定,并由全体股东在决定文件上签名、盖章。

3. 股东会会议的种类

股东会会议分为定期会议和临时会议两种。

股东会的定期会议,通常每年召开一次,在每个会计年度结束后召开。

股东会临时会议,是指必要时在两次定期股东会会议之间不定期临时召开的股东会会议。代表 1/10 以上表决权的股东,1/3 以上的董事,监事会或者不设监事会的公司的监事提议召开临时会议的,应当召开临时会议。

4. 股东会的召集主持

召开股东会会议,应当于会议召开 15 日前通知全体股东,该通知包括会议召开的日期、时间、地点和内容。

首次股东会会议由出资最多的股东召集和主持,依照规定行使职权。有限责任公司设立董事会的,股东会会议由董事会召集,董事长主持;董事长不能履行职务或者不履行职务的,由副董事长主持;副董事长不能履行职务或者不履行职务的,由半数以上董事共同推举一名董事主持。有限责任公司不设董事会的,股东会会议由执行董事召集和主持。董事会或者执行董事不能履行或者不履行召集股东会会议职责的,由监事会或者不设监事会的公司的监事召集和主持;监事会或者监事不召集和主持的,代表 1/10 以上表决权的股东可以自行召集和主持。

5. 股东会决议

通常情况下,股东会决议依出资比例核定每个股东的表决权,分为普通决议和特别决议两种。

普通决议一般应经代表 1/2 以上表决权的股东通过方为有效;而特别决议,包括决议增加或者减少注册资本,分立、合并、解散或者变更公司形式,修改公司章程等事项,应经代表 2/3 以上表决权的股东通过方为有效。

特殊情况下,依据出席会议的股东人数计算,如股东股权对外转让的表决。

(二)董事会

1. 董事会的性质与组成

董事会是一般有限责任公司的必设机构,是公司业务执行机关,应执行股东会决策。

有限责任公司设董事会，其成员为3～13人。两个以上的国有企业或者其他两个以上的国有投资主体投资设立的有限责任公司，其董事会成员中应当有公司职工代表；其他有限责任公司董事会成员中也可以有公司职工代表。董事会中的职工代表由公司职工通过职工代表大会、职工大会或者其他方式民主选举产生。董事任期由公司章程规定，但每届任期不得超过3年。董事任期届满，连选可以连任。董事在任期届满前，股东会不得无故解除其职务。

董事会设董事长1人，可以设副董事长。董事长、副董事长的产生办法由公司章程规定。股东人数较少和规模较小的有限责任公司可不设董事会，可设1名执行董事。执行董事的职权由公司章程规定。

2. 董事会的职权

董事会对股东会负责，行使下列职权：

(1)召集股东会会议，并向股东会报告工作；

(2)执行股东会的决议；

(3)决定公司的经营计划和投资方案；

(4)制订公司的年度财务预算方案、决算方案；

(5)制订公司的利润分配方案和弥补亏损方案；

(6)制订公司增加或者减少注册资本以及发行公司债券的方案；

(7)制订公司合并、分立、变更公司形式、解散的方案；

(8)决定公司内部管理机构的设置；

(9)决定聘任或者解聘公司经理及其报酬事项，并根据经理的提名决定聘任或者解聘公司副经理、财务负责人及其报酬事项；

(10)制定公司的基本管理制度；

(11)公司章程规定的其他职权。

3. 董事会会议

1)董事会会议种类

董事会会议分为定期会议和临时会议两种。董事会的定期会议，应按公司章程的规定按时召开，通常每半年至少召开一次。董事会的临时会议，仅在必要时召开，依公司法规定，1/3以上董事可以提议召开董事会临时会议。

2)董事会的召集

董事会会议由董事长召集和主持；董事长不能履行职务或者不履行职务的，由副董事长召集和主持；副董事长不能履行职务或者不履行职务的，由半数以上董事共同推举一名董事召集和主持。

召开董事会会议，应于会议召开10日前以书面通知全体董事，该通知应载明召开董事会所议事项。董事会的议事方式和表决程序，除公司法有规定的外，由公司章程规定。

3)董事会的决议

董事会决议的表决，实行一人一票。董事会应当对所议事项的决定做成会议记录，出席会议的董事应当在会议记录上签名。

（三）经理

有限责任公司设经理，由董事会聘任或解聘。

经理对董事会负责，行使下列职权：

（1）主持公司的生产经营管理工作，组织实施董事会决议；

（2）组织实施公司年度经营计划和投资方案；

（3）拟订公司内部管理机构设置方案；

（4）拟定公司的基本管理制度；

（5）制定公司的具体规章；

（6）提请聘任或者解聘公司副经理、财务负责人；

（7）决定聘任或者解聘除应由董事会决定聘任或者解聘外的负责管理人员；

（8）董事会授予的其他职权。

经理列席董事会会议。

（四）监事会

1. 监事会性质和组成

监事会是有限责任公司的常设监督机构，负责对公司的经营财务、董事会及经理的执业行为进行检查监督。监事会成员不得少于 3 人。股东人数较少或者规模较小的有限责任公司，可设 1 ~ 2 名监事，不设立监事会。监事会应当包括股东代表和适当比例的公司职工代表，其中职工代表的比例不得低于 1/3，具体比例由公司章程规定。监事会中的职工代表由公司职工通过职工代表大会、职工大会或者其他形式民主选举产生。监事会设主席 1 人，由全体监事过半数选举产生。

监事会主席召集和主持监事会会议；监事会主席不能履行职务或者不履行职务的，由半数以上监事共同推举 1 名监事召集和主持监事会会议。

监事的任期每届为 3 年。监事任期届满，连选可以连任。监事任期届满未及时改选，或者监事在任期内辞职导致监事会成员低于法定人数的，在改选出的监事就任前，原监事仍应当依照法律、行政法规和公司章程的规定，履行监事职务。董事、高级管理人员不得兼任监事。

2. 监事会的职权

监事会、不设监事会的公司的监事行使下列职权：

（1）检查公司财务；

（2）对董事、高级管理人员执行公司职务的行为进行监督，对违反法律、行政法规、公司章程或者股东会决议的董事、高级管理人员提出罢免的建议；

（3）当董事、高级管理人员的行为损害公司的利益时，要求董事、高级管理人员予以纠正；

（4）提议召开临时股东会会议，在董事会不履行《公司法》规定的召集和主持股东会会议职责时召集和主持股东会会议；

（5）向股东会会议提出提案；

（6）依照《公司法》第一百五十二条的规定，对董事、高级管理人员提起诉讼；

（7）公司章程规定的其他职权。

3. 监事会会议

监事会每年度至少召开一次会议,监事可以提议召开临时监事会会议。

监事会的议事方式和表决程序,除《公司法》有规定的外,由公司章程规定。监事会决议应当经半数以上监事通过。监事会应当对所议事项的决定做成会议记录,出席会议的监事应当在会议记录上签名。监事会、不设监事会的公司的监事行使职权所必需的费用,由公司承担。

五、出资转让

(一)对内转让

股东之间可以相互转让其全部出资或者部分出资。

(二)对外转让

股东向股东以外的人转让股权,应当经其他股东过半数同意。股东应就其股权转让事项书面通知其他股东征求同意,其他股东自接到书面通知之日起满 30 日未答复的,视为同意转让。其他股东半数以上不同意转让的,不同意的股东应当购买该转让的股权;不购买的,视为同意转让。

经股东同意转让的股权,在同等条件下,其他股东有优先购买权。两个以上股东主张行使优先购买权的,协商确定各自的购买比例;协商不成的,按照转让时各自的出资比例行使优先购买权。

公司章程对股权转让另有规定的,从其规定。

(三)强制转让

人民法院依照法律规定的强制执行程序转让股东的股权时,应当通知公司及全体股东,其他股东在同等条件下有优先购买权。其他股东自人民法院通知之日起满 20 日不行使优先购买权的,视为放弃优先购买权。

股权对内转让、对外转让和强制转让后,公司应当注销原股东的出资证明书,向新股东签发出资证明书,并相应修改公司章程和股东名册中有关股东及其出资额的记载。对公司章程的该项修改不需再由股东会表决。

(四)回购

有下列情形之一的,对股东会该项决议投反对票的股东可以请求公司按照合理的价格收购其股权:

(1)公司连续 5 年不向股东分配利润,而公司该 5 年连续盈利,并且符合《公司法》规定的分配利润条件的;

(2)公司合并、分立、转让主要财产的;

(3)公司章程规定的营业期限届满或者章程规定的其他解散事由出现,股东会会议通过决议修改章程使公司存续的。

自股东会会议决议通过之日起 60 日内,股东与公司不能达成股权收购协议的,股东可以自股东会会议决议通过之日起 90 日内向人民法院提起诉讼。

六、一人公司

（一）一人公司的概念

一人有限责任公司是指只有一个自然人股东或者一个法人股东的有限责任公司，不包括国有独资公司。

（二）一人公司的特征

（1）股东只有一个人，即一个自然人或者一个法人。

（2）股东对公司债务承担有限责任。

（3）组织机构的简化。公司只有一个出资人，不设股东会，股东会职权由股东一人行使。董事会、监事会则由公司章程规定决定是否设立。

（三）对一人公司的规制

（1）再投资的限制。一个自然人只能投资设立一个一人公司；由一个自然人投资设立的一人公司不能再投资设立一人公司。

（2）财务会计制度方面的要求。一人公司应当在每一会计年度终了时编制财务会计报告，并经会计师事务所审计。

（3）人格混同时的股东连带责任。一人公司的股东不能证明公司财产独立于股东自己财产的，应当对公司债务承担连带责任。

七、国有独资公司

（一）国有独资公司的概念

国有独资公司是指国家授权投资机构或者国家授权的部门单独投资设立的有限责任公司，是有限责任公司的一种特殊形式。

（二）国有独资公司的治理结构

1. 不设股东会

国有独资公司不设股东会，由国有资产监督管理机构行使股东会职权。

国有独资公司章程由国有资产监督管理机构制定，或者由董事会制定，报国有资产监督管理机构批准。

2. 董事会

（1）董事会的组成。国有独资公司的董事会由 3 ~ 13 名董事组成。

（2）董事会的任期。董事会成员由国有资产监督管理机构委派；但是，董事会成员中的职工代表由公司职工代表大会选举产生。董事会成员中应当有公司职工代表。国有独资公司董事会每届任期 3 年。

（3）董事会的职权。它除行使董事会应有的业务执行和经营决策的职权外，还可以经授权行使股东会的某些职权。国有独资公司董事会行使的职权主要有：

①向国家授权投资的机构或国家授权的部门报告工作；

②执行国家授权投资的机构和国家授权的部门的决定；

③决定公司的经营方针和投资计划；

④制订并审议批准公司的年度财务预算方案、决算方案；

⑤制订并审议批准公司的利润分配方案和弥补亏损方案；

⑥制订公司增加或减少注册资本的方案；

⑦拟订公司合并、分立、变更公司形式、解散的方案；

⑧决定公司内部管理机构的设置；

⑨聘任或者解聘公司经理，根据经理的提名，聘任或者解聘公司副经理、财务负责人，决定其报酬事项；

⑩制订公司的基本管理制度；

⑪修改公司章程。

董事会设董事长1人，可以设副董事长。董事长、副董事长由国有资产监督管理机构从董事会成员中指定。国有独资公司设经理，由董事会聘任或者解聘。

经国有资产监督管理机构同意，董事会成员可以兼任经理。国有独资公司的董事长、副董事长、董事、高级管理人员，未经国有资产监督管理机构同意，不得在其他有限责任公司、股份有限公司或者其他经济组织兼职。

3. 监事会

国有独资公司监事会成员不得少于5人，其中职工代表的比例不得低于1/3，具体比例由公司章程规定。

监事会成员由国有资产监督管理机构委派，监事会成员中的职工代表由公司职工代表大会选举产生。监事会主席由国有资产监督管理机构从监事会成员中指定。

第三节　股份有限公司

一、股份有限公司概述

（一）概念

股份有限公司是全部资本分为等额股份，股东以其所持股份为限对公司承担责任，公司以其全部资产对公司债务承担责任的公司。

股份是金额相等的公司资本的最小构成单位。公司以其全部资产对公司债务承担责任。

（二）特征

1. 股东人数广泛性

发起人为2～200人，对于股东人数没有其他限制。

2. 资本结构的股份性

公司的注册资本由等额股份构成。将公司的资本划分为股份，适应股份有限公司发行股票、向社会筹集资金的客观需要，而且便于实行一股一权、数股数权、股权平等、同股同利、利益共享、风险共担的原则，便于计算股息和红利。

3. 股份发行和转让的公开性

公司可以向社会公开发行股份。股份有限公司可以通过对外公开发行股票，向社会募集资金。任何投资者都可以通过购买股票而成为股份有限公司的股东。

股东权益转让的灵活性。除法律、行政法规和公司章程对发起人、董事在特定时间内转让股东权益有限制外，其他股东转让权益的不受限制。

4. 股东责任的有限性

股东以其所认股份为限对公司承担责任。

5. 经营的公开化

为了便于投资者的决策及有利对公司的法律监管，法律规定了股份有限公司的信息披露制度。

6. 股份有限公司是典型的资合公司

股份有限公司为最完备的商事组织形态。股份有限公司建立了完备的法人治理结构，有股东大会、董事会、监事会和经理等法人治理机构，拥有大量的资本和健全的制度，是商事法人的代表。

二、股份有限公司的设立

（一）设立条件

股份有限公司的设立方式有发起设立或者募集设立两种。发起设立，是指由发起人认购公司应发行的全部股份而设立公司。募集设立，是指由发起人认购公司应发行股份的一部分，其余股份向社会公开募集或者向特定对象募集而设立公司。

设立股份有限公司应当具备下列条件。

1. 发起人符合法定人数

设立股份有限公司，应当有 2 人以上 200 人以下作为发起人，其中须有半数以上的发起人在中国境内有住所。

2. 有符合公司章程规定的全体发起人认购的股本总额或者募集的实收股本总额

股份有限公司是典型的资合公司，股东的出资总和构成了公司的股本。注册资本由公司章程决定。发起设立为认购资本，募集设立则为实收资本。

3. 股份发行、筹办事项符合法律规定

从发行条件到发行程序、从发行数量到发行价格、从股份设计到股权结构，以及发行股份的审批、招股、股票的交付等内容，都要严格遵守《公司法》《证券法》和国务院证券监管部门的相关规定。

4. 发起人制定公司章程，并经创立大会通过

公司章程是关于公司组织及其活动的基本规章。就发起设立而言，全体发起人就是公司成立之初的全体股东，发起人共同制定的公司章程被认为是成立后公司全体股东共同制定的；就募集设立而言，只能由承担设立责任的发起人来制定，然后经创立大会通过。

5. 有公司名称，建立符合股份有限公司要求的组织机构

股份有限公司必须建立符合法律要求的组织机构。股份有限公司的组织机构包括作为最高权力机关的股东大会、作为经营管理和决策的董事会及作为监督检查机构的监事会。

6. 有固定的生产经营场所和必要的生产经营条件

有固定的生产经营场所，便于管理和管辖确定。必要的生产经营条件，有利于生产经

营的顺利进行。

（二）设立程序

股份有限公司的设立程序因发起设立与募集设立而有所不同。

1. 发起设立的程序

发起设立的程序如下：

（1）签订发起人协议；

（2）订立公司章程；

（3）发起人认购股份；

（4）发起人按公司章程规定缴纳股款；

（5）选举董事会和监事会；

（6）审查批准；

（7）申请设立登记。

股份有限公司的设立申请经政府审查批准后，董事会应及时向国家工商行政管理部门申请设立登记，公司登记机关收到申请人提交的全部文件后，在30日内作出是否予以登记的决定。对符合法律规定条件的，发给公司营业执照。公司以营业执照签发日期为成立日期。

2. 募集设立的程序

发起人认购股份：募集设立发行人认购的股份不得少于公司应发行股份总数的35%，发起人只有在缴足出资后，才能向社会公开募集股份。

提出申请：发起人向社会公开募集股份，必须向国务院证券管理部门递交募股申请，并报送下列主要文件：

（1）批准设立公司的文件。

（2）公司章程。

（3）经营估算书。

（4）发起人姓名或名称、认购股份数、出资种类及验资证明。

（5）招股说明书。

（6）代收股款银行的名称及地址。

（7）承销机构名称及有关协议。

经国务院证券管理部门审批，经审查符合法定条件的募股申请予以批准，否则不予批准。未经批准的，发起人不得向社会公开募集股份。

公告招股说明书，签订承销协议和代收股款协议。

公开募集股份。

召开创立大会：发起人应当在股款缴足后30日内主持召开创立大会，在创立大会召开15日前将会议日期通知各认股人或者予以公告。创立大会应有代表股份总数1/2以上的认股人出席方可举行。创立大会的职权：审议发起人关于公司筹办情况的报告；通过公司章程；选举董事会成员；选举监事会成员；对公司的设立费用进行审核；对发起人用于抵作股款的财产的作价进行审核；发生不可抗力或者经营条件发生重大变化直接影响公司设立的，可以作出不设立公司的决议。创立大会对上述事项作出决议，必须经出席会议的认股人所持表决权过半数通过。

设立登记并公告。

三、股份有限公司的股份

(一)股份的概念和特征

1. 股份的概念

股份是股份有限公司的特定概念。股份具有两种含义:第一,股份是股份有限公司资本的构成单位,即公司全部资本划分为等额股份,全部股份金额的总和即为公司资本的总额;第二,股份是股东权的基础和计量单位,即股东权的享有以持有一定数额的股份为前提,股东权的大小与持有的股份数额成正比,股份是股东在公司中的法律地位的象征。

2. 股份的法律特征

第一,基本性。即股份有限公司的全部资本都划分为若干金额均等的股份单位,股份作为资本的最小单位,不可再分,是资本构成的基本单位。

第二,均等性。作为构成资本的基本单位,股份所代表的资本额一律相等。对于面额股份,表现为股份金额相等;对于无面额股份,则表现为在资本额中所占比例相等。每一股代表一权,拥有股份的数额决定股东权利义务的大小。在股东权丧失过程中,无论是全部、部分股份的转让,还是整个公司的清算,股份转让的原则、条件、方式及股东参与剩余资产分配的权利都是平等的,绝不能因股东身份、地位的不同而有差异。

第三,自由流通性。股份有限公司属于典型的资合公司,公司的信用基础是资本,股东之间的关系甚为松散。因此,股东转让其股份不受其他股东的制约,依法可自由转让。

第四,证券性。股份有限公司的股份依法必须采取股票的形式。股票是股份有限公司签发的证明股东所持股份的凭证,股票记载的事项由法律规定。股票是股份的证券化,代表股东的股权,可以自由转让和流通。

3. 股票的概念

股份的表现形式是股票,如《公司法》第一百二十五条规定:股份有限公司的资本划分为股份,每一股的金额相等。公司的股份采取股票的形式。股票是公司签发的证明股东所持股份的凭证。

4. 股票的法律特征

第一,股票是股东权存在的表现。股份有限公司成立后,即向股东正式交付股票。公司成立前不得向股东交付股票。

第二,股票是一种有价证券。股票的获得是以一定的财产为对价的。拥有股票,不仅表明持有者已经付出了相应的对价,而且表明持有者还可进一步凭此获得相应的经济利益。

第三,股票是一种要式证券。我国《公司法》第一百二十八条规定:股票采用纸面形式或者国务院证券监督管理机构规定的其他形式。股票由董事长签名,公司盖章。发起人的股票,应当标明“发起人股票”的字样。

第四,股票是一种永久性证券。股票没有固定期限,除非公司终止,否则它将永远存在。

（二）股份的种类

1. 依据股份所享有和代表的权利不同分类

依据股份所享有和代表的权利不同分类，分为普通股、优先股和后配股。

1）普通股

普通股，是指股份有限公司通常发行的无特别权利的股份。持有普通股的股东所享权利一律平等，其为公司资本的基本构成部分。持有普通股的股东享有两种基本权利：受益权和表决权。

受益权是股东分配公司盈余及剩余财产的权利。持有普通股的股东有权分配股息、红利。普通股的股息不固定，它是根据公司净利润的多少来决定的。

普通股股东有表决权，享有决定公司一切重大事务的决策权，通过股东大会来行使。

2）优先股

优先股，是指有权优先于普通股股东分配公司盈余和剩余财产的股份。优先股是相对于普通股而言的具有某种特别权利的一种股份。

优先股的优先表现在优于普通股股东分配股息、红利，而且优先股的股利是事先规定好的、固定的，它不因公司的营业的好坏而有所变动；在公司破产或清算时，它优先于普通股股东分配公司剩余财产。

优先股不享有表决权。优先股股东以不享有表决权为代价而换取对公司盈余和剩余财产的优先分配权。

2. 依据股东的姓名或名称是否记载于股东名册和股票分类

依据股东的姓名或名称是否记载于股东名册和股票分类分为记名股和无记名股。

1）记名股

记名股，是指将股东的姓名或名称记载于股东名册和股票的股份。此种股份的权利只能由记名股东享有，他人持有的记名股票，除非有记名股东的特别授权，否则不能行使权利。法人股和发起人股必须是记名股。

记名股的转让，必须以背书方式或法律、行政法规规定的其他方式进行。记名股票被盗、遗失或者灭失，股东可以依照《民事诉讼法》规定的公示催告程序宣告该股票失效，然后向公司申请补发股票。

2）无记名股

无记名股，是指无须将股东姓名或名称记载于股东名册和股票的股份。

依法持有无记名股票的人就是股东，可以行使股东权。无记名股票的转让，由股东在依法设立的证券交易所将该股票交付给受让人后即发生转让的效力。股份有限公司向社会公众发行的股份多为无记名股，公司应当记载无记名股的股票数量、编号及发行日期。

3. 依据股票票面是否记载金额分类

依据股票票面是否记载金额分类，分为额面股和无额面股。

1）额面股

额面股，是指股票上记载一定金额的股份。我国《公司法》没有对额面股每股金额的最低限额作出规定，实践中一般以人民币 1 元为限。股票发行价格可以按票面金额，也可以超过票面金额，但不得低于票面金额。

2)无额面股

无额面股,是指并不在股票上记载一定金额,而只是注明其占公司资本总额一定比例的股份。我国不允许股份有限公司发行无额面股股份。

(三)股份的发行

1.股份发行的概念

股份发行是股份有限公司为设立公司或增加注册资本向社会筹集资金,依照法律规定发售股份的行为。

2.股份发行的原则

股份的发行,实行公平、公正的原则。同次发行的同种类股票,每股的发行条件和价格应当相同;任何单位或者个人所认购的股份,每股应当支付相同价额。

3.股份的发行方式

1)设立发行

设立发行,是指在公司设立过程中发行股份。设立发行的目的是筹集足够的公司资本,使公司得以成立。在发起设立的情况下,公司的全部股份由发起人认购,不再向社会公众发行;在募集设立的情况下,公司发行的股份必须由发起人认购并缴足一定比例,其余部分向社会公开募集。

2)新股发行

新股发行,是指公司在成立后再次发行股份。新股发行一般有以下两种情况:

公开发行与不公开发行:公开发行是指向社会公众发行股份,包含向本公司的股东和雇员发行。不公开发行是指仅向公司的股东或雇员或其他特定的人发行股份,而不向社会公众发行。

4.股票的发行价格

我国公司法规定,股票发行价格可以按票面金额,也可以超过票面金额,但不得低于票面金额。

(四)股份转让

股东在股份公司存续期间依法是不能退股的,但是可以依法转让。股份的转让意味着股东权的转让,即由受让人继受取得股东权而成为公司的新股东。

股份转让原则:以自由转让为主、限制转让为辅。

(1)股份交易的地点。股东转让其股份,应当在依法设立的证券交易场所进行或者按照国务院规定的其他方式进行。

(2)股份的转让方式。股份的转让方式因股票的记名与无记名而有所不同,记名股票转让需要背书,无记名股票转让交付即可。

(3)发起人持有的本公司股份转让的限制。发起人持有的本公司股份,自公司成立之日起 1 年内不得转让。公司公开发行股份前已发行的股份,自公司股票在证券交易所上市交易之日起 1 年内不得转让。

(4)对公司高层管理人员所持股份转让的限制。

公司董事、监事、高级管理人员应当向公司申报所持有的本公司的股份及其变动情况,在任职期间每年转让的股份不得超过其所持有本公司股份总数的 25%;所持本公司股份自公司股票上市交易之日起1年内不得转让。上述人员离职后半年内,不得转让其所持有的本公司股份。公司章程可以对公司董事、监事、高级管理人员转让其所持有的本公司股份作出其他限制性规定。

(五)收购本公司股票

公司不得收购本公司股份。但有下列情形之一的除外:

(1)减少公司注册资本;

(2)与持有本公司股份的其他公司合并;

(3)将股份奖励给本公司职工;

(4)股东因对股东大会作出的公司合并、分立决议持异议,要求公司收购其股份的。

公司因第(1)项至第(3)项的原因收购本公司股份的,应当经股东大会决议。公司依照前述规定收购本公司股份后,属于第(1)项情形的,应当自收购之日起10日内注销;属于第(2)项、第(4)项情形的,应当在6个月内转让或者注销。

公司依照第(3)项规定收购的本公司股份,不得超过本公司已发行股份总额的5%;用于收购的资金应当从公司的税后利润中支出;所收购的股份应当在1年内转让给职工。

(六)股份担保的限制

公司在对外经济活动中,可以要求债务人提供担保。但如果公司接受本公司发行的股票作为担保,一旦债务人到期不能清偿债务,则公司有权将该担保的股票予以执行。所以,公司不得接受本公司的股票作为质押权的标的。

四、股份有限公司的组织机构

(一)股东大会

1.股东大会的法律地位

股份有限公司的股东大会是由全体股东组成的公司权力机构,由全体股东组成。

2.股东大会的种类

股份有限公司的股东大会分为股东年会和临时股东大会。

股东大会应当每年召开一次年会。

有下列情形之一的,应当在两个月内召开临时股东大会:董事人数不足本法规定人数或者公司章程所定人数的2/3时;公司未弥补的亏损达实收股本总额1/3时;单独或者合计持有公司10%以上股份的股东请求时;董事会认为必要时;监事会提议召开时;公司章程规定的其他情形。

3.股东大会的召集

股东大会会议由董事会召集,董事长主持;董事长不能履行职务或者不履行职务的,由副董事长主持;副董事长不能履行职务或者不履行职务的,由半数以上董事共同推举一名董事主持。

董事会不能履行或者不履行召集股东大会会议职责的,监事会应当及时召集和主持;监事会不召集和主持的,连续90日以上单独或者合计持有公司10%以上股份的股东可以自行召集和主持。

4. 股东大会的通知和提案

召开股东大会会议，应当将会议召开的时间、地点和审议的事项于会议召开 20 日前通知各股东；临时股东大会应当于会议召开 15 日前通知各股东；发行无记名股票的，应当于会议召开 30 日前公告会议召开的时间、地点和审议事项。

单独或者合计持有公司 3% 以上股份的股东，可以在股东大会召开 10 日前提出临时提案并书面提交董事会；董事会应当在收到提案后 2 日内通知其他股东，并将该临时提案提交股东大会审议。临时提案的内容应当属于股东大会职权范围，并有明确议题和具体决议事项。

股东大会不得对未经通知的事项作出决议。无记名股票持有人出席股东大会会议的，应当于会议召开 5 日前至股东大会闭会时将股票交存于公司。

5. 股东大会的决议

股东出席股东大会会议，所持每一股份有一表决权。公司持有的本公司股份没有表决权。

股东大会作出决议，必须经出席会议的股东所持表决权过半数通过。但股东大会作出修改公司章程、增加或者减少注册资本的决议，以及公司合并、分立、解散或者变更公司形式的决议，必须经出席会议的股东所持表决权的 2/3 以上通过。

6. 股东大会决议违法的救济

公司股东会或者股东大会、董事会的决议内容违反法律、行政法规的无效。股东会或者股东大会、董事会的会议召集程序、表决方式违反法律、行政法规或者公司章程，或者决议内容违反公司章程的，股东可以自决议作出之日起 60 日内，请求人民法院撤销。股东提起此类诉讼，人民法院可以应公司的请求，要求股东提供相应担保。

公司根据股东会或者股东大会、董事会决议已办理变更登记的，人民法院宣告该决议无效或者撤销该决议后，公司应当向公司登记机关申请撤销变更登记。

（二）董事会

1. 董事会的地位、组成及职权

董事会是股份有限公司必设的业务执行和经营意思决定机构，应对股东大会负责。

董事会成员为 5 ~ 19 人。董事的产生有两种方式：采用发起方式设立公司，董事由发起人选举产生；采用募集设立方式设立公司时，董事由创立大会选举产生。在公司成立后，由股东大会选举产生。

董事会成员中可以有公司职工代表。董事会中的职工代表由公司职工通过职工代表大会、职工大会或者其他形式民主选举产生。

董事任期由公司章程规定，但每届任期不得超过 3 年。董事任期届满，连选可以连任。董事任期届满未及时改选，或者董事在任期内辞职导致董事会成员低于法定人数的，在改选出的董事就任前，原董事仍应当依照法律、行政法规和公司章程的规定，履行董事职务。

董事会对股东大会负责，行使下列职权：召集股东会会议，并向股东会报告工作；执行股东会的决议；决定公司的经营计划和投资方案；制订公司的年度财务预算方案、决算方案；制订公司的利润分配方案和弥补亏损方案；制订公司增加或者减少注册资本及发行公司债券的方案；制订公司合并、分立、解散或者变更公司形式的方案；决定公司内部管理机构的设置；决定聘任或者解聘公司经理及其报酬事项，并根据经理的提名决定聘任或者解聘公司副经理、财务负责人及其报酬事项；制定公司的基本管理制度；公司章程规定的其他职权。

董事会设董事长 1 人，可以设副董事长。董事长和副董事长由董事会以全体董事的过半数选举产生。

2. 董事会的召集及议事规则

董事长召集和主持董事会会议，检查董事会决议的实施情况。副董事长协助董事长工作，董事长不能履行职务或者不履行职务的，由副董事长履行职务；副董事长不能履行职务或者不履行职务的，由半数以上董事共同推举 1 名董事履行职务。

董事会每年度至少召开两次会议，每次会议应当于会议召开 10 日前通知全体董事和监事。

代表 1/10 以上表决权的股东、1/3 以上董事或者监事会，可以提议召开董事会临时会议。董事长应当自接到提议后 10 日内，召集和主持董事会会议。董事会召开临时会议，可以另定召集董事会的通知方式和通知时限。

董事会会议应有过半数的董事出席方可举行。董事会作出决议，必须经全体董事的过半数通过。董事会决议的表决，实行一人一票。

董事会会议应由董事本人出席，董事因故不能出席，可以书面委托其他董事代为出席董事会，委托书中应载明授权范围。

上市公司董事与董事会会议决议事项所涉及的企业有关联关系的，不得对该项决议行使表决权，也不得代理其他董事行使表决权。该董事会会议由过半数的无关联关系董事出席即可举行，董事会会议所作决议须经无关联关系董事过半数通过。出席董事会的无关联关系董事人数不足 3 人的，应将该事项提交上市公司股东大会审议。

3. 董事对董事会的决议责任

董事会应当对会议所议事项的决定做成会议记录，出席会议的董事应当在会议记录上签名。

董事会的决议违反法律、行政法规或者公司章程、股东大会决议，致使公司遭受严重损失的，参与决议的董事对公司负赔偿责任。但经证明在表决时曾表明异议并记载于会议记录的，该董事可以免除责任。

4. 董事会秘书

上市公司设董事会秘书，负责公司股东大会和董事会会议的筹备、文件保管及公司股东资料的管理，办理信息披露事务等事宜。

上市公司董事会秘书是高级管理人员。高级管理人员，是指公司的经理、副经理、财务负责人，上市公司董事会秘书和公司章程规定的其他人员。

5. 独立董事

上市公司可以设立独立董事，具体办法由国务院规定。独立董事的最大特点在于其独立于上市公司及其管理层，在某些董事与公司发生利益冲突时，从独立的角度帮助公司进行决策。

（三）经理

经理依法由董事会聘任或解聘，其报酬待遇应由董事会决定。公司董事会可以决定由董事会成员兼任经理。

经理对董事会负责，行使下列职权：

（1）主持公司的生产经营管理工作，组织实施董事会决议；

（2）组织实施公司年度经营计划和投资方案；

（3）拟订公司内部管理机构设置方案；

（4）拟订公司的基本管理制度；

（5）制定公司的具体规章；

（6）提请聘任或者解聘公司副经理、财务负责人；

（7）决定聘任或者解聘除应由董事会决定聘任或者解聘外的负责管理人员；

（8）董事会授予的其他职权。

公司章程对经理职权另有规定的，从其规定。

经理列席董事会会议。公司应当定期向股东披露董事、监事、高级管理人员从公司获得报酬的情况。

（四）监事会

1. 监事会的性质

监事会是股份有限公司必设的监察机构，对公司的财务及业务执行情况进行监察。

2. 组成

股份有限公司设监事会，其成员不得少于 3 人。监事会应当包括股东代表和适当比例的公司职工代表，职工代表的比例不得低于 1/3，具体比例由公司章程规定。监事会中的职工代表由公司职工通过职工代表大会、职工大会或者其他形式民主选举产生。监事会设主席 1 人，可以设副主席。监事会主席和副主席由全体监事过半数选举产生。

董事、高级管理人员不得兼任监事。

3. 职权

监事会行使下列职权：

（1）检查公司财务；

（2）对董事、高级管理人员执行公司职务的行为进行监督，对违反法律、行政法规、公司章程或者股东会决议的董事、高级管理人员提出罢免的建议；

（3）当董事、高级管理人员的行为损害公司的利益时，要求董事、高级管理人员予以纠正；

（4）提议召开临时股东会会议，在董事会不履行《公司法》规定的召集和主持股东会会议职责时召集和主持股东会会议；

（5）向股东会会议提出提案；

（6）依法对董事、高级管理人员提起诉讼；

（7）公司章程规定的其他职权。

监事可以列席董事会会议，并对董事会决议事项提出质询或者建议。监事会、不设监事会的公司的监事发现公司经营情况异常，可以进行调查；必要时，可以聘请会计师事务所等协助其工作,费用由公司承担。

4. 召集与议事规则

监事会每6个月至少召开一次会议。监事可以提议召开临时监事会会议。

监事会主席召集和主持监事会会议;监事会主席不能履行职务或者不履行职务的,由监事会副主席召集和主持监事会会议;监事会副主席不能履行职务或者不履行职务的,由半数以上监事共同推举1名监事召集和主持监事会会议。

监事会决议应当经半数以上监事通过。监事会的议事方式和表决程序,除公司法规定外,由公司章程规定。

监事会应当对所议事项的决定做成会议记录,出席会议的监事应当在会议记录上签名。

五、上市公司的特殊规定

(一)上市公司的概念

上市公司是指所发行的股票经国务院证券管理部门批准在证券交易所上市交易的股份有限公司。

(二)上市的条件及程序

股份公司上市的条件如下:

(1)股票经中国证监会核准已公开发行。

(2)公司股本总额不少于人民币3 000万元。

(3)公开发行的股份达到公司股份总额的25%以上,公司股本总额超过人民币4亿元的,公司发行股份占总额的比例为10%。

(4)公司在最近3年内无重大违法行为,财务会计报告无虚假记载。

股份有限公司上市的程序如下:

(1)向证券监督管理机构提出股票上市申请。

股份有限公司申请股票上市,必须报经国务院证券监督管理机构核准。证券监督管理部门可以授权证券交易所根据法定条件和法定程序核准公司股票上市申请。股份有限公司提出公司股票上市交易申请时,应当向国务院证券监督管理部门提交下列文件:上市报告书;申请上市的股东大会决定;公司章程;公司营业执照;经法定验证机构验证的公司最近3年的或公司成立以来的财务会计报告;法律意见书和证券公司的推荐书;最近一次的招股说明书。

(2)接受证券监督管理部门的核准。

对于股份有限公司报送的申请股票上市的材料,证券监督管理部门应当予以审查,符合条件的,对申请予以批准;不符合条件的,予以驳回;缺少所要求的文件的,可以限期要求补交;预期不补交的,驳回申请。

(3)向证券交易所上市委员会提出上市申请。

股票上市申请经过证券监督管理机构核准后,应当向证券交易所提交核准文件以及下列文件:上市报告书;申请上市的股东大会决定;公司章程;公司营业执照;经法定验证机构验证的公司最近3年的或公司成立以来的财务会计报告;法律意见书和证券公司的推荐书;最近一次的招股说明书;证券交易所要求的其他文件。

证券交易所应当自接到该股票发行人提交的上述文件之日起6个月内安排该股票上市交易。

(4)证券交易所统一股票上市交易后的上市公告。

股票上市交易申请经证券交易所同意后,上市公司应当在上市交易的5日前公告经核准的股票上市的有关文件,并将该文件置备于指定场所供公众查阅。

上市公司除公告上市申请文件外,还应当公告下列事项:

(1)股票获准在证券交易所交易的日期;

(2)持有公司股份最多的前十名股东的名单和持有数额;

(3)董事、监事、经理及有关高级管理人员的姓名及持有本公司股票和债券的情况。

通过上述程序,股份有限公司的股票可以上市进行交易。上市公司丧失《公司法》规定的上市条件的,其股票依法暂停上市或终止上市。暂停上市是指因法定事由的出现而暂时停止上市公司股票在证券交易所交易。终止上市是指因上市公司丧失上市条件而取消其股票在证券交易所交易的资格。

上市公司有下列情形之一的,由证监会决定暂停其股票上市:公司股本总额、股份结构等发生变化,不再具备上市条件;公司不按规定公开其财务状况,或者对财务会计报告做虚伪记载;公司有重大违法行为;公司最近三年连续亏损。

上市公司有下列情形之一的,由证监会决定终止其股票上市:公司股本总额、股份结构等发生变化,在限期内未能消除,不再具备上市条件;公司不按规定公开其财务状况,或者对财务会计报告做虚伪记载,经查证属实且后果严重的;公司有重大违法行为,经查证属实且后果严重的;公司最近3年连续亏损,在限期内未能消除,不再具备上市条件。

(三)上市中的信息公开制度

上市中的信息公开制度包括上市公司财务状况和经营情况的公开,包括定期报告的公开、重大事件的临时报告。

定期报告的公开:上市公司应当披露的定期报告包括年度报告、中期报告和季度报告。凡是对投资者作出投资决策有重大影响的信息,均应当披露。年度报告中的财务会计报告应当经具有证券、期货相关业务资格的会计师事务所审计。年度报告应当在每个会计年度结束之日起4个月内,中期报告应当在每个会计年度的上半年结束之日起2个月内,季度报告应当在每个会计年度第3个月、第9个月结束后的1个月内编制完成并披露。

发生可能对上市公司证券及其衍生品种交易价格产生较大影响的重大事件,投资者尚未得知时,上市公司应当立即披露,说明事件的起因、目前的状态和可能产生的影响。重大事件包括:公司的经营方针和经营范围的重大变化;公司的重大投资行为和重大的购置财产的决定;公司订立重要合同,可能对公司的资产、负债、权益和经营成果产生重要影响;公司发生重大债务和未能清偿到期重大债务的违约情况,或者发生大额赔偿责任;公司发生重大亏损或者重大损失;公司生产经营的外部条件发生的重大变化;公司的董事、1/3以上监事或者经理发生变动;董事长或者经理无法履行职责;持有公司5%以上股份的股东或者实际控制人,其持有股份或者控制公司的情况发生较大变化;公司减资、合并、分立、解散及申请破产的决定,或者依法进入破产程序、被责令关闭;涉及公司的重大诉讼、仲裁,股东大会、董事会决议被依法撤销或者宣告无效;公司涉嫌违法违规被有权机关调查,或者受到刑事处罚、重大行政处罚;公司董事、监事、高级管理人员涉嫌违法违纪被有权机关调查或者采取强制措施;新公布的法律、法规、规章、行业政策可能对公司产生重大影响;董事会就发行新股或者其他再融资方案、股权激励方案形成相关决议;人民法院裁决禁止控股股东转让其所持股份;任一股东所持公司5%以上股份被质押、冻结、司法拍卖、托管、设定信托或者被依法限制表决权;主要资产被查封、扣押、冻结或者被抵押、质押;主要或者全部业务陷入停顿;对外提供重大担保;获得大额政府补贴等可能对公司资产、负债、权益或者经营成果产生重大影响的额外收益;变更会计政策、会计估计;因前期已披露的信息存在差错、未按规定披露或者虚假记载,被有关机关责令改正或者经董事会决定进行更正;中国证监会规定的其他情形。

第四节　公司的解散和清算

一、公司的解散

公司解散是指已成立的公司基于一定事由而停止其积极业务活动,处理其未了结事务而消灭公司的法律行为。

(一)公司解散的原因

(1)公司章程规定的营业期限届满或者公司章程规定的其他解散事由出现;

(2)股东会或者股东大会决议解散;

(3)因公司合并、分立需要解散;

(4)依法被吊销营业执照、责令关闭或者被撤销;

(5)人民法院依法予以解散。

(二)股东请求人民法院解散公司

1.人民法院应当受理的情形

单独或者合并持有公司全部股东表决权10%以上的股东,有下列事由之一,公司继续存续会使股东利益受到重大损失,通过其他途径不能解决,可提起解散公司诉讼,人民法院应当受理:

(1)公司持续2年以上无法召开股东会或者股东大会,公司经营管理发生严重困难的;

(2)股东表决时,无法达到法定或者公司章程规定的比例,持续2年以上不能作出有效的股东会或者股东大会决议,公司经营管理发生严重困难的;

(3)公司董事长期冲突,并且无法通过股东会或者股东大会解决,公司经营管理发生严重困难的;

(4)经营管理发生其他严重困难,公司继续存续会使股东利益受到重大损失的情形。

2.人民法院不予受理的情形

股东以知情权、利润分配请求权受到损害,或者公司亏损、财产不足以偿还全部债务,以及公司被吊销企业法人营业执照未进行清算等为由,提起解散公司诉讼的,人民法院不予受理。

二、公司解散和清算程序

(一)成立清算组

公司应当在解散事由出现之日起15日内成立清算组。有限责任公司的清算组由股东组成,股份有限公司的清算组由董事或者股东大会确定的人员组成。

有下列情形之一,债权人申请人民法院指定清算组进行清算时,人民法院应予受理:公司解散逾期不成立清算组进行清算的;虽然成立清算组但故意拖延清算的;违法清算可能严重损害债权人或者股东利益的。具有上述情形,债权人未提起清算申请,公司股东申请人民法院指定清算组对公司进行清算的,人民法院应予受理。

人民法院受理公司清算案件,清算组成员可以从下列人员或者机构中产生:公司股东、董事、监事、高级管理人员;依法设立的会计师事务所、律师事务所、破产清算事务所等社会中介机构;依法设立的会计师事务所、律师事务所、破产清算事务所等中介机构中具备相关专业知识并取得执业资格的人员。

清算组在清算期间行使下列职权:清理公司财产,编制资产负债表和财产清单;通知、公告债权人;处理与清算有关的公司未了结的业务;清缴所欠税款及清算过程中产生的税款;清理债权、债务;处理公司清偿债务后的剩余财产;代表公司参与诉讼与仲裁。

清算组成员不得利用职权收受贿赂或者其他非法收入,不得侵占公司财产。清算组成员因故意或者重大过失给公司或者债权人造成损失的,应当承担赔偿责任。

(二)登记债权

清算组应当自成立之日起10日内通知债权人,并于60日内在报纸上公告。债权人应当自接到通知之日起30日内,未接到通知的自公告之日起45日内,向清算组申报债权。申报债权,应当说明债权的有关事项并提供证明材料。清算组应当对债权进行登记。在申报债权期间,清算组不得对债权人进行清偿。

债权人在规定的期限内未申报债权,在公司清算程序终结前补充申报的,清算组应予登记。债权人补充申报的债权,可以在公司尚未分配财产中依法清偿。

清算组未按照规定履行通知和公告义务,导致债权人未及时申报债权而未获清偿,清算组成员对因此造成的损失承担赔偿责任。

(三)清理公司财产,制订清算方案

清算组应当对公司财产进行清理,编制资产负债表和财产清单,制订清算方案。清算方案应当报股东会、股东大会或者人民法院确认。清算组执行未经确认的清算方案给公司或者债权人造成损失,公司、股东或者债权人有权要求清算组人员承担赔偿责任。

清算组在清理公司财产、编制资产负债表和财产清单后,发现公司财产不足清偿债务的,应当依法向人民法院申请宣告破产。人民法院指定的清算组在清理财产、编制资产负债表和财产清单时,发现公司财产不足清偿债务的,可以与债权人协商制订债务清偿方案。债务清偿方案经全体债权人确认且不损害其他利害关系人利益的,人民法院可依清算组的申请裁定予以认可。

（四）清偿债务

支付清算费用、职工工资、社会保险费用和法定补偿金，缴纳所欠税款，清偿公司债务后的剩余财产，有限责任公司按照股东的出资比例分配，股份有限公司按照股东持有的股份比例分配。

（五）公告公司终止

公司清算结束后，清算组应当制作清算报告，报股东会、股东大会或者人民法院确认后，报送公司登记机关，申请注销公司登记，公告公司终止。

公司未经清算即办理注销登记，导致公司无法进行清算，债权人有权要求有限责任公司的股东、股份有限公司的董事和控股股东，以及公司的实际控制人对公司债务承担清偿责任。

本章小结

本章主要介绍了我国公司法的立法概况，重点包括有限责任公司和股份有限公司在设立、组织结构及经营管理方面的内容。学习时，需要结合非法人企业、外商投资企业及证券法的相关内容。

思考题

1. 如何设立公司？需要满足哪些条件？
2. 如何理解现行公司法中的资本制度？
3. 如何利用公司法规定保护小股东的利益？
4. 如何理解公司法中的法人治理机构？其在现实公司运营管理中的作用如何？

练习题

一、单项选择题

1. 关于母子公司的关系的表述，正确的是（　　）。

A. 母公司是子公司的股东

B. 母公司为子公司担保，只能由股东会决议

C. 子公司为母公司担保，只能由股东会决议

D. 全资子公司不得为母公司担保

2. 甲、乙、丙分别出资 7 万元、8 万元和 35 万元，成立了一家有限责任公司。其中，甲、乙的出资为现金，丙的出资为房产。公司成立后，又吸收丁出资现金 10 万元入股。半年后，该公司因经营不善，拖欠巨额债务。人民法院在执行中查明，丙作为出资的房产仅值 15 万元。又查明，丙现有可执行的个人财产 10 万元。依照《公司法》的规定，对此应如何处理？（　　）

A. 丙以现有财产补交差额，不足部分待有财产时再行补足

B. 丙以现有财产补交差额，不足部分由甲、乙补足

C. 丙以现有财产补交差额，不足部分由甲、乙、丁补足

D. 丙无须补交差额，其他股东也不负补足的责任

二、多项选择题

1. 某有限责任公司的股东甲拟向公司股东乙转让其出资。下列关于甲转让出资的表述中，不符合公司法律制度规定的表述是（　　）。

A. 甲可以将其出资转让给乙，无须通知和经其他股东同意

B. 甲可以将其出资转让给乙，但须通知其他股东

C. 甲可以将其出资转让给乙，但须经其他股东的过半数同意

D. 甲可以将其出资转让给乙，但须经全体股东的2/3以上同意

2. 甲、乙、丙、丁四人共同出资设立普通合伙企业，委托合伙人丁单独执行企业事务。下列表述中，符合《合伙企业法》规定的有（　　）。

A. 该合伙企业在设立申请时，应当向企业登记机关提交委托丁执行企业事务的委托书

B. 丁对外代表该合伙企业

C. 丁向甲转让丁在该合伙企业中的部分财产份额时，应当通知乙、丙二人

D. 甲、乙、丙无权检查丁执行该合伙企业事务的情况

第四章　企业破产法

学习目标

1.了解破产的概念和特征，了解企业破产法的概念和适用范围；

2.掌握企业破产原因、企业破产的申请与受理；

3.掌握管理人制度、破产财产的变价和分配；

4.掌握重整与和解制度。

第一节　企业破产法概述

一、破产的概念和特征

破产指债务人不能清偿到期债务，由人民法院主持强制执行其全部财产，公平清偿全体债权人的法律制度。破产一般是指破产清算程序，但广义上的破产不仅包括破产清算制度，还包括以挽救债务人、避免其破产为目的的重整、和解等法律制度。

破产具有以下特征：

第一，破产以债务人丧失清偿能力为前提。我国《企业破产法》第二条规定，企业法人不能清偿到期债务，并且资产不足以清偿全部债务或者明显缺乏清偿能力的，依照本法规定清理债务。债权的实现一般以债务人的积极作为必要条件，债务人资产状况恶化，信用崩溃，致使不能清偿到期的债务。此时，只能通过一定程序将债务人财产强制性地分配给债权人以助债权实现。

第二，破产以对债务人财产的强制清算与公平清偿为核心。当债务人丧失清偿能力时，由人民法院主持对其财产、债权和债务进行强制性的清理，并在所有债权人中加以公平分配，这是破产制度的核心内容。

第三，破产以存在两个以上的债权人为条件。由于破产是一种维护公平受偿的制度，因此破产必须以两个以上的多数债权人的存在为条件。若只有一个债权人，债权完全可以通过一般民事诉讼程序和民事执行程序获得清偿。在有多个债权人存在时，为防止部分债权人受偿而部分债权人受损的不平等现象，才有必要进行破产程序。

第四，破产具有程序上的特殊性。破产虽是一种诉讼程序，但与一般诉讼程序不同。例如，破产程序以申请的方式启动，有时还须获得有关部门的批准，而一般民事诉讼的开始方式是起诉；在破产程序中，人民法院以裁定的形式来宣告债务人破产而非用判决；在破产清算阶段更是包含了类似非诉程序的特点。

二、企业破产法

(一)概念

企业破产法是指调整在破产活动中形成的各种社会关系的法律规范的总称。企业破产法有广义和狭义之分。狭义的企业破产法仅指对债务人财产进行破产清算的法律。广义的企业破产法则还包括以避免债务人破产为主要目的的各种关于和解、重整等制度的法律。现代意义上的企业破产法均指广义而言。

企业破产法是市场经济最重要的一部法律,没有企业破产法也就不会有市场主体的退出机制、挽救机制。1986 年 12 月 2 日,立法机关通过了《中华人民共和国企业破产法(试行)》,但仅适用于全民所有制企业法人。最高人民法院分别于 1991 年、2002 年相继颁布了《关于贯彻执行〈中华人民共和国企业破产法(试行)〉若干问题的意见》和《最高人民法院〈关于审理企业破产案件若干问题的规定〉》两个司法解释。上述法律、法规对于建立我国的破产制度,规范企业的破产行为起到了重要作用。但是,随着社会主义市场经济体制的确立和国有企业改革的深入,我国的经济及社会生活发生了巨大的变化。鉴于此,2006 年 8 月 27 日,立法机关通过了《中华人民共和国企业破产法》(简称《企业破产法》),自 2007 年 6 月 1 日起正式施行。

(二)企业破产法的立法宗旨与调整作用

1. 企业破产法的立法宗旨

《企业破产法》第一条规定,为规范企业破产程序,公平清理债权债务,保护债权人和债务人的合法权益,维护社会主义市场经济秩序,制定本法。

2. 企业破产法的社会调整作用

在债务人有清偿能力而不履行债务或对债务有争议时,通过民事债权制度和民事诉讼与执行制度便可以保障债的确认与履行。但在债务人丧失清偿能力时,因其无足够的财产清偿所有债务时,多数人的债权可能在债务人不足清偿的有限财产上发生竞合,使原来仅存在于单个债权人与债务人之间的清偿矛盾,扩展到了多数债权人之间。这时如根据一般民法原理允许债务人对个别债权人清偿,或允许债权人个别强制执行,则先偿还或先执行的债权人可能获得全额清偿,而其他债权人则可能分文不获,造成同等债权却得不到同等清偿的不公平现象。

在缺乏破产法调整的情况下,一方面,这迫使不甘受损的债权人不得不自力救济,维护其利益。但因国家未给债权人提供合法手段,难免出现债权人抢占债务人财产,甚至非法拘禁债务人逼债等违法行为。另一方面,债务人不仅要饱受多重讼累,而且对债务永远负有清偿责任。那些事业尚有转机的债务人要想避免倒闭,只能逐个与债权人达成和解,而这是非常困难的,在原有法律体系内是无法得到对事业重整的制度支持的。另外,债务人在以全部财产清偿债权人尚且不足的情况下,对其财产已丧失实际利益,极易引发道德风险,如隐匿、抽逃资产逃避债务,进行破产欺诈或偏袒性清偿,损害债权人的利益。所以,当债务人丧失清偿能力时,要公正解决债务清偿问题,维护社会经济秩序,实现法的公平、正义价值,就必须有一种与原有的债权制度和民事诉讼与执行制度不同的特别法律制度来调整，这就是破产法。

破产法的直接调整作用，是通过其特有的调整手段保障债务关系在债务人丧失清偿能力时的有序公平实现，解决对多数债权人的公平清偿，维护债权人和债务人的正当权益，维护社会利益与经济秩序。这才是破产立法的根本宗旨。就债务清偿而言，破产法将当事人的个别清偿转化为集体的清偿，纠正在破产临界期间债务人有碍公平清偿的行为，将债务人所有的财产集合起来，将所有的债权人组成团体，按照债权不同的优先性质、顺序、比例给予公平清偿，这是破产法产生之初的主要调整作用，而后又逐步产生通过免责等制度维护债务人的正当权益，通过和解、重整制度预防破产发生，进而维护社会利益等调整作用。破产法的间接影响，如改善经营管理、提高经济效益或对产品结构、资源配置的调整，可以采取行政手段解决。唯独在债务人丧失清偿能力时对债务关系的调整上，破产法的作用是任何其他法律或行政措施所无法替代的。在理解破产法的立法宗旨时，必须以此作为基点，才能使人们真正认识其重要社会作用所在。

(三)企业破产法的适用范围

我国《企业破产法》的适用范围涵盖了我国境内所有具有法人资格的企业：不区分所有制性质，无论是国有企业、私有企业，还是外资企业；不区分开放程度，无论是有限责任公司，还是股份有限公司，也不区分经营范围，无论是经营范围特殊的金融机构，还是经营范围一般的其他企业。《企业破产法》对所有企业法人都平等对待，使经济社会的投资、交易更为公平，优胜劣汰的竞争法则更有效地发挥作用，更有利于构建和谐、新型、规范化、符合我国当前经济形势的商业环境。《企业破产法》在适用范围上没有涵盖全部企业，如合伙企业、个人独资企业，以及个体工商户，甚至自然人等。

第二节　破产申请与受理

一、破产原因

破产原因也称破产界限，是指认定债务人丧失清偿能力，当事人得以提出破产申请，人民法院据以启动破产程序的法律事实。破产原因也是和解和重整程序的开始原因，但重整程序开始的原因更为宽松，企业法人有明显丧失清偿能力的可能的就可以依法申请重整。根据破产法规定，破产的原因有两种：一是债务人不能清偿到期债务，并且资产不足以清偿全部债务，主要适用于债务人提出破产申请且其资不抵债易于判断的案件；二是债务人不能清偿到期债务，并且明显缺乏清偿能力，主要适用于债权人提出破产申请和债务人提出破产申请且其资不抵债不易判断的案件。

不能清偿是指债务人由于缺乏清偿能力，对于已届清偿期而受请求的债务持续地无法完全进行清偿的一种客观经济状态。认定债务人是否构成不能清偿，应当符合以下几个条件：

(1)债务的履行期限已届满且债权人已提出清偿请求。若债务未到清偿期限，除债务人已被宣告破产外，债权人无权要求债务人履行。若债权人未在诉讼时效期间提出清偿请求，则债务丧失请求力，无法得到强制执行，也不构成不能清偿。

(2)债务人明显不能清偿债务。也就是说,债务人客观上没有能力清偿债务,企业的现有资金状况、信用状况、企业的技术力量、知识产权和劳动力等各方面情况均无法证明其具有还债能力。若企业负债大于资产,而其信用良好,且有人愿为其借贷或担保,则不能认定其不能清偿债务。

(3)债务人对债权全部且连续不能清偿。债务人因财力不足而对其全部债务不能清偿,并且是一种持续性的状态,而非就某一特定债务发生支付不能,也不是暂时的资金周转不开或者资金不到位。

二、申请

我国《企业破产法》规定,当债务人不能清偿到期债务时,债权人和债务人均有权提出破产申请。向人民法院提出破产申请,应当提交破产申请书和有关证据。

破产申请应当采用书面形式,向对案件有管辖权的人民法院提出。破产申请是引起破产程序的前提条件,没有相应主体的破产申请,人民法院不得自行开始破产程序。

(一)破产申请人

(1)债权人提出破产申请。债权人提出破产申请应当向人民法院提交破产申请书和有关证据,破产申请书应当载明下列事项:①申请人、被申请人的基本情况;②申请目的;③申请的事实和理由,以及人民法院认为应当载明的其他事项。

(2)债务人提出破产申请。债务人提出破产申请除应当向人民法院提交上述破产申请书和有关的证据材料外,还应当向人民法院提交财产状况说明、债务清册、债权清册、有关财务会计报告、职工安置预案及职工工资的支付和社会保险费用的缴纳情况等材料。

(3)对企业法人负有清算责任的人提出。对企业法人负有清算责任的人提出破产申请时,法律未明确规定其应当提交的证据材料的内容,一般应当和债务人提交的材料一致。

人民法院受理破产申请前,申请人可以请求撤回申请。而对于企业负有清算责任的人,由于提出破产申请是法律规定的一种强行性义务,必须履行,不能撤回。

(二)破产管辖法院

破产申请必须向有管辖权的人民法院提出。企业破产的管辖适用于我国民事诉讼法有关管辖规定。在地域管辖方面,破产案件由债务人所在地人民法院管辖。所在地即法人的主要营业地或者主要办事机构所在地,债务人无办事机构的,由其注册地人民法院管辖。在级别管辖方面,以作为债务人的企业核准登记机关的级别为依据划分管辖法院。基层人民法院一般管辖县、县级市或区的工商行政管理机关核准登记企业的破产案件;中级人民法院一般管辖地区一级及市以上(含本级)工商行政管理机关核准登记企业的破产案件。纳入国家计划调整的企业破产案件,由中级人民法院管辖。

三、受理

人民法院在接到破产申请后,要进行实质审查和形式审查。实质审查是看申请人是否有申请资格,被申请人是否达到破产界限,有无破产障碍。形式审查是看申请人提交的材料是否齐全,申请人是否缴了申请费用等。符合条件的,人民法院应当受理;不符合条件的，应裁定驳回。

（一）破产申请受理和裁定送达的期限

债权人提出破产申请的，人民法院应当自收到申请之日起 5 日内通知债务人。债务人对申请有异议的，应当自收到人民法院的通知之日起 7 日内向人民法院提出。人民法院应当自异议期满之日起 10 日内裁定是否受理。

人民法院裁定不受理破产申请的，应当自裁定作出之日起 5 日内送达申请人并说明理由。申请人对裁定不服的，可以自裁定送达之日起 10 日内向上一级人民法院提起上诉。人民法院受理破产申请后至破产宣告前，经审查发现债务人不符合规定情形的，可以裁定驳回申请。申请人对裁定不服的，可以自裁定送达之日起 10 日内向上一级人民法院提起上诉。

人民法院受理破产申请的，应当自裁定作出之日起 5 日内送达申请人。债权人提出申请的，人民法院应当自裁定作出之日起 5 日内送达债务人。债务人应当自裁定送达之日起 15 日内，向人民法院提交财产状况说明、债务清册、债权清册、有关财务会计报告及职工工资的支付和社会保险费用的缴纳情况等材料。

（二）破产申请受理的通知和公告

人民法院应当自裁定受理破产申请之日起 25 日内通知债权人，并予以公告。通知和公告应当载明下列事项：

（1）申请人、被申请人的名称或者姓名；

（2）人民法院受理破产申请的时间；

（3）申报债权的期限、地点和注意事项；

（4）管理人的名称或者姓名及其处理事务的地址；

（5）债务人的债务人或者财产持有人应当向管理人清偿债务或者交付财产的要求；

（6）第一次债权人会议召开的时间和地点；

（7）人民法院认为应当通知和公告的其他事项。

（三）破产申请受理的法律效果

人民法院受理破产案件，破产程序便正式启动。在法律上也随之产生一系列的效力，具体包括以下几项。

（1）债务人的有关人员的义务。债务人的有关人员是指企业的法定代表人或者经人民法院决定的企业的财务管理人员和其他经营管理人员。其应当承担的义务主要有：①妥善保管其占有和管理的财产、印章和账簿、文书等资料；②根据人民法院、管理人的要求进行工作，并如实回答询问；③列席债权人会议并如实回答债权人的询问；④未经人民法院许可，不得离开住所地；⑤不得新任其他企业的董事、监事、高级管理人员。

（2）债务人对个别债权人的清偿无效。但是，债务人以其财产向债权人提供物权担保的，其在担保物市值内向债权人所做的债务清偿不受上述规定限制。

（3）对管理人的给付义务。债务人的债务人或者财产持有人应当向管理人清偿债务或者交付财产。债务人的债务人或者财产持有人故意违反破产法的规定向债务人清偿债务或者交付财产，使债权人受到损失的，不免除其清偿债务或者交付财产的义务。

（4）待履行合同的处理。管理人对破产申请受理前成立而债务人和对方当事人均未履行完毕的合同有权决定解除或者继续履行,并通知对方当事人。管理人自破产申请受理之日起两个月内未通知对方当事人,或者自收到对方当事人催告之日起30日内未答复的,视为解除合同。管理人决定继续履行合同的,对方当事人应当履行;但是,对方当事人有权要求管理人提供担保。管理人不提供担保的,视为解除合同。

(5)有关债务人财产的保全措施应当解除,执行程序应当中止。其中的保全措施,既包括民事诉讼保全措施,也包括在行政处罚程序中的保全措施,还应包括刑事诉讼中公安部门、司法部门采取的相关措施。执行程序应当中止是指对无物权担保债权的执行应当中止,物权担保债权人对担保物的执行原则上不中止,除非当事人申请的是重整程序。因为在破产清算和和解程序中,物权担保债权人对担保物享有优先权,其就担保物的执行,不会危害其他债权人的权益。

(6)尚未终结的民事诉讼或者仲裁应当中止;在管理人接管债务人的财产后,该诉讼或者仲裁继续进行。因为破产程序相当于为全体债权人进行的执行程序,它不具备解决当事人实体权利义务争议的功能,也未设置保护当事人诉讼权利的程序,所以各国立法均规定,涉及债务人的民事诉讼或仲裁应当在破产程序之外正常进行。

(7)有关债务人的民事诉讼,只能向受理破产申请的人民法院提起。但是,其他法律有特殊规定的除外,如当事人约定仲裁解决纠纷的,也应当以仲裁方式解决。

第三节　管理人制度

一、管理人概述

管理人由人民法院指定,债权人会议可以申请人民法院予以更换。人民法院指定社会中介机构或者清算组担任管理人的,应当同时根据中介机构或者清算组的推荐,指定管理人负责人。社会中介机构或者清算组需要变更管理人负责人的,应当向人民法院申请更换。管理人的报酬由人民法院确定,债权人会议对管理人的报酬有异议的,有权向人民法院提出。管理人向人民法院报告工作,并接受债权人会议和债权人委员会的监督。管理人应列席债权人会议,向债权人会议报告职务执行情况,并回答询问。管理人没有正当理由不得辞去职务,管理人辞去职务应当经人民法院许可。管理人未依法勤勉尽责,忠实执行职务的,人民法院可以依法处以罚款;给债权人、债务人或者第三人造成损失的,依法承担赔偿责任。

二、管理人的资格

管理人可以由有关部门、机构的人员组成的清算组或者依法设立的律师事务所、会计师事务所、破产清算事务所等社会中介机构担任。有下列情形之一的,不得担任管理人:

(1)因故意犯罪受过刑事处罚;

(2)曾被吊销相关专业执业证书;

(3)与本案有利害关系;

(4)人民法院认为不宜担任管理人的其他情形。

其中,利害关系是指与债务人、债权人有未了结的债权债务关系;在人民法院受理破产申请前3年内,曾为债务人提供相对固定的中介服务;现在是或者在人民法院受理破产申请前3年内曾经是债务人、债权人的控股股东或者实际控制人;现在担任或者在人民法院受理破产申请前3年内曾经担任债务人、债权人的财务顾问、法律顾问;现在担任或者在人民法院受理破产申请前3年内曾经担任债务人、债权人的董事、监事、高级管理人员;与债权人或者债务人的控股股东、董事、监事、高级管理人员存在夫妻、直系血亲、三代以内旁系血亲或者近姻亲关系。

三、管理人的指定和更换

(一)管理人的指定

人民法院一般应当按照管理人名册所列名单采取轮候、抽签、摇号等随机方式公开指定管理人。管理人无正当理由,不得拒绝人民法院的指定。清算组为管理人的,人民法院可以从政府有关部门、编入管理人名册的社会中介机构、金融资产管理公司中指定清算组成员,人民银行及金融监督管理机构可以按照有关法律和行政法规的规定派人参加清算组。

(二)管理人的更换

社会中介机构管理人有下列情形之一的,人民法院可以根据债权人会议的申请或者依职权径行决定更换管理人:

(1)执业许可证或者营业执照被吊销或者注销;

(2)出现解散、破产事由或者丧失承担执业责任风险的能力;

(3)与本案有利害关系;

(4)履行职务时,因故意或者重大过失导致债权人利益受到损害;

(5)有重大债务纠纷或者因涉嫌违法行为正被相关部门调查的。

个人管理人有下列情形之一的,人民法院可以根据债权人会议的申请或者依职权径行决定更换管理人:

(1)执业资格被取消、吊销;

(2)与本案有利害关系;

(3)履行职务时,因故意或者重大过失导致债权人利益受到损害;

(4)失踪、死亡或者丧失民事行为能力;

(5)因健康原因无法履行职务;

(6)执业责任保险失效;

(7)有重大债务纠纷或者因涉嫌违法行为正被相关部门调查的。

四、管理人的报酬

管理人的报酬由人民法院确定。债权人会议对管理人的报酬有异议的,有权向人民法院提出,由人民法院决定是否调整,债权人会议无权直接调整管理人的报酬。管理人获得的报酬是纯报酬,不包括其执行职务和聘用工作人员的费用。为防止重复计酬,律师事务所、会计师事务所通过聘用本专业的其他社会中介机构或者人员协助履行管理人职责的，所需费用从其报酬中支付。人民法院应根据“债务人最终清偿的财产价值总额”，分段确定管理人报酬。对清算组中参与工作的有关政府部门派出的工作人员，不支付报酬。最终确定的管理人报酬及收取情况，应列入破产财产分配方案。在和解、重整程序中，管理人报酬方案内容应列入和解协议草案或重整计划草案。对于债务人财产不足以支付破产费用或者对债权人没有财产可供清偿分配的案件，人民法院可以考虑根据管理人工作的时间确定其相应报酬。

人民法院确定或者调整管理人报酬方案时，应当考虑以下因素：

(1)破产案件的复杂性；

(2)管理人的勤勉程度；

(3)管理人为重整、和解工作做出的实际贡献；

(4)管理人承担的风险和责任；

(5)债务人住所地居民可支配收入及物价水平；

(6)其他影响管理人报酬的情况。

清算组中有关政府部门派出的工作人员参与工作的不收取报酬。其他机构或人员的报酬根据其履行职责的情况确定。

五、管理人的职责

管理人的职责包括以下内容：

(1)接管债务人的财产、印章和账簿、文书等资料；

(2)调查债务人财产状况，制作财产状况报告；

(3)决定债务人的内部管理事务；

(4)决定债务人的日常开支和其他必要开支；

(5)在第一次债权人会议召开之前，决定继续或者停止债务人的营业；

(6)管理和处分债务人的财产；

(7)代表债务人参加诉讼、仲裁或者其他法律程序；

(8)提议召开债权人会议；

(9)人民法院认为管理人应当履行的其他职责。

破产程序开始后，为债务人继续营业而应支付的劳动报酬和社会保险费用及由此产生的其他债务，属于共益债务。共益债务的清偿顺序优先于普通破产债权。因此，在第一次债权人会议召开前，管理人决定继续营业的，应当经人民法院许可。在第一次债权人会议召开之后，由债权人会议决定继续或者停止债务人的营业。人民法院受理破产申请后，债务人的债务人或者财产持有人应当向管理人清偿债务或者交付财产；人民法院受理破产申请后，管理人对破产申请受理前成立而债务人和对方当事人均未履行完毕的合同有权决定解除或者继续履行。

管理人实施下列行为，应当及时报告债权人委员会(未设立债权人委员会的，管理人应当及时报告人民法院)：

(1)涉及土地、房屋等不动产权益的转让；

(2)探矿权、采矿权、知识产权等财产权的转让；

(3)全部库存或者营业的转让;

(4)借款;

(5)设定财产担保;

(6)债权和有价证券的转让;

(7)履行债务人和对方当事人均未履行完毕的合同;

(8)放弃权利;

(9)担保物的取回;

(10)对债权人的利益有重大影响的其他财产处分行为。

第四节 债权人会议

一、债权人会议的概念和性质

债权人会议是指在破产程序中,表达全体债权人共同意志、参与破产程序并对有关破产事项进行讨论和表决的决议机构。它是在人民法院的指导下,讨论并决定有关破产法律事项的临时组织,是债权人团体的最高决议机构。

有时候,"债权人会议"一词也被用于表示这个决议机构的集会活动。但从性质上讲,债权人会议是债权人团体在破产程序中的意思发表机关。也就是说,债权人会议的职能是要使全体债权人能够作为一个整体,就他们的权利行使和权利处分作出共同的意思表示,并为维护他们的共同利益而采取必要的行动。所以,债权人会议本质上是一个组织体,而不是临时的集会活动。

债权人在收到人民法院的通知后30日内或自公告之日起3个月内,应向人民法院申报债权,申报的债权人参加到破产程序中来,组成债权人会议。债权人会议由人民法院或会议主席召集,由破产企业的全体债权人参加。债权人会议的决议对全体债权人发生法律效力,在破产程序中占有重要地位。

二、债权人会议的成员与权利

(一)债权人会议成员

债权人依法申报债权后,成为债权人会议的成员。凡是债权人会议的成员,都享有出席会议的权利。

债权人会议成员有以下情形的,不得再出席债权人会议:

(1)已经由担保财产优先受偿并获得足额清偿的;

(2)已经由债务人的保证人或者其他连带债务人获得足额清偿的。

(二)债权人会议成员的表决权

债权人会议成员分为有表决权的债权人和无表决权的债权人两种。

(1)有表决权的债权人。这是指有权出席债权人会议和发表意见,并有权对债权人会议决议事项投票表达个人意志的债权人。凡是依法申报债权的债权人,除存在法律规定无表决权的情形者外,都享有表决权。

有表决权的债权人分为两种情况：一是对所有的表决事项都有表决权的债权人；二是对部分表决事项有表决权的债权人。这是指有财产担保而未放弃优先受偿权利的债权人，对于通过和解协议的决议和通过破产分配方案的决议，不享有表决权。

(2)无表决权的债权人。这是指有权出席债权人会议和发表意见，但无权对债权人会议决议事项投票表达个人意志的债权人。主要包括：①债权尚未确定，而人民法院未能为其行使表决权而临时确定债权额的，不得行使表决权；②债权附有停止条件，其条件尚有待成就的，或者债权附有解除条件，其解除条件已成就的，不享有表决权；③尚未代替债务人清偿债务的保证人或者其他连带债务人，不享有表决权。

(3)表决代理。债权人可以委托代理人出席债权人会议，行使表决权。代理人出席债权人会议，应当向人民法院或者债权人会议主席提交债权人的授权委托书。

(4)债权人会议主席。债权人会议主席为债权人会议的召集人，由人民法院从有表决权的债权人中指定。

(5)职工代表参加会议。职工为企业的内部成员，同时又与企业存在着劳动关系。职工基于劳动关系在企业享有的工资等请求权，受到破产法的特殊保护。因此，职工不是债权人会议的成员。但是，破产程序中，对于职工权益必须予以充分重视。为此，破产法规定，债权人会议应当有债务人的职工和工会的代表参加，对有关事项发表意见。这里所说的"有关事项"，主要指：①核查债权时职工债权清单的确认；②债务人继续营业时的职工待遇；③重整计划中的职工债权清偿方案；④破产财产分配方案中的职工债权清偿方案；⑤债务人财产管理方案、变价方案中涉及职工利益的问题(如职工住房的处置问题)。

三、债权人会议的召集与职权

(一)债权人会议的召集

(1)召集人。第一次债权人会议，由人民法院召集。以后的债权人会议由会议主席召集。

(2)召集的时间。第一次债权人会议为法定会议，应当在债权申报期限届满后15日内召开。以后的债权人会议，在人民法院认为必要时召开，或者在管理人、债权人委员会、占债权总额1/4以上的债权人向债权人会议主席提议时召开。

(3)召集通知。召开债权人会议，管理人应当提前15日通知已知的债权人。

(二)债权人会议的职权

债权人会议的职权是指债权人会议在法定议事范围内讨论、决定事务的权限，它是债权人从事各种活动的法律依据。

债权人会议行使下列职权：

(1)核查债权；

(2)申请人民法院更换管理人，审查管理人的费用和报酬；

(3)监督管理人；

(4)选任和更换债权人委员会成员；

(5)决定继续或者停止债务人的营业；

(6)通过重整计划；

(7)通过和解协议;

(8)通过债务人财产的管理方案;

(9)通过破产财产的变价方案;

(10)通过破产财产的分配方案;

(11)人民法院认为应当由债权人会议行使的其他职权。

债权人会议应当对所议事项的决议形成会议记录。

(三)债权人会议的决议规则及效力

1. 决议的方式

我国企业破产立法对债权人会议决议的通过,采用了人数和债权额双重标准。《企业破产法》第六十四条第一款规定:债权人会议的决议,由出席会议的有表决权的债权人过半数通过,并且其所代表的债权额占无财产担保债权总额的1/2以上。但是,本法另有规定的除外。这里所说的"另有规定",是指《企业破产法》第八十四条关于通过重整计划的规定和第九十七条关于通过和解协议草案的规定。

2. 决议的效力

债权人会议的决议,对于全体债权人均有约束力。一旦决议依法定程序获得通过,各债权人不论是否出席了会议,不论是否参加表决,也不论是否投票赞成,都当然地受到决议的约束。

3. 对决议的异议

债权人认为债权人会议的决议违反法律规定,损害其利益的,可以自债权人会议作出决议之日起15日内,请求人民法院裁定撤销该决议,责令债权人会议依法重新作出决议。

这里所说的"违反法律规定",解释上应包括实体法和程序法。常见的情况有:①决议内容违法;②决议程序违法;③会议程序违法;④因其他违法情事,导致产生决议的程序不公,或者导致债权人合法权益受到损害。

对于债权人认为债权人会议决议违法提出的裁定请求,人民法院在审理以后,认为决议确有违法情形,请求有理的,应当裁定撤销该决议。

4. 决议的记录

债权人会议应当对所议事项的决议做成会议记录。

5. 决议未通过的补救

对于债务人财产的管理方案或者破产财产的变价方案,债权人会议表决未通过的,由人民法院裁定。对于破产财产分配方案,债权人会议表决未通过的,应当再次表决;再次表决仍未通过的,由人民法院裁定。这样规定,是为了防止债权人会议对这些事项久拖不决而造成财产的无谓消耗,损害全体债权人的利益。人民法院在对这类决议进行裁定时,应当在充分了解情况,听取各方意见的基础上,确定一个合理的方案,并以裁定的形式加以公布。

四、债权人委员会

由于申请破产债权的人数往往较多,债权人会议由全部破产债权人参加,对于破产人数较多的,为了节约破产费用、便于破产程序的进行,不宜也不可能经常召开债权人会议,法律规定可以决定设立债权人委员会,作为债权人会议的代表对破产程序实施监督。对破产财产数额较小,债权人人数较少的破产案件,可以不设债权人委员会。

依照《企业破产法》的规定,债权人委员会成员应由债权人会议按照法定的表决程序,从债权人中选任,并应当经人民法院书面决定认可。为维护破产企业职工的权益,债权人委员会成员中还必须有一名由债务人职工推荐的职工代表或者工会的代表。法律规定,债权人委员会成员人数不得超过9人。

债权人委员会的职权主要有:

(1)监督债务人财产的管理和处分;

(2)监督破产财产分配;

(3)提议召开债权人会议;

(4)债权人会议委托的其他职权。

债权人委员会执行职务时,有权要求管理人、债务人的有关人员对其职权范围内的事务作出说明或者提供有关文件。管理人、债务人的有关人员违反规定拒绝接受监督的,债权人委员会有权就监督事项请求人民法院作出决定;人民法院应当在5日内作出决定。

此外,管理人实施下列行为,应当及时报告债权人委员会:

(1)涉及土地、房屋等不动产权益的转让;

(2)探矿权、采矿权、知识产权等财产权的转让;

(3)全部库存或者营业的转让;

(4)借款;

(5)设定财产担保;

(6)债权和有价证券的转让;

(7)履行债务人和对方当事人均未履行完毕的合同;

(8)放弃权利;

(9)担保物的取回;

(10)对债权人利益有重大影响的其他财产处分行为。

未设立债权人委员会的,管理人实施前述规定的行为应当及时报告人民法院。

第五节　重整与和解

重整制度与和解制度是破产预防制度的主要组成部分。通过重整与和解的实施,阻却债务人进行破产清算,从而有利于实现更大的社会利益。

一、重整制度

(一)重整制度的概念、功能

1. 重整制度的概念

重整是指经由利害关系人的申请,在人民法院的主持和利害关系人的参与下,对具有重整原因和重整能力的债务人进行生产经营上的整顿和债权债务上的清理,以使其摆脱财务困境,重获经营能力的特殊法律程序。重整制度的适用范围为企业法人,由于其程序复杂、费用高昂、耗时很长,故实践中均适用于大型企业,中小型企业则往往采用和解程序。

2. 重整制度的功能

(1)重整制度维持了企业的营业,避免了企业营运价值的落空,弥补了破产清算可能造成的社会资源的浪费。

(2)重整制度通过运用多种手段对困境企业进行清理,帮助企业复兴,以尽可能地减少债权人的损失及投资于债务人的股东的损失。

(3)通过重整,保留了企业职工的就业机会,使企业不因裁员而引起社会动荡,可以有效地维护社会稳定,实现现代社会所要求的秩序、效率与公平。

(二)重整程序的启动

1. 重整程序启动的条件

重整原因是重整程序开始的必备条件,债务人进行重整必须具备重整原因。重整原因是指债务人不能支付到期债务或者有不能支付的事实。重整原因并不要求债务人一定要达到支付不能的状态。根据我国《企业破产法》的相关规定,债务人不能清偿到期债务,并且资产不足以清偿全部债务或者明显缺乏清偿能力,或者有明显丧失清偿能力的可能的,申请人都可以提出重整申请。

2. 重整申请的提出

与其他破产法律制度相比,重整程序的申请人范围广泛,不仅包括债务人、债权人,还包括被申请重整的企业的股东。我国《破产法》规定,重整申请人包括债务人、债权人或者出资额占债务人注册资本 1/10 以上的出资人。允许出资人提出重整申请,这是重整制度与破产清算、和解制度的一个很大不同。在和解与清算制度下,出资人不能发挥积极作用。而在重整制度中,出资人可利用其法律地位,发挥其拯救企业的积极性。

重整程序,因法定重整人提出申请并经人民法院裁定而启动。据此,申请重整,应当向人民法院提交重整申请书及有关证据材料。

商业银行、保险公司、证券公司等金融机构出现资不抵债等破产情形的,国务院金融监督管理机构可以向人民法院提出对该金融机构进行重整或者破产清算的申请。

3. 重整申请的审查和裁定

人民法院收到申请人提交的重整申请书和有关证据后,应当依法进行审查。经审查认为重整申请符合破产法规定条件的,即应当作出准许债务人重整的裁定,并予以公告。

4. 重整期间的法律效力

自人民法院裁定债务人重整之日起至重整程序终止,为重整期间。重整程序开始后会产生一系列的法律效力,而且只在重整期间内有效。对债务人产生的效力主要包括:债务人对个别债权人实施的债务清偿无效;允许债务人继续营业等。债务人经法院批准可在管理人监督下自行管理财产和营业事务,管理人直接负责管理财产和营业事务的,可以聘任债务人的经营管理人员负责营业事务。对债权人的效力主要包括债权暂时被冻结、对债权停止计算利息、执行中止等。

（三）重整计划

1. 重整计划的概念

重整计划也称重整方案，是指为了维持债务人继续营业，由管理人或者债务人提出、债权人会议认可并经人民法院批准，以通过重整挽救企业并清理债权债务关系的方案。重整计划是重整程序的核心内容之一。重整程序作为挽救债务人免于破产清算的一种特殊制度，需要一些特殊的措施予以支持。

2. 重整计划的制订、表决

重整计划草案应该由自行管理财产和营业事务的债务人或者人民法院指定的管理人，在人民法院裁定债务人重整之日起 6 个月内向人民法院和债务人会议提交。重整计划草案应当包括下列内容：

（1）债务人的经营方案；

（2）债权分类；

（3）债权调整方案；

（4）债权受偿方案；

（5）重整计划的执行期限；

（6）重整计划执行的监督期限；

（7）有利于债务人重整的其他方案。

人民法院应当自收到重整计划草案之日起 30 日内，召开债权人会议，对重整计划草案进行讨论和表决。出席会议的同一表决组的债权人过半数同意重整计划草案，并且其所代表的债权额占该组债权额 2/3 以上的，即为该组通过重整计划草案。各表决组均通过重整计划草案时，重整计划即为通过。部分表决组未通过重整计划草案的，债务人或管理人可以同该组协商，在协商后再表决一次，未通过重整计划草案的表决组拒绝再次表决或者再次表决仍未通过，但符合一定法定条件的，人民法院可以裁定批准重整计划草案。

3. 重整计划的效力

经人民法院裁定批准的重整计划，具有法律效力，对债务人和全体债权人具有约束力。债务人和债权人必须遵守。重整计划的效力及于未经申报的债权，对于没有依法律规定申报的债权，在重整计划执行期间，该债权不得行使。在重整计划执行完毕后，可以按照重整计划规定的同类债权的清偿条件行使权利。重整计划的效力，不能及于债务人的保证人和其他连带债务人，即债权人对债务人的保证人和其他连带债务人所享有的权利，不受重整计划的影响。

4. 重整计划的执行、终止

重整计划的执行是重整目的能否实现的关键所在。自人民法院裁定债务人重整之日起至重整程序终止，为重整期间。重整计划经人民法院批准后，由债务人负责执行。债务人应当认真执行重整计划，严格按照重整计划规定的要求履行职责。管理人有权要求债务人向其报告重整计划执行情况和企业财务状况。

在重整期间，经债务人申请，人民法院批准，债务人可以在管理人的监督下自行管理财产和营业事务，已接管债务人财产和营业事务的管理人应当向债务人移交财产和营业事务，企业破产法规定的管理人的职权由债务人行使。管理人负责管理财产和营业事务的,可以聘任债务人的经营管理人员负责营业事务。

重整期间有下列情形之一的,经管理人或者利害关系人请求,人民法院应当裁定终止重整程序,并宣告债务人破产:

(1)债务人的经营状况和财产状况继续恶化,缺乏挽救的可能性;

(2)债务人有欺诈、恶意减少债务人财产或者其他显著不利于债权人的行为;

(3)由于债务人的行为致使管理人无法执行职务。

二、和解制度

(一)和解概念

和解是指债务人在进入破产程序以后,在人民法院的主持下,债权人与债务人依照法律规定的程序,就债务的减免和清偿达成协议以了结债权债务关系的制度。

(二)和解程序

和解程序并非破产程序的必经阶段,和解依申请而开始。根据我国《企业破产法》的规定,债务人具有不能清偿到期债务,并且资产不足以清偿全部债务或明显缺乏清偿能力的情形时,可以向人民法院申请和解,也可以在人民法院受理破产申请后、宣告债务人破产前,向人民法院申请和解。

债务人申请和解,应当提出和解协议草案。和解协议应具备以下内容:

(1)清偿债务的财产来源;

(2)清偿债务的办法;

(3)清偿债务的期限。

人民法院收到债务人提交的和解申请书以后,应当依法进行审查。审查分为实质审查和形式审查两方面。实质审查主要是审查债务人是否符合法律规定的可以申请和解的条件;形式审查主要是对申请人的资格、申请书的形式和内容、接受和解申请书的人民法院有无管辖权等事项进行审查。经审查,认为申请符合企业破产法规定条件的,即应当作出准许和解的裁定,并予以公告。

和解协议草案应当经过债权人会议的讨论和通过,债权人会议通过和解协议的决议,由出席会议的有表决权的债权人过半数通过,并且其所代表的债权额占无财产担保债权总额的2/3以上。人民法院应当依照法律规定,对和解协议进行审查,认为和解协议符合法律规定的应当裁定认可,同时终止和解程序,并予以公告。

(三)和解协议的效力

经人民法院认可的和解协议具有法律效力,自公告之日起生效。和解协议生效后,产生如下法律效果。

(1)普通债权人没有依照法律规定申报债权的,在和解协议执行期间,不得行使权利,在和解协议执行完毕后,可以按照和解协议规定的清偿条件行使权利。对债务人的特定财产享有担保权的权利人,自人民法院裁定和解之日起可以行使权利。

(2)管理人移交财产和营业事务,并向人民法院提交执行职务的报告,完成管理人职责。和解协议草案经债权人会议表决,没有获得通过的,人民法院应当裁定终止和解程序并宣告债务人破产。

因债务人的欺诈或者其他违法行为而成立的和解协议,人民法院应当裁定无效,并宣告债务人破产。和解债权人因执行和解协议所受的清偿,在其他债权人所受清偿同等比例的范围内,不予返还。

(四)和解协议的执行

和解协议生效后,债务人与和解债权人应当严格执行和解协议,履行和解协议规定的义务。债务人应当按照和解协议规定的时间、数额、方式等向和解债权人清偿债务,和解债权人应当在债务人按照和解协议规定的条件清偿时,及时接受债务人的清偿,并不得在和解协议规定以外向债务人提出清偿债务的要求。债务人不执行或者不能执行和解协议的,人民法院经和解债权人请求,应当裁定终止和解协议的执行,并宣告债务人破产。

按照和解协议减免的债务,自和解协议执行完毕时起,债务人不再承担清偿责任。

三、重整和和解的区别

(一)程序开始的原因不同

和解程序与破产程序开始的原因相同,即为不能清偿到期债务或债务超过。而重整原因较之为宽,即使债务人尚未不能支付,但有不能支付的危险和可能时,也可对之开始重整程序。债务人的申请,即被认为其有不能清偿之虞。因为,重整的目的在于挽救,当债务人出现支付不能的危险时进行重整,远比其出现不能支付时再开始重整的成功率高,要求债权人所做的让步也较小,债权人所受的损失也就较小,故对债权人和债务人均无不利。

(二)程序开始的申请人不同

和解申请是法律赋予债务人的特权,只有债务人才能提出。债权人不能提出和解申请,人民法院也不能依职权宣告和解程序的开始。重整债务人、债权人均可提出。

(三)效力不同

和解协议经人民法院认可后,仅对无担保的债权人产生效力,对于就债务人的特定财产享有担保权的债权人不产生效力,担保权人可以直接行使担保物权以获得满足。而重整则不同,重整程序一经开始,对所有的债权人,包括有担保物权的债权人产生效力,担保权人不得依一般的民事程序行使担保物权,必须依法申报债权并参加重整程序,其担保物权的行使或债权的受偿必须按重整计划的规定进行。

在与破产程序及和解程序的关系中,当破产申请、和解申请及重整申请并存时,人民法院应首先受理重整申请。重整程序一经开始,尚未开始的破产或和解程序不得开始,已经开始的,必须中止。因此,重整程序的效力优于破产及和解程序。

第六节　破产宣告与清算

一、破产宣告

破产宣告是指人民法院依据当事人的申请或者法定职权,对债务人具备破产原因的事实作出具有法律效力的认定。破产宣告是破产人进入破产清算的起点。债权人或债务人向人民法院提出破产申请,并不必然引起破产宣告,只有人民法院认为债务人确实具备了破产宣告的条件,依法宣告其破产,才正式进入了实质性的破产程序。

有下列情形的,应当裁定宣告债务人破产:

(1)债务人或者债权人直接提出对债务人进行破产清算的申请,或者作为国务院金融监督管理机构的银监会、证监会、保监会对出现经营风险的有关金融机构提出破产申请,人民法院经审查认定债务人具备企业破产法规定的破产宣告原因的。

(2)重整期间或重整计划执行期间出现的破产宣告。主要是指重整计划草案未获通过,以及重整期间,债务人的经营状况和财产状况继续恶化,缺乏挽救可能,或债务人有欺诈、恶意减少企业财产或者其他显著不利于债权人的行为,利害关系人向人民法院请求终止重整程序的。

(3)债务人提出和解申请后出现的破产宣告。主要指和解协议未获债权人会议通过,以及债务人有欺诈或其他不法行为,不按或不能按和解协议规定的条件清偿债务,和解债权人请求人民法院宣告债务人破产的。

人民法院依法宣告债务人破产,应当作出裁定,自裁定作出之日起 10 日内通知已知债权人,并予以公告。破产宣告前,如果出现第三人为债务人提供足额担保,或者为债务人清偿全部到期债务,或者债务人已清偿全部到期债务等使债务人破产原因消除的情形的,人民法院应裁定终结破产程序,不予宣告破产。

二、破产财产的变价和分配

(一)破产财产的变价

破产财产的变价又称破产财产的变现,是指破产管理人将破产财产中的非金钱财产,以变卖或拍卖的方式,转变为金钱财产的行为或过程。

除国家规定不能拍卖的物品和债权人会议另有决议的外,破产财产的变价应当采用拍卖方式。破产财产的变价,应当按照追求破产财产价值最大化的原则,视具体情况,可以整体出售的,应当整体出售,也可以将其中的无形资产和其他财产单独变价出售。对于国家规定不能拍卖或者限制转让的物品,应当按照国家有关规定的方式处理。

(二)破产财产的分配

破产财产的分配,是指破产管理人依照法定的清偿顺序和程序,将变价后的破产财产分配给债权人的过程。破产财产的分配是破产清算的首要目标,也是破产清算的最后阶段,分配结束是破产程序终结的原因之一。

1.破产费用和共益债务

破产费用主要指人民法院受理破产申请后发生的费用。具体包括:

(1)破产案件的诉讼费用;

(2)管理、变价和分配债务人财产的费用;

(3)管理人执行职务的费用、报酬和聘用工作人员的费用。

共益债务则包括人民法院受理破产申请后发生的下列债务:

(1)因管理人或者债务人请求对方当事人履行双方均未履行完毕的合同所产生的债务;

(2)债务人财产受无因管理、不当得利所产生的债务；

(3)为债务人继续营业而应支付的劳动报酬和社会保险费用及由此产生的其他债务；

(4)管理人或者相关人员执行职务致人损害所产生的债务；

(5)债务人财产致人损害所产生的债务等。

破产费用和共益债务由债务人财产随时清偿。债务人财产不足以清偿所有破产费用和共益债务的,先行清偿破产费用。债务人财产不足以清偿所有破产费用或者共益债务的,按照比例清偿。债务人财产不足以清偿破产费用的,管理人应当提请人民法院终结破产程序。人民法院应当自收到请求之日起 15 日内裁定终结破产程序,并予以公告。

2. 破产财产的分配顺序

按照我国《企业破产法》的规定,破产财产在优先清偿破产费用和共益债务后,依照下列顺序清偿:

(1)破产人所欠职工的工资和医疗、伤残补助、抚恤费用,所欠的应当划入职工个人账户的基本养老保险、基本医疗保险费用,以及法律、行政法规规定应当支付给职工的补偿金;

(2)破产人欠缴的除前项规定外的社会保险费用和破产人所欠税款;

(3)普通破产债权。

破产财产不足以清偿同一顺序的清偿要求的,按照比例分配。

三、破产程序终结

(一)破产程序终结的原因

破产程序终结是指破产程序开始后,发生法律规定的使得破产程序继续进行已无必要的原因,由人民法院裁定终结破产程序,结束破产案件。

在破产清算程序中,破产程序终结可分为以下三种情况:

(1)破产程序因破产财产分配完毕而终结。破产程序进行的主要目的在于用破产财产清偿全体债权人的债权。如果破产财产已通过破产分配处理完毕,再进行已无破产财产可供分配的破产程序没有任何实际意义。因此,破产财产一旦分配完毕,破产程序即应当终结。

(2)破产程序因无可供分配的财产而终结。破产程序因破产财产不足而终结,是各国破产立法的通例。根据我国《企业破产法》的规定,破产程序中,债务人的财产由管理人接管,如果管理人发现债务人的财产数量很少,尚不足以清偿破产费用和共益债务,已无财产可用来进行破产分配以清偿破产债权的,再进行破产程序已无实际意义时,应当提请人民法院裁定终结破产程序。

(3)因债务人能够执行和解协议而终结破产程序。根据我国《企业破产法》的规定,债权人会议与破产债务人达成的和解协议由人民法院裁定认可后生效,同时破产程序中止。当债务人通过整顿,并履行和解协议的,人民法院应当裁定终结破产程序并予以公告。

（二）破产程序终结的效力

破产程序终结后，对破产人、破产债权人和管理人均发生法律效力。

1. 对破产人的效力

依照我国民法通则的规定，企业法人依法被宣告破产而终止，在破产程序终结后，管理人应当向法人登记机关办理企业法人注销登记，该企业法人归于消灭。

2. 对破产债权人的效力

破产程序终结后，破产债权人对其债权依破产程序未得清偿的部分消灭。但破产债权人对其在破产程序中未得清偿的债权，可以请求破产人的保证人或其他连带债务人予以清偿。

3. 对管理人的效力

破产程序终结后，管理人的任务即告结束，无继续存在的必要。管理人应当自破产程序终结之日起 10 日内，负责向破产企业的原登记机关办理注销登记手续，自办完注销登记的次日终止执行职务。但存在诉讼未结或仲裁未决情况的除外。

本章小结

破产指债务人不能清偿到期债务，由人民法院主持强制执行其全部财产，公平清偿全体债权人的法律制度。我国《企业破产法》适用于所有的企业法人。当债务人不能清偿到期债务时，债权人和债务人均有权提出破产申请。债权人会议是指在破产程序中，表达全体债权人共同意志、参与破产程序并对有关破产事项进行讨论和表决的决议机构。它是在人民法院的指导下，讨论并决定有关破产法律事项的临时组织，是债权人团体的最高决议机构。重整制度与和解制度是破产预防制度的主要组成部分。通过重整与和解的实施，阻却债务人进行破产清算，从而有利于实现更大的社会利益。破产宣告是指人民法院依据当事人的申请或者法定职权，对债务人具备破产原因的事实作出具有法律效力的认定。破产宣告是破产人进入破产清算的起点。破产程序的终结是指破产程序开始后，发生法律规定的使得破产程序继续进行已无必要的原因，由人民法院裁定终结破产程序，结束破产案件。

思考题

1. 企业的破产原因是什么？
2. 企业破产清算的程序是什么？
3. 企业破产财产分配的顺序是什么？

练习题

1. 某企业破产，有下列债权需清偿：①破产企业所欠税款；②破产企业所欠职工的工资和劳动保险费用；③破产费用；④破产债权。对上述债权、破产财产应依下列哪一项所列顺序清偿？（　　）

A. ④②③①

B. ③①②④

C. ③②①④

D. ①③②④

2. 整顿期间,企业有下列何种情形经人民法院裁定,可终结该企业的整顿,宣告其破产?( )

A. 不执行和解协议的

B. 财务状况继续恶化,债权人会议申请终结整顿的

C. 非正常压价出售财产,严重损害债权人利益的

D. 放弃自己的债权,严重损害债权利益的

3. 关于破产抵销权,下列说法正确的是哪一项?( )

A. 双方的债务属同一种类的给付,方可抵销

B. 双方的债务均已届履行期,方可抵销

C. 破产宣告后破产债权人对破产人所欠的债务也可抵销

D. 破产宣告时,债权人对破产人同时负有债务的,不论给付种类是否相同,是否届至履行期,债权人均有权在破产清算分配前先行抵销

第五章 合同法

学习目标

1.掌握合同的概念和特征、合同的基本条款、合同的效力、合同解除的条件、合同担保、违约责任的承担方式;

2.了解合同的订立程序、缔约过失责任、双务合同履行中的抗辩权;

3.熟悉合同法的基本原则、合同的变更与转让的规定。

第一节 合同法概述

一、合同和合同法的概念

(一)合同的概念和特征

合同又称契约,是指平等主体的自然人、法人、其他组织之间设立、变更、终止民事权利义务关系的协议。与其他法律行为相比较,合同具有以下主要特征:

(1)合同是平等主体之间的协议。在法律上,合同当事人是平等主体,没有高低、从属之分,其地位都是平等的。

(2)合同是以设立、变更、终止民事权利义务关系为目的的协议。民事权利义务关系主要是指财产关系。民事合同的内容就是民事财产关系中的债权债务关系。

(3)合同是当事人意思表示一致的协议。合同是双方或多方民事法律行为,须在各方意思表示一致的条件下成立。

(二)合同法的概念

合同法是调整平等主体的自然人、法人、其他组织之间合同关系的法律规范的总称。所谓合同关系,是指平等主体的自然人、法人、其他组织之间因签订和履行合同而发生的各种社会关系。

(1)合同法调整的是平等主体之间的民事关系。政府依法维护经济秩序的管理活动,属于行政管理关系,不是民事关系,适用有关行政管理的法律,不适用合同法;法人、其他组织内部的管理关系,适用有关公司、企业的法律,不适用合同法。

(2)合同法调整属于财产关系的民事法律关系。民事关系中属于人身关系的部分,如有关婚姻、收养、监护、继承等有关身份关系的协议，适用其他法律的规定，不适用合同法。

1999 年 3 月 15 日，第九届全国人民代表大会第二次会议通过了《中华人民共和国合同法》（简称《合同法》）。《合同法》自 1999 年 10 月 1 日起施行。为保障《合同法》的顺利实施，最高人民法院还颁布了《关于适用〈中华人民共和国合同法〉若干问题的解释（一）》、《关于适用〈中华人民共和国合同法〉若干问题的解释（二）》、《关于审理建设工程施工合同纠纷案件适用法律问题的解释》、《关于审理商品房买卖合同纠纷案件适用法律若干问题的解释》（2003 年）、《关于审理技术合同纠纷案件适用法律若干问题的解释》等一系列司法解释，这些都是合同法的重要组成部分。

《合同法》分总则、分则、附则 3 篇，共 23 章 428 条，是一部较为详尽、严密、具有可操作性的法律。《合同法》总则主要就合同立法目的与宗旨及合同关系进行法律调整的一般原则做出了概括性规定，是对所有民事合同具有普遍适用意义的规范。《合同法》分则针对买卖合同，供用电、水、气、热力合同，赠予合同，借款合同，租赁合同，融资租赁合同，承揽合同，建设工程合同，运输合同，技术合同，保管合同，仓储合同，委托合同，行纪合同，居间合同等 15 种合同交易的特点，作出了特别规定，将总则中的一般原则规定具体化。依据《合同法》的规定，分则或者其他法律没有明文规定的合同，适用总则的规定，并可以参照分则或者其他法律最相类似的规定。

二、合同法的基本原则

合同法的基本原则是指贯穿于合同法始终，在立法、司法及当事人合同活动中均应遵守的、体现合同法宗旨的那些原则。《合同法》第一章对合同法的基本原则做出了规定，主要如下。

（一）平等原则

《合同法》第三条规定：合同当事人法律地位平等，一方不得将自己的意志强加给另一方。这意味着地位平等的合同当事人，在权利义务对等的基础上，经充分协商达成一致，以实现互利互惠的经济目的。

（二）自愿原则

自愿原则是合同法的重要基本原则，合同当事人通过协商，自愿决定和调整相互权利义务关系。自愿原则体现了民事活动的基本特征，是民事关系区别于行政法律关系、刑事法律关系的特有的原则。民事活动除法律强制性的规定外，由当事人自愿约定。自愿原则也是发展社会主义市场经济的要求。

自愿原则贯彻合同活动的全过程，其含义包括：

（1）订不订立合同自愿；

（2）与谁订合同自愿；

（3）合同内容由当事人自愿约定；

（4）当事人可以协议补充、变更有关内容；

（5）双方也可以协议解除合同；

（6）可以约定违约责任；

(7)在发生争议时,当事人可以自愿选择解决争议的方式。

总之,只要不违背法律、行政法规的强制性规定,合同当事人有权自愿决定。

(三)公平原则

公平原则要求合同双方当事人之间的权利义务要公平合理,要大体上平衡,强调一方给付与对方给付之间的等值性,合同上的负担和风险的合理分配。具体包括:

(1)在订立合同时,要根据公平原则确定双方的权利和义务,不得滥用权利,不得欺诈,不得假借订立合同恶意进行磋商;

(2)根据公平原则确定风险的合理分配;

(3)根据公平原则确定违约责任。

公平原则作为合同法的基本原则,其意义和作用是:公平原则是社会公德的体现,符合商业道德的要求。将公平原则作为合同当事人的行为准则,可以防止当事人滥用权力,有利于保护当事人的合法权益,维护和平衡当事人之间的利益。

(四)诚实信用原则

诚实信用是指合同当事人应以善意的心理状态,维持双方利益及当事人与社会利益的平衡。该原则要求各方当事人应互相尊重对方利益,在实现自己应得利益的同时,不得损害他人利益;当事人在订立和履行合同时,不得损害国家利益、社会公共利益和第三人利益。

(五)守法原则

守法原则是指当事人订立、履行合同,应当遵守法律、行政法规,尊重社会公德,不得扰乱社会经济秩序,损害社会公共利益。一般来讲,合同的订立和履行,属于合同当事人之间的民事权利义务关系,主要涉及当事人的利益,只要当事人的意思不与强制性规范、社会公共利益和社会公德相抵触,就承认合同的法律效力。国家及法律尽可能尊重合同当事人的意思,一般不予干预,由当事人自主约定。但是,合同绝不仅仅是当事人之间的事情,有时可能涉及社会公共利益和社会公德,为了维护社会公共利益,维护正常的社会经济秩序,对于损害社会公共利益、扰乱社会经济秩序的行为,国家应当予以干预。

第二节　合同的订立

合同的订立是当事人之间设立民事权利义务关系的民事行为,反映了合同当事人通过缔约达成协议的过程。

一、合同的内容

(一)合同的基本条款

合同条款除法律强制性规定外,应当由当事人自行约定。我国《合同法》第十二条对合同的条款作了提示性、示范性规定,一般应包括以下条款:

(1)当事人的名称或者姓名和住所。

(2)标的。标的是合同当事人的权利义务指向的对象。标的是合同成立的必要条件,是一切合同的必备条款。

(3)数量。在大多数的合同中,数量是必备条款。合同的数量要准确,尽量选择使用法定的计量单位、计量方法和计量工具。

(4)质量。合同中应当对质量问题尽可能地规定细致、准确和清楚。国家有强制性标准规定的,必须按照规定的标准执行。如有其他质量标准,应尽可能约定其适用的标准。当事人可以约定质量检验的方法、质量责任的期限和条件、对质量提出异议的条件与期限等。

(5)价款或报酬。价款一般指对提供财产的当事人支付的货币,报酬一般是指对提供劳务或者工作成果的当事人支付的货币。如果有政府定价和政府指导价,要按照规定执行。

(6)履行期限、地点和方式。履行期限是指合同中规定的当事人履行自己的义务,如交付标的物、价款或者报酬,履行劳务、完成工作的时间界限。履行期限可以是即时履行的,也可以是定时履行的;可以是在一定期限内履行的,还可以是分期履行的。

履行地点是指当事人履行合同义务和对方当事人接受履行的地点。

履行方式是指当事人履行合同义务的具体做法。履行可以是一次性的,也可以是在一定时期内的,还可以是分期、分批的。

(7)违约责任。违约责任是指当事人一方或者双方不履行合同或者不适当履行合同,依照法律的规定或者按照当事人的约定应当承担的法律责任。

(8)解决争议的方法。解决争议的方法是指合同争议的解决途径。解决争议的途径为:一是双方通过协商和解;二是由第三人进行调解;三是通过仲裁解决;四是通过诉讼解决。

另外,涉外合同的当事人可以选择处理合同争议所适用的法律,但在中华人民共和国境内履行的中外合资经营企业合同、中外合作经营企业合同、中外合作勘探开发自然资源合同,适用中华人民共和国法律。

(二)格式条款

格式条款是当事人为了重复使用而预先拟定,并在订立合同时未与对方协商的条款。格式条款由一方当事人预先拟定,对方当事人只能接受或不接受。格式条款具有简便、迅速、节约交易成本等优点,但其弊端在于,提供商品或者服务的一方往往利用其优势地位,拟定有利于自己而不利于交易对方的条款,这一点在消费者作为合同相对方时特别突出。为避免合同的拟定者利用其优势地位在合同中规定不公平条款,必须在立法上予以限制。合同法规定了提供格式条款一方在拟定格式条款及在订立合同时应当遵循的原则和义务。

(1)提供格式条款的一方,应当遵循公平原则确定当事人之间的权利和义务。

(2)应采取合理方式提请对方注意免除或者限制其责任的条款,并按照对方的要求对该条款予以说明。

(3)格式条款免除提供格式合同一方责任、加重对方责任、排除对方主要权利的,此条款无效。

(4)对格式条款的理解发生争议的,应当按照通常理解予以解释;有两种以上解释的,应当做出不利于提供格式条款一方的解释。

(5)格式条款和非格式条款不一致的,应当采用非格式条款。

二、合同的形式

合同的形式是指合同当事人意思表示一致的外在表现形式。《合同法》规定,当事人订立合同,可以采用书面形式、口头形式和其他形式。法律、行政法规规定采取书面形式的,应当采用书面形式。当事人约定采用书面形式的,应当采用书面形式。

书面形式主要有合同书、信件和数据电文(包括电报、电传、传真、电子数据交换和电子邮件)等可以有形地表现所载内容的形式。

口头形式是以口头约定而不以书面文字形式表述协议内容的形式。

其他形式主要指推定形式,即根据当事人的行为或者特定情形推定合同的成立,或者也可以称为默示合同。

三、合同订立的程序

《合同法》第十三条规定:当事人订立合同,采取要约、承诺方式。当事人意思表示真实、一致时,合同即可成立。

(一)要约

要约是指当事人一方向对方发出的希望和对方订立合同的意思表示。发出要约的当事人称为要约人,接受要约的当事人称为受要约人。

1. 要约的构成条件

要约成立必须符合下列条件:

(1)要约的内容要具体明确。由于要约一经受要约人承诺,合同即为成立,所以要约必须包括合同的主要条款。

(2)表明经受要约人承诺,要约人即受该意思表示的约束。

(3)要约原则上应向特定人发出。

2. 要约的生效时间

要约到达受要约人时生效。要约"到达受要约人时"并不是指一定实际送达到受要约人或者其代理人手中,要约只要送达到受要约人通常的地址、住所或者能够控制的地方(如信箱等)即为送达。

采用数据电文形式订立合同,收件人指定特定系统接收数据电文的,该数据电文进入该特定系统的时间,视为到达时间;未指定特定系统的,该数据电文进入收件人的任何系统的首次时间,视为到达时间。

3. 要约的撤回和撤销

要约的撤回是指要约人在要约生效之前,使要约不发生法律效力的行为。要约可以撤回,撤回要约的通知应当在要约到达受要约人之前或者与要约同时到达受要约人。

要约的撤销是指要约人在要约生效后将该项要约取消,使要约的法律效力归于消灭的意思表示。要约可以撤销,但撤销要约的通知应当在受要约人发出承诺通知之前到达受要约人。以下两种情形要约不得撤销:

(1)要约人确定了要约答复期限或者以其他形式明示要约不可撤销;

(2)受要约人有理由认为要约是不可撤销的,并已经为履行合同做了准备工作。

4. 要约的失效

要约的失效是指要约丧失法律效力,要约人与受要约人均不再受其约束。有下列情形之一的,要约失效:

(1)拒绝要约的通知到达要约人;

(2)要约人依法撤销要约;

(3)承诺期限届满,受要约人未作出承诺;

(4)受要约人对要约的内容作出实质性变更。

5. 要约邀请

要约邀请又称要约引诱,是邀请或者引诱他人向自己发出订立合同的意思表示。要约邀请可以是向特定人发出的,也可以是向不特定的人发出的。要约邀请与要约不同,要约是一个一经承诺就成立合同的意思表示,而要约邀请只是邀请他人向自己发出要约,自己如果承诺才成立合同。要约邀请处于合同的准备阶段,没有法律约束力。有的学者认为,要约邀请不是意思表示,只是事实行为。但要约邀请并不是单纯地建议他人与自已进行有关合同的讨论,而是明确提出订立合同的建议,只不过仅指明合同的类型,并没有提出合同的具体内容。虽然在理论上,要约与要约邀请有很大区别,但事实上往往很难区分。当事人可能原意是发出要约,但由于内容不确定只能被看作是一个要约邀请。当事人可能原意是发出要约邀请,但由于符合了要约的条件而会被判定为是一个要约。我国《合同法》第十五条明确规定:寄送的价目表、拍卖公告、招标公告、招股说明书、商业广告等为要约邀请。商业广告的内容符合要约规定的,视为要约。

(二)承诺

承诺是受要约人同意要约的意思表示。一般来说,要约一经受要约人承诺,就表明双方当事人对合同的主要条款达成了一致意见,合同宣告成立。

1. 承诺的条件

一项有效的承诺必须具备如下条件:

(1)承诺必须由受要约人向要约人作出;

(2)承诺必须在要约确定的期限内或合理期限内到达要约人;

(3)承诺的内容应当与要约的内容一致,不得作出实质性变更。

承诺的表示应当以通知的方式作出,但根据交易习惯或者要约表明可以通过行为作出承诺的除外。

2. 承诺的生效

要约中规定了承诺期限的,承诺应当在要约确定的期限内到达要约人。要约没有确定承诺期限的,承诺应当依照下列规定到达:

(1)要约以对话方式作出的,应当即时作出承诺,但当事人另有约定的除外;

(2)要约以非对话方式作出的,承诺应当在合理期限内到达。

承诺通知到达要约人时生效。承诺不需要通知的,根据交易习惯或者要约的要求作出承诺的行为时生效。依照《合同法》第二十五条规定,承诺生效时合同成立。

3. 迟到的承诺和延迟承诺

如果受要约人在承诺期限内发出承诺,按照通常情形能够及时到达要约人,但因其他原因承诺到达要约人时超过承诺期限的,除要约人及时通知受要约人因承诺超过期限不接受该承诺的外,该承诺有效。

受要约人超过承诺期限发出承诺的,除要约人及时通知受要约人该承诺有效的外,为新要约。

4. 承诺的撤回

承诺可以撤回,但撤回承诺的通知应当先于承诺通知或者与承诺通知同时到达要约人,才具有撤回效力。承诺一旦生效,则不能再撤回。

在实践中,一份合同通常要经过多次反复协商才能订立。双方当事人就合同内容充分协商的过程,就是要约、新要约、再新要约……直至承诺的过程。一般来说,承诺一经生效,合同即告成立。

(三)缔约过失责任

缔约过失责任是指合同当事人在订立合同过程中,因违反法律规定、违背诚实信用原则,致使合同未能成立并给对方造成损失而应承担的损害赔偿责任。

根据自愿原则,当事人可以自由决定是否订立合同,与谁订立合同,订立什么样的合同。为订立合同与他人进行协商,协商不成的,一般不承担责任。但是,当事人进行合同的谈判,应当遵循诚实信用原则。

《合同法》第四十二条规定,当事人在订立合同过程中,有下列情况之一,给对方当事人造成损失的,应当承担损害赔偿责任:

(1)假借订立合同,恶意进行磋商;

(2)故意隐瞒与订立合同有关的重要事实或者提供虚假情况;

(3)有其他违背诚实信用原则的行为。

此外,最高人民法院《关于适用〈中华人民共和国合同法〉若干问题的解释(二)》第八条规定,依照法律、行政法规的规定经批准或者登记才能生效的合同成立后,有义务办理申请批准或者申请登记等手续的一方当事人未按照法律规定或者合同约定办理申请批准或者未申请登记的,属于《合同法》第四十二条第(三)项规定的"其他违背诚实信用原则的行为",人民法院可以根据案件的具体情况和相对人的请求,判决相对人自己办理有关手续;对方当事人对由此产生的费用和给相对人造成的实际损失,应当承担损害赔偿责任。

《合同法》第四十三条规定,当事人在订立合同过程中知悉的商业秘密,无论合同是否成立,不得泄露或者不正当地使用。泄露或者不正当地使用该商业秘密给对方造成损失的,应当承担损害赔偿责任。

负有缔约过失责任的当事人,应当赔偿受损害的当事人。赔偿应当以受损害的当事人的损失为限。这个损失包括直接利益的减少,如谈判中发生的费用,还应当包括受损害的当事人因此失去的与第三人订立合同的机会的损失。

第三节　合同的效力

合同效力是指已经成立的合同对当事人的法律约束力。合同生效后，其效力主要体现在以下几个方面：

第一，在当事人之间产生法律效力。合同成立生效后，当事人应当依合同的规定，享受权利，承担义务。当事人依法受合同的拘束，是合同的对内效力。当事人不得滥用权利，违反义务。在客观情况发生变化时，当事人必须依照法律或者取得对方的同意，才能变更或解除合同。

第二，对当事人以外的第三人产生一定的法律拘束力。合同的这一效力表现，称为合同的对外效力。合同一旦生效后，任何单位或个人都不得侵犯当事人的合同权利，不得非法阻挠当事人履行义务。

第三，合同生效后的法律效果还表现在，当事人违反合同的，将依法承担民事责任，必要时人民法院也可以采取强制措施使当事人依合同的规定承担责任、履行义务，对另一方当事人进行补救。

一、合同的生效

（一）合同的生效要件

合同的生效要件是判断合同是否具有法律约束力的标准，《民法通则》第五十五条规定，民事法律行为应该具备下列条件。

1. 行为人具有相应的民事行为能力

合同的主体包括公民、法人和其他组织，他们应当具有相应的民事权利能力和民事行为能力。当事人依法可以委托代理人订立合同。代理人在代订合同时应当符合授权范围的要求。

2. 意思表示真实

意思表示真实，是指当事人在自觉、自愿的基础上，作出符合其内在意志的表示行为。如果意思表示不真实，合同的效力将受到影响。

3. 不违反法律或者社会公共利益

合同的各项条款都必须符合法律、法规的强制性规定，合同内容不得违反社会公共利益。

（二）合同生效的时间

1. 一般合同的生效

依法成立的合同，自合同成立时生效。法律、法规规定应当办理批准、登记等手续才生效的，依照其规定。

2. 附条件合同的生效

附条件合同是指合同的双方当事人在合同中约定某种事实状态（条件），并以其将来发生或不发生作为合同效力发生或终止的依据。所附的条件应当是将来可能发生的事实，必须是双方当事人约定的、合法的事实，并且作为合同的一个条款列入合同中。

附生效条件的合同,自条件成就时生效。附解除条件的合同,自条件成就时失效。当事人为自己的利益不正当地阻止条件成就的,视为条件已成就;不正当地促成条件成就的,视为条件不成就。

3. 附期限合同的生效

附期限合同是指以将来某一确定到来的期限作为合同效力发生或终止的依据。期限可以是一个具体的期日,如某年某月某日;也可以是一个期间,如“合同成立之日起5个月”。附生效期限的合同,自期限届至时生效;附终止期限的合同,自期限届满时失效。

二、效力待定的合同

(一)效力待定合同的概念

效力待定的合同是指合同已经成立,但因欠缺合同生效的要件,其效力能否发生尚不确定,须经有权人追认才能生效的合同。

(二)效力待定合同的种类

1. 限制民事行为能力人订立的合同

限制民事行为能力人独立订立的合同,除接受奖励、赠予、报酬等纯获利益的合同或者与其年龄、智力、精神状况相适应的合同外,一般需经法定代理人追认,方能生效。

2. 无权代理人订立的合同

行为人无权代理而以被代理人名义订立的合同,未经被代理人追认,对被代理人不发生效力,由行为人承担责任。经被代理人追认,合同对被代理人产生效力。

行为人没有代理权、超越代理权或者代理权终止后以被代理人名义订立合同,相对人有理由相信行为人有代理权的,该代理行为有效。

法人或者其他组织的法定代表人、负责人超越权限订立的合同,除相对人知道或者应当知道其超越权限的外,该代表行为有效。

3. 无处分权人处分他人财产订立的合同

无处分权人处分他人财产订立的合同只有经权利人追认或者无处分权的人事后取得处分权的,方为有效;否则,该合同无效。

三、无效合同

(一)无效合同的概念和种类

无效合同是指已经成立,但因违反法律、行政法规规定的生效条件而不发生法律效力,不具有法律约束力的合同。无效合同有全部无效与部分无效两种情况。

根据《合同法》第五十二条的规定,有下列情形之一的,合同无效:

(1)一方以欺诈、胁迫手段订立合同,损害国家利益;

(2)恶意串通,损害国家、集体或者第三人利益;

(3)以合法形式掩盖非法目的;

(4)损害社会公共利益;

(5)违反法律、行政法规的强制性规定。

此外,合同中的下列免责条款无效:

(1)造成对方人身伤害的;

(2)因故意或者重大过失造成对方财产损失的。

(二)无效合同的确认和处理

无效合同的确认权归人民法院和仲裁机构。

无效合同从订立的时候起就没有法律约束力。合同被确认无效后,尚未履行的,不得履行;正在履行的,应当立即终止履行。合同被确认部分无效的,如果不影响其余部分的效力,其余部分仍然有效。合同无效,不影响合同中有关解决争议方法条款、清算条款的效力。

四、可变更、可撤销的合同

(一)可变更、可撤销合同的概念和特点

可变更或可撤销的合同,是指存在法定事由,合同一方当事人可以请求人民法院或者仲裁机关变更或者撤销的合同。

可撤销合同具有以下特点:

(1)可撤销的合同在未被撤销前是有效的合同。

(2)可撤销的合同一般是意思表示不真实的合同。无论是大陆法系还是英美法系,大多规定意思表示不真实的合同,撤销权人可以请求撤销合同。

(3)可撤销合同的撤销要由撤销权人通过行使撤销权来实现。

(二)可变更、可撤销合同的种类

根据《合同法》第五十四条的规定,导致合同可变更、可撤销的法定原因有以下几个:

(1)因重大误解订立的合同。

(2)在订立合同时显失公平的合同。

(3)一方以欺诈、胁迫的手段或者乘人之危,使对方在违背真实意思情况下订立的合同。

(三)当事人的撤销权

在上述三种情形下订立的合同,因违背了受害方的真实意思,所以法律赋予受害方请求人民法院或者仲裁机构变更合同或撤销合同的权利。是变更合同还是撤销合同,由受害方自由选择。如果没有一方当事人的请求,人民法院或者仲裁机关不能主动变更或撤销合同,并且若当事人仅请求变更合同的,人民法院或者仲裁机构不得撤销合同。

有下列情形之一的,当事人的撤销权消灭:

(1)具有撤销权的当事人自知道或者应当知道撤销事由之日起一年内没有行使撤销权的。

(2)具有撤销权的当事人虽知道撤销事由,但明确表示或者以自己的行为放弃撤销权的。

五、无效合同、被撤销合同的法律后果

(一)返还财产

合同被确认无效后,当事人依据合同所取得的财产应当返还给对方。

（二）赔偿损失

如果合同无效是由当事人一方的过错造成的，有过错的一方应赔偿对方因此所受的损失；如果当事人双方对合同被确认无效都有过错，则双方应当按照责任的主次、轻重，分别承担经济损失中与其责任相适应的份额。

（三）追缴财产归国家所有或者返还集体、第三人

对当事人恶意串通订立的损害国家、集体或者第三人利益的合同，将当事人因此取得的财产收归国家所有或者返还集体、第三人。

第四节　合同的履行

合同履行是指合同生效后，当事人双方按照合同约定的内容，全面、适当地完成各自所承担的义务的行为。合同履行的目的是保证当事人权利的实现，达到当事人双方订立合同时所预期的目的。

一、合同履行的原则

（一）全面履行原则

全面履行原则又称适当履行原则，是指当事人按照合同约定的主体、标的、数量、质量、价款或者报酬、履行期限和履行地点，以适当方式全面完成合同义务的履行原则。全面履行既要求债务人按照合同的约定交付标的物或者提供服务，作实际履行，又要求交付标的物、提供服务的行为符合法律的规定和合同的约定，不得违约履行或以赔偿代替履行。

全面履行原则是判定合同当事人是否存在违约事实及应否承担违约责任的重要准则。

（二）诚实信用履行原则

诚实信用履行原则是指当事人在履行合同义务时，应当诚实、守信、善意，不滥用权利或者规避义务。诚实信用原则要求确保当事人的合同利益关系在合同履行过程中达到平衡，要求当事人在履行合同过程中，应当及时将与合同履行活动密切相关的情况相互告知；相互为对方履行创造必要的条件；当发生不能履行或不能全面履行合同义务情形时，应采取积极措施，防止损失扩大；各方当事人应当严格保守合同中涉及的商业秘密。

二、合同履行的规则

（一）合同条款存在缺陷时的履行规则

合同生效后，当事人可以根据平等、自愿、公平、诚信的原则，对合同中没有约定或者约定不明确的条款通过协商达成补充协议；不能达成补充协议的，按照合同有关条款或者交易习惯确定。当事人无法通过协商或其他方式确定条款内容的，适用《合同法》第六十三条的规定履行。

（1）质量要求不明确的，按照国家标准、行业标准履行；没有国家标准、行业标准的，按照通常标准或者符合合同目的的特定标准履行。

(2)价款或者报酬不明确的,按照订立合同时履行地点的市场价格履行;依法应当执行政府定价或者政府指导价格的,按照规定履行。

(3)履行地点不明确,给付货币的,在接受货币一方所在地履行;交付不动产的,在不动产所在地履行;其他标的,在履行义务一方所在地履行。

(4)履行期限不明确的,债务人可以随时履行,债权人也可以随时要求履行,但应当给对方必要的准备时间。

(5)履行方式不明确的,按照有利于实现合同目的的方式履行。

(6)履行费用的负担不明确的,由履行义务一方负担。

(二)合同履行过程中价格发生变动时的履行规则

合同约定执行政府定价或者政府指导价的,在合同约定的交付期限内政府价格调整时,按照交付时价格计算。逾期交付标的物的,遇价格上涨时,按照原价格执行;价格下降时,按照新价格执行。逾期提取标的物或者逾期付款的,遇价格上涨时,按照新价格执行;价格下降时,按照原价格执行。

(三)提前履行和部分履行的规则

债权人可以拒绝债务人提前履行或部分履行债务,但提前履行或部分履行不损害债权人利益的除外。债务人提前履行或部分履行债务给债权人增加的费用,由债务人负担。

(四)债务人向第三人履行或者第三人向债权人履行债务的履行规则

当事人可以约定由债务人向第三人履行合同债务。但如果债务人无力向第三人履行债务或者履行债务不符合约定的,债务人仍应当向债权人承担违约责任。同样,如果当事人约定由第三人向债权人履行债务,而第三人不履行债务或者履行债务不符合约定的,则债务人仍应当向债权人承担违约责任。

(五)当事人某些事项变化时的履行规则

当事人订立合同后合并的,由合并后的法人或者其他组织行使合同权利,履行合同义务。当事人订立合同后分立的,除债权人和债务人另有约定的以外,由分立后的法人或者其他组织对合同权利和义务享有连带债权,承担连带责任。

合同生效后,当事人不得因姓名、名称的变更或者法定代表人、负责人、承办人的变动而不履行合同义务。

三、双务合同履行中的抗辩权

为了使当事人在法定情况下可以对抗对方的请求权,使当事人的拒绝履行行为不构成违约,以更好地维护当事人的合法权益,合同法设置了履行抗辩权利,赋予当事人在合同履行中,依法享有对抗对方当事人的履行请求,暂时拒绝履行其合同义务的权利。根据《合同法》第六十六条、第六十七条、第六十八条的规定,双务合同的当事人依法享有以下抗辩权。

(一)同时履行抗辩权

同时履行抗辩权是指双务合同的当事人对履行顺序没有约定,或者根据交易习惯无法确定先后顺序时,当事人应当同时履行自己义务,当事人一方在对方未履行债务或者履行债务不符合约定时,享有拒绝其全部或者相应的履行要求的权利。

同时履行抗辩权属于延期的抗辩权,其效力仅表现在当事人一方要求对方履行义务时,自己也必须同时履行其义务;反之,在对方提出请求履行时,如对方未履行其义务,则可以暂时拒绝履行自己的义务。当事人因行使同时履行抗辩权致使合同迟延履行的,迟延履行责任由对方当事人承担。

(二)后履行抗辩权

后履行抗辩权是指在双务合同中应当先履行债务的一方未履行债务或者履行债务不符合约定时,后履行的一方享有拒绝其全部或者相应的履行要求的权利。

后履行抗辩权的法律效力,是后履行一方暂时中止履行自己债务,以对抗先履行一方的履行请求权,从而保护自己的期限利益、顺序利益。先履行一方的当事人如果完全履行了合同义务,则后履行抗辩权消灭,后履行一方须按照合同约定履行其债务。

(三)不安抗辩权

不安抗辩权是指双务合同成立后,应当先履行的当事人有证据证明对方不能履行义务,或者有不能履行合同义务的可能时,在对方没有履行或者提供担保之前,有权中止履行合同义务。

1. 中止履行的条件

先履行债务的当事人,有确切证据证明对方有下列情形之一时,可以中止履行合同:

(1)经营状况严重恶化;

(2)转移财产、抽逃资金,以逃避债务;

(3)丧失商业信誉;

(4)有丧失或者可能丧失履行债务能力的其他情形。

此外,债权人分立、合并或者变更住所没有通知债务人,致使履行债务发生困难的,债务人也可以中止履行合同或者将标的物提存。

债务人中止履行合同必须立即通知另一方当事人。

2. 合同中止履行的法律后果

(1)合同中止履行后,另一方恢复履行合同能力或者对履行合同提供了适当担保的,中止履行一方应当履行合同。

(2)对方在合理的期限内未恢复履行能力或者未能提供适当担保的,中止履行一方可以解除合同并要求赔偿损失。

(3)中止履行方所持有的另一方不能履行合同的证据不确切,或者没有将中止履行合同的决定立即通知对方,或者当对方已经恢复履行能力、对履行合同提供了适当担保时仍不履行合同,中止履行一方应当承担违约责任。

四、合同保全

合同的保全是指为防止债务人的财产不正当减少而给债权人的债权带来危害时,允许债权人采取一定的法律手段保护其债权的法律制度。

合同保全制度的实质是通过赋予债权人行使代位权和撤销权,保持债务人自身的偿债能力,从而对可能发生的危害债权人债权的后果起到保障作用。

（一）债权人的代位权

代位权是指债务人怠于其行使权利，债权人为保全债权，以自己的名义向第三人行使债务人现有债权的权利。债权人行使代位权须具备以下四个条件：

（1）需债务人对第三人享有债权，倘若债务人没有对外的债权，就无所谓代位权。债务人对第三人的债权尚需是非专属于债务人本身的权利。

（2）需债务人怠于行使其债权，债务人应当收取债务，且能够收取，而不收取。

（3）债务人怠于行使自己的债权，已危害债权人的债权。

（4）需债务人已陷于迟延履行。债务人的债务未到履行期和履行期间未届满的，债权人不能行使代位权。债务履行期间已届满，债务人陷于迟延履行，债权人方可行使代位权。

债权人行使代位权，应以自己的名义向人民法院提出请求。代位权的行使范围以债权人的债权为限。债权人行使代位权的必要费用，由债务人负担。

（二）债权人的撤销权

撤销权是指债权人享有的请求人民法院撤销债务人所为的不正当处分财产，危害债权人的行为的权利。

债务人不正当处分财产的行为有：放弃其到期债权、无偿转让财产，或以明显不合理的低价转让财产。债权人行使撤销权，必须向人民法院提起诉讼。撤销权的行使范围以债权人的债权为限。债权人行使撤销权的必要费用，由债务人负担。撤销权自债权人知道或者应当知道撤销事由之日起1年内行使。自债务人的行为发生之日起5年内债权人没有行使撤销权的，该撤销权消灭。

第五节　合同的变更、转让和终止

一、合同的变更

（一）合同变更的概念

合同的变更是指合同成立后，当事人在原合同的基础上对合同的内容进行修改或者补充。

合同依法成立后，对双方当事人都有法律约束力，双方必须严格按照合同约定来履行自己的义务，任何一方都不得擅自变更依法成立的合同。但如果出现了不利于实现合同目的的情况，当事人可以依照法定程序和条件变更合同。

合同变更的含义，不包括合同当事人的改变。虽然从广义上讲，合同主体的改变也是合同变更的一种原因，但是合同法对合同主体的变化，即债权人和债务人的改变，是通过债权转让和债务转让的制度调整的。所以，合同变更仅指合同中权利和义务关系的变更，不包括合同主体的变更。

（二）合同变更的条件

变更合同内容须当事人自愿协商，并达成一致意见。为防止发生纠纷，当事人对合同变更的内容应作明确约定，变更内容约定不明确的，推定为未变更。法律、行政法规规定变更合同应当办理批准、登记等手续的,应当依照规定办理有关手续。

合同变更后,当事人应当按照变更后的合同履行。合同的变更,仅对变更后未履行的部分有效,对已履行的部分无溯及力。因合同的变更而使一方当事人受到损失的,除依法可以免除责任的以外,应由责任方负责赔偿。

二、合同的转让

合同的转让,即合同主体的变更,指当事人将合同的权利和义务全部或者部分转让给第三人。合同的转让有三种情况:合同权利的转让、合同义务的转让、合同权利和义务一并转让。

(一)合同权利的转让

合同权利转让是指不改变合同权利的内容,由债权人将合同权利的全部或者部分转让给第三人。合同权利全部转让的,原合同关系消灭,受让人取代原债权人的地位,成为新的债权人,原债权人脱离合同关系。合同权利部分转让的,受让人作为第三人加入到合同关系中,与原债权人共同享有债权。

发生下列情形时,债权人不得转让合同权利:

(1)根据合同性质不得转让。委托代理关系是基于人身信任关系而产生的债权,专为特定债权人利益设定的债权,以及人身类债权,如遗赠扶养协议等。

(2)根据当事人约定不能转让。

(3)依照法律规定不得转让。

债权人转让权利,不需要经债务人同意,但应当通知债务人。未经通知,该转让对债务人不发生效力。债权人转让权利的通知不得撤销,但经受让人同意的除外。

债权人转让权利的,受让人取得与债权有关的从权利,但该从权利专属于债权人自身的除外。债权人转让主权利时应当将从权利一并转让,受让人在得到权利的同时,也取得与债权人有关的从权利。

债务人接到债权转让通知后,债务人对让与人的抗辩,可以向受让人主张。债务人的抗辩权是其固有的一项权利,并不随权利的转让而消灭。所以,在权利转让的情况下,债务人可以向作为受让人的新债权人行使该权利。受让人不得以任何理由拒绝债务人权利的行使。债务人行使的抗辩权包括同时履行抗辩权、先诉抗辩权、合同撤销的抗辩权、债权已履行完毕的抗辩权、债权无效的抗辩权、诉讼时效已过的抗辩权等。债务人可以行使这些抗辩权对抗债权人的请求权。

债务人接到债权转让通知时,债务人对让与人享有债权,并且债务人的债权先于转让的债权到期或者同时到期的,债务人可以向受让人主张抵销。

(二)合同义务的转让

合同义务的转让是指经债权人同意,债务人将合同的义务全部或部分转让给第三人。债务人全部转让合同义务时,新的债务人完全取代旧的债务人的地位,承担全面履行合同义务的责任;债务人部分转让合同义务时,新的债务人加入到原债务中,和原债务人一起向债权人履行义务。债务人不论转移的是全部义务还是部分义务,都需要征得债权人同意。未经债权人同意,债务人转移合同义务的行为对债权人不发生效力。债权人有权拒绝第三人向其履行，同时有权要求债务人履行义务并承担不履行或者迟延履行合同的法律责任。

债务人转移义务的，新债务人可以主张原债务人对债权人的抗辩。新债务人享有的抗辩权包括同时履行抗辩权、先诉抗辩权、合同撤销的抗辩权、债务已履行完毕的抗辩权、债权无效的抗辩权、诉讼时效已过的抗辩权等。

债务人转移义务的，新债务人应当承担与主债务有关的从债务，但该从债务专属于原债务人自身的除外。

（三）合同权利和义务的一并转让

权利和义务一并转让又称为概括转让，是指合同一方当事人将其权利和义务一并转移给第三人，由第三人全部地承受这些权利和义务。

权利和义务一并转让不同于权利转让或义务转让的是，它是合同一方当事人对合同权利和义务的全面处分，权利义务一并转让的后果，导致原合同关系的消灭，第三人取代了转让方的地位，产生出一种新的合同关系。

合同的权利和义务一并转让，应经对方当事人同意。

合同关系的一方当事人将权利和义务一并转让时，还应当遵守合同法有关转让权利和义务的其他规定：

（1）不得转让法律禁止转让的权利。

（2）转让合同权利和义务时，从权利和从债务一并转让，受让人取得与债权有关的从权利和从债务，但该从权利和从债务专属于让与人自身的除外。

（3）转让合同权利和义务不影响债务人抗辩权的行使。

（4）债务人对让与人享有债权的，可以依照有关规定向受让人主张抵销。

（5）法律、行政法规规定应当办理批准、登记手续的，应当依照其规定办理。

三、合同权利义务的终止

（一）合同权利义务终止的概念

合同权利义务终止是指依法生效的合同，因具备法定情形和当事人约定的情形，合同归于消灭，债权人不再享有合同权利，债务人也不必再履行合同义务。

（二）合同终止的事由

根据《合同法》第九十一条的规定，有下列情形之一的合同的权利义务终止。

1. 债务已经按照约定履行

债务按照合同约定得到履行，当事人订立合同的目的已经实现，产生合同权利义务终止的后果。

2. 合同解除

合同解除是指合同有效成立后尚未全部履行完毕之前，因当事人单方或双方的意思表示而使合同关系提前终止的行为。

合同解除具有以下特征：

（1）合同的解除适用于合法有效的合同。合同只有在生效以后，才存在解除，无效合同、可撤销合同不存在合同解除。

(2)合同解除必须具备法律规定的条件。合同一旦生效,即具有法律拘束力,非依法律规定,当事人不得随意解除合同。

(3)合同的解除必须有解除的行为。即符合法律规定的解除条件,合同还不能自动解除,不论哪方当事人享有解除合同的权利,主张解除合同的一方,必须向对方提出解除合同的意思表示,才能达到合同解除的法律后果。

合同解除可分为约定解除和法定解除两种形式。

约定解除,是指当事人通过双方协商一致或者行使约定的解除权,将合同解除的行为。享有解除权的一方在行使解除权时,应当及时通知对方当事人。合同自通知到达对方时解除。如果对方当事人对解除合同有异议的,可以请求人民法院或者仲裁机关确认解除合同的效力。

法定解除,是指当出现法定的解除条件时,当事人依法解除合同的行为。法定解除的主要特点在于解除合同的条件是法律直接规定的,当条件成就时,享有法定解除权的一方行使解除权,以其单方意思即可解除合同,不必征得对方当事人的同意。享有法定解除权的可以是一方当事人,也可以是双方当事人。

依据《合同法》第九十四条的规定,有下列情形之一的,当事人可以依法行使法定解除权而使合同解除:

(1)因不可抗力致使不能实现合同目的。

(2)在履行期限届满之前,当事人一方明确表示或者以自己的行为表明不履行主要债务。

(3)当事人一方迟延履行主要债务,经催告后在合理期限内仍未履行。

(4)当事人一方迟延履行债务或者有其他违约行为致使不能实现合同目的。

(5)法律规定的其他情形。

合同解除后,尚未履行的,终止履行;已经履行的,根据履行情况与合同性质,当事人可以要求恢复原状或采取其他补救措施,并有权要求赔偿损失。

3. 抵销

抵销是指合同双方当事人互负债务,各以其债权充当债务的履行,使其债务与对方的债务在对等额内相互消灭。抵销分为法定抵销和约定抵销两种形式。

1)法定抵销

法定抵销指当事人互负到期债务,该债务的标的物种类、品质相同的,任何一方可以将自己的债务与对方的债务抵销。

根据《合同法》第九十九条规定,法定抵销应当具备以下条件:

(1)当事人双方互负债务、互享债权。抵销发生的基础在于当事人双方既互负债务,又互享债权,只有债务而无债权或者只有债权而无债务,均不发生抵销。

(2)双方债务均已到期。抵销具有相互清偿的作用,因此只有履行期限届至时,才可以主张抵销;否则,等于强制债务人提前履行债务,牺牲其期限利益。

(3)债务的标的物种类、品质相同。种类相同指合同标的物本身的性质和特点一致。比如都是支付金钱,或者交付同样的种类物。品质相同指标的物的质量、规格、等级无差别。债务种类品质不相同,原则上不允许抵销。

当事人双方互负到期债务的，任何一方可以将自己的债务与对方的债务抵销，但下列情况除外：

(1)依照法律规定不得抵销的；

(2)按照合同的性质不得抵销的。

2)约定抵销

约定抵销，是指当事人双方协商一致，使自己的债务与对方的债务在对等额内消灭。当事人互负债务，标的物种类、品质不相同的，经双方协商一致，也可以抵销，这种抵销为约定抵销。

当事人主张抵销的，应当通知对方。抵销不得附条件或者附期限。

4. 提存

提存是指由于债权人的原因而无法向其交付合同标的物时，债务人将该标的物交给提存机关而使合同权利义务终止的制度。

提存制度的建立，使债务人能及时了结债务关系，避免产生延迟履行的新债务，有利于保护债务人的利益。为了防止债务人滥用提存损害债权人的利益，《合同法》第一百零一条明确规定了债务人提存的原因：

(1)债权人无正当理由拒绝受领。

(2)债权人下落不明。

(3)债权人死亡未确定继承人或者丧失民事行为能力未确定监护人。

(4)法律规定的其他情形。

提存的标的物应当是合同规定应给付的标的物。标的物不适于提存或者提存费用过高的，债务人依法可以拍卖或者变卖标的物，提存所得的价款。

标的物提存后，除债权人下落不明的以外，债务人应当及时通知债权人或者债权人的继承人、监护人。债权人可随时领取提存物。

标的物提存后，不论债权人是否提取，都产生债务消灭的法律后果。根据法律规定，标的物所有权自标的物交付时起转移。提存视为标的物的交付。因此，自提存之日起，提存物的所有权转移，债权人作为提存标的物的所有者，该标的物上的权利由其享有，义务和风险由其承担。因此，标的物提存后，毁损、灭失的风险由债权人承担。提存期间，标的物的孳息归债权人所有。提存费用由债权人负担。

债权人领取提存物的权利，自提存之日起5年内不行使而消灭，提存物扣除提存费用后归国家所有。

5. 免除

免除指债权人抛弃债权，从而消灭合同关系及其他债的关系。

免除是债权人向债务人作出的放弃债权的单方意思表示。债权人为免除时须具备一定的条件：

(1)免除的意思表示，须向债务人或其代理人表示。

(2)债权人须有处分能力，无行为能力人或限制行为能力人不得独自为免除，而应当由其法定代理人作出或征得法定代理人的同意。

(3)债权人作出免除的意思表示，即不得撤回。

(4)不得损害债务人或第三人的合法利益。

免除的效力在于合同权利义务的绝对消灭。债权人免除部分债务的,债务部分消灭;免除全部债务的,债务全部消灭。免除使债务消灭,债务的从债务,如利息债务、担保债务等,均归于消灭。

6. 混同

混同指债权人和债务人同归于一人,致使合同关系及其他债的关系消灭的事实。

合同关系的存在,必须有债权人和债务人,当事人双方混同,合同失去存在基础,自然应当终止。混同发生的原因主要有概括承受和特定承受两种。

1)概括承受

概括承受是发生混同的主要原因。如企业合并,合并前的两个企业之间存在债权债务关系,企业合并后因同归于合并后的企业而消灭。又如债权人继承债务人的债权和债务时,债权债务也会因同归于一人而消灭。

2)特定承受

特定承受即债务人受让债权人的债权,债权人承受债务人的债务,这时也会发生混同,使债权债务归于消灭。

债权债务同归于一人为一种事实,无须任何意思表示,仅有债权债务同归于一人的事实,即发生合同权利义务终止的效果。

7. 法律规定或者当事人约定终止的其他情形

合同终止后,当事人应当遵循诚实信用的原则,根据交易习惯履行通知、协助、保密等义务。当事人一方如果不履行上述义务,给对方当事人造成损失的,应当负责赔偿。合同权利义务终止,不影响合同结算和清理条款的效力。

第六节　合同的担保

合同担保是确保合同得到履行的一种法律制度,是指当事人根据法律规定或合同的约定,为确保债务履行和债权实现而采取的法律保障措施。

我国《担保法》规定了保证、抵押、质押、留置和定金五种担保方式。我国《物权法》对抵押权、质权、留置权作了规定,《担保法》和《物权法》的规定不一致的,适用《物权法》的有关规定。本章仅就保证和定金两种方式进行介绍。

一、保证

保证是指保证人和债权人约定,当债务人不履行债务时,保证人按照约定履行债务或者承担责任的一种担保方式。

保证作为担保法规定的一种担保方式,是指以公民或者法人及其他组织自身的信誉和财产为他人的债务提供担保。在债务人不履行到期债务时,保证人按照约定履行债务或承担保证责任,在保证法律关系中,提供担保的公民、法人或其他组织称为保证人。

(一)保证人

根据《担保法》的规定,凡具有代为清偿债务能力的法人、其他组织或者公民,都可以作为保证人。但有以下情况者不得作为保证人：

(1)国家机关不得作为保证人,但经国务院批准为使用外国政府或者国际经济组织贷款进行转贷的除外。

(2)学校、幼儿园、医院等以公益为目的的事业单位、社会团体不得作为保证人。

(3)企业法人的分支机构、职能部门不得作为保证人。企业法人的分支机构有法人的书面授权的,可以在授权的范围内提供担保。

(二)保证合同

保证合同是保证人与债权人订立的关于担保债务人履行债务的协议。保证合同应当采用书面形式。它可以是专门性的保证合同书,也可以是经保证人签字的主合同中的保证条款。此外,保证人向债权人出具的保函、传真等,也具有保证作用。

保证合同应当包括以下内容：

(1)被保证的主债权种类、数额。

(2)债务人履行债务的期限。

(3)保证的方式。

(4)保证担保的范围。

(5)保证的期间。

(6)双方认为需要约定的其他事项。

保证合同不完全具备上述内容的,可以进行补正。

(三)保证方式

保证方式是保证人承担保证责任的方式。《担保法》规定了一般保证和连带责任保证两种方式。

1. 一般保证

一般保证是指当事人在保证合同中约定,债务人不能履行债务时,由保证人承担保证责任的一种保证方式。

一般保证的保证人对债权人享有先诉抗辩权。所谓先诉抗辩权,即在主合同纠纷未经审判或者仲裁,并就债务人财产依法强制执行仍不能履行债务前,保证人对债权人可以拒绝承担保证责任的一种权利。《担保法》同时规定了对保证人行使先诉抗辩权的限制。

有下列情形之一的,保证人不得行使先诉抗辩权：

(1)债务人住所变更,致使债权人要求其履行债务发生重大困难的；

(2)人民法院受理债务人破产案件,中止执行程序的；

(3)保证人以书面形式放弃先诉抗辩权的。

2. 连带责任保证

连带责任保证是指当事人在合同中约定债务人不履行到期债务时,保证人与债务人对债务承担连带责任的保证方式。只要债务人在主合同规定的债务履行期届满时没有履行债务,债权人可以直接要求保证人在其保证范围内承担保证责任。当事人对保证方式没有约定或者约定不明确的,按照连带责任保证承担保证责任。

(四)保证责任

保证责任是指当债务人届期不履行债务时,保证人依合同约定或法律规定所承担的代为履行或代为赔偿的责任。

1. 保证担保的范围

保证担保的范围包括主债务及利息、违约金、损害赔偿金和实现债权的费用。保证合同另有约定的，按照约定。当事人对保证担保的范围没有约定或者约定不明确的，保证人应当对全部债务承担责任。

2. 保证期间

保证期间是指保证人承担保证责任的时间限度。它始于主合同债务履行期届满之日，止于保证责任消灭之日。保证期间可以由双方当事人自由约定。约定保证期间的，保证人在约定的期间内承担保证责任；未约定保证期间的，《担保法》规定，保证期间为主债务履行期届满之日起6个月。

3. 保证责任的消灭

保证责任即保证之债是一种从债，它随主债的产生而产生，消灭而消灭。因此，主债的消灭是保证责任消灭的一般原因。此外，根据《担保法》规定，有下列情形之一的，保证人不承担保证责任或按约定处理：

(1)保证期间，债权人许可债务人转让债务的，应取得保证人的书面同意，保证人对未经其同意转让的债务部分，不承担保证责任。

(2)在合同约定的保证期间，债权人未要求保证人承担保证责任的。

(3)保证期间，债权人和债务人协议变更主合同，未经保证人书面同意的，保证人不再承担保证责任。

(4)同一债权既有保证又有物的担保的，如债权人放弃物的担保的，保证人在债权人放弃权利的范围内免除保证责任。

有下列情形之一的，保证人不承担民事责任：

(1)主合同双方当事人串通，欺骗保证人提供保证的。

(2)主合同债权人采取欺诈、胁迫等手段，使保证人在违背真实意思的情况下提供担保的。

二、定金

(一)定金的概念和特征

定金是合同一方当事人在合同成立后未履行以前，为保障合同履行给付对方的一定数额的货币。定金是一种约定担保方式，只要法律没有特别规定，当事人均可协议采用。

定金有别于人的担保和物的担保，其特征如下：

(1)定金担保以定金交付为要件。担保法规定定金合同从实际交付定金之日起生效，也就是说，如果仅有定金合同而未交付定金，则合同就不成立。

(2)在合同履行后，定金可以抵作价款，即定金具有预先给付的性质。

(3)定金的数额不得超过主合同标的额的20%，超过部分无效。具体数额由当事人约定。

(二)定金罚则及其适用

定金罚则即定金的效力规则。其具体内容是：给付定金的一方不履行合同的，无权要求返还定金；接受定金的一方不履行合同的，应当双倍返还定金。当事人不完全履行合同的，仅就不履行部分无权要求返还或者双倍返还定金。另外，当事人接受了定金罚则后不能免除合同中约定的或者法律规定的其他违约责任。

当事人既约定违约金，又约定定金的，一方违约时，对方可以选择适用违约金条款或定金条款。

第七节　违约责任

一、违约责任的概念和特征

违约责任是合同当事人违反合同约定所要承担的民事责任。违约责任是合同具有法律约束力的集中体现，它对于约束当事人自觉履行合同，有效地预防违约行为的发生，切实保障当事人的合法权益，维护正常的社会经济秩序，有着十分重要的作用。

违约责任和其他民事责任相比较，主要有以下法律特征：

(1)违约责任是当事人不履行或不当履行合同所产生的责任。违约责任的产生以合同当事人不履行合同义务为条件。因此，当事人订立的合同必须是有效合同，如果合同未成立、无效或者被撤销，均不会产生违约责任。

(2)违约责任具有强制性和任意性的双重属性。违约责任的强制性是指在发生违约时，债权人可以请求强制债务人承担违约责任。违约责任的任意性是指违约责任的确定，除法律强制规定外，当事人可以在法律规定的范围内自主、自愿地约定。

(3)违约责任具有补偿性和惩罚性。违约责任作为民事责任的一种，主要是一种财产责任。而追究违约责任的目的，主要是补偿因违约行为而给对方所造成的财产损失，以完全补偿为原则。但在特殊情况下，违约责任也体现出惩罚性，如定金罚则。

(4)违约责任具有相对性。即违约责任只能在合同关系的当事人之间发生，合同关系以外的人不负违约责任，合同当事人也不对其承担违约责任。

二、违约责任的归责原则

归责原则是指在进行违约行为所致事实后果的归属判断时应当遵循的原则和基本标准。

根据《合同法》第一百零七条的规定，违约责任适用严格责任原则，即只要当事人一方不履行合同义务或者履行合同义务不符合约定，而不论违约主观上是否有过错，都必须承担违约责任。

严格责任原则是指确定违约当事人的责任，应主要考虑是否存在违约行为，而不是违约方主观心理状态。在严格责任原则下，违约责任与违约行为直接相连，两者的因果关系非常明确，有利于督促合同当事人履行合同义务。严格责任是合同法发展的方向。

违约行为是指当事人一方不履行合同义务或者履行合同义务不符合约定的行为。根据违约的时间分为预期违约和届期违约两种类型。

(1)预期违约是指当事人在合同订立之后履行期限届满之前，明确表示或者以自己的行为表明不履行合同义务的行为。当事人预期违约时，对方当事人有权在履行期限届满之前要求预期违约者承担违约责任。

(2)届期违约是指合同约定的履行期限届满后未履行合同义务的行为。具体表现为违约方完全不履行、不完全履行或不适当履行合同义务。

当事人违约应当承担违约责任。合同双方当事人都有违约行为的，当事人双方应依其过错各自承担相应的责任。当事人因第三人的原因造成违约，并没有免责事由的，应当向对方承担违约责任。当事人一方与第三人之间的纠纷，依照法律规定或者按照约定解决。

三、违约责任的承担方式

(一)继续履行

继续履行是指当事人一方不履行合同义务或者履行合同义务不符合约定时，另一方当事人可要求违约方在合同履行期限届满后，继续按照原合同约定的主要条件完成合同义务的行为。

继续履行适用较多的是对金钱债务的违约，即当事人所负的债务直接表现为支付货币义务。非金钱债务违约遇有下列情形之一时，守约方不能要求违约方继续履行：

(1)法律上或者事实上不能履行。

(2)债务的标的不适于强制履行或者履行费用过高。

(3)债权人在合理期限内未要求对方履行。

(二)采取补救措施

采取补救措施指违约方旨在消除或减轻违约后果而采取的特殊救济措施，是一种与强制履行、赔偿损失等相对独立的违约责任形式。违约补救措施是一项极富弹性的违约救济措施，既可以是对违约后果的消除或减轻，如合同履行的质量不符合约定的，受损害方可根据标的性质以及损失的大小，合理选择请求对方承担修理、更换、重作、退货、减少价款或者报酬等违约责任；也可以是继续履行合同义务以实现当事人目的，如供方积极组织货源，给需方尽可能地供应所需货物。

补救措施的采取必须遵循诚实信用、协商一致的原则，并且必须适当，不能超过合理的限度。当事人一方不履行合同义务或者履行合同义务不符合约定，在履行义务或者采取补救措施后对方还有其他损失的，应当赔偿损失。

(三)赔偿损失

赔偿损失是违约方因不履行或者不完全履行合同义务给对方造成损失时，依照法律或者根据合同约定应当承担赔偿责任。

赔偿损失的属性是补偿，弥补守约方所遭受的损失。这种属性决定赔偿损失的适用前提是违约行为造成财产等损失的后果，如果违约行为未给非违约人造成损失，则不能用赔偿损失的方式追究违约人的民事责任。

1. 赔偿损失的范围

《合同法》第一百一十三条规定，当事人一方不履行合同义务或者履行合同义务不符合约定，给对方造成损失的，损失赔偿额应当相当于因违约所造成的损失，包括合同履行后可以获得的利益。即赔偿损失以完全赔偿为原则。违约方应对其违约行为所造成的全部损失负责。赔偿全部损失，包括直接损失和间接损失。直接损失指财产上的直接减少。间接损失又称可得利益损失，指失去的可以预期取得的利益。可得利益的求偿不能任意扩大，"不得超过违反合同一方订立合同时预见到或者应当预见到的因违反合同可能造成的损失"。即法律采取预见性限制赔偿范围的随意扩大，预见性有三个要件：一是预见的主体为违约人，而不是非违约人；二是预见的时间为订立合同之时，而不是违约之时；三是预见的内容为立约时应当预见的违约的损失，预见不到的损失，不在赔偿范围之列。

2. 赔偿损失的计算

金钱赔偿是赔偿损失的主要方式。金钱赔偿时遇违约人资金困难，若违约人有其他财产，可以折抵相应金额，代物赔偿，即以其他财产替代赔偿。

金钱赔偿、折抵赔偿都涉及损失赔偿额的确定。损失赔偿额的计算，关键是确定标的物价格的计算标准，计算标准涉及标的物种类和计算的时间及地点。如果法律规定或者当事人约定了赔偿损失的计算方法，则按该方法计算损失赔偿额。

当事人为防止损失扩大而支出的合理费用也应当由违约方承担，但是若一方违约后对方应当采取而未采取适当措施致使损失扩大的，扩大部分不能要求违约方赔偿。

（四）违约金

违约金是当事人在合同中约定的或者由法律规定的，一方违约时应当向对方支付的一定数额的货币的责任形式。

违约金有法定违约金和约定违约金之分。由法律直接规定的违约金为法定违约金。由当事人约定的违约金为约定违约金。

当事人约定了违约金的，一方违约时，应当按照该约定支付违约金。约定的违约金低于造成的损失的，当事人可以请求人民法院或者仲裁机构予以增加；约定的违约金过分高于造成的损失的，当事人可以请求人民法院或者仲裁机构予以适当减少。

当事人约定违约金时，既可以直接约定一方违约时应当根据违约情况向对方支付一定数额的违约金，也可以约定因违约产生的损失赔偿额的计算办法。

当事人就迟延履行约定违约金的，违约方支付违约金后，还应当依照未违约方要求履行债务。

（五）定金

定金既是担保的一种形式，也可以作为违约责任形式，主要表现为适用定金罚则对违约行为进行制裁。

《合同法》第一百一十五条规定：当事人可以依照《中华人民共和国担保法》约定一方向对方给付定金作为债权的担保。债务人履行债务后，定金应当抵作价款或者收回。给付定金的一方不履行约定的债务的，无权要求返还定金；收受定金的一方不履行约定的债务的，应当双倍返还定金。

定金作为一种违约责任形式，其适用不以实际发生的损害为前提，无论一方的违约是否给对方造成损失，都可能导致定金责任。因此，定金具有强烈的惩罚性。定金的数额由当事人约定，但不得超过主合同标的额的20%。

当事人既约定违约金，又约定定金的，一方违约时，对方可以选择适用违约金或者定金条款。但由于二者在目的、性质、功能等方面具有共性而不能并用。当事人执行定金条款后不足以弥补所受损害的,仍可以请求赔偿损失。

四、违约行为与侵权行为的竞合

违约行为与侵权行为的竞合,是指行为人的不法行为同时符合违约要件和侵权要件,导致违约责任与侵权责任一并产生。

违约责任引发债权人索赔的请求权,侵权责任也引发债权人索赔的请求权,两个请求权有重叠之处,形成请求权的竞合。如果允许债权人不受限制地行使两个请求权,就会导致债务人因请求权的重叠而承担双重民事责任,造成不公。

在违约行为与侵权行为发生竞合的情况下,为了防止不当得利,受害方应当在违约赔偿请求与侵权赔偿请求中主张其一,选择依照合同请求对方承担违约责任或者依照其他法律请求对方承担侵权责任,不能作双重要求。

五 、违约责任的免除

违约责任的免除是指违约方虽存在违约行为,但可免于承担违约责任的情形。违约责任的免除主要包括两种情形:其一是债权人放弃追究债务人的违约责任;其二是存在免责事由。

免责事由是法律规定或者合同约定的免除当事人违约责任的情形。根据合同法的规定,免责事由主要有法定的免责事由和当事人约定的免责事由。

法定的免责事由主要指不可抗力。不可抗力是指不能预见、不能避免并且不能克服的客观情况,如自然现象、政府行为、社会异常现象等。当事人因不可抗力不能履行合同的,可以根据不可抗力的影响,部分或全部免除责任,但当事人应当及时通知对方,以减轻可能给对方造成的损失,并应当在合理期限内提供证明。当事人迟延履行后发生不可抗力的,不能免除责任。

约定的免责事由包括免责条款和当事人约定的不可抗力的范围,但这种约定必须是合法的,不得违反法律的强制性规定。

本章小结

合同是民事主体实现其意志自由的主要方式,合同法是市场经济的基本交易规则。合同又称契约,是指平等主体的自然人、法人、其他组织之间设立、变更、终止民事权利义务关系的协议。合同效力是指已经成立的合同对当事人的法律约束力。合同履行是指合同生效后,当事人双方按照合同约定的内容,全面、适当地完成各自所承担的义务的行为。合同的变更是指合同成立后,当事人在原合同的基础上对合同的内容进行修改或者补充。合同权利义务终止是指依法生效的合同,因具备法定情形和当事人约定的情形,合同归于消灭,债权人不再享有合同权利,债务人也不必再履行合同义务。合同法重在维护合同当事人对自身利益的判断,从维护市场经济运行机制的角度,要维护市场交易秩序。

思考题

1. 简述承诺的要件。

2. 简述合同解除与合同撤销的区别。

3. 简述合同被确认无效或被撤销的法律后果。

4. 简述合同成立与合同生效的区别。

5. 简述合同履行的基本原则。

练习题

1. 下列情形中属于效力待定合同的有(　　)。

A. 10 周岁的少年出售劳力士金表给 40 岁的李某

B. 5 周岁的儿童因发明创造而接受奖金

C. 成年人甲误将本为复制品的油画当成真品购买

D. 出租车司机借抢救重病人急需租车之机将车价提高 10 倍

2. 甲和乙合作开办了宏都干洗店,丙将一件皮衣拿到干洗店清洗,交给正在营业中的甲,并向甲交付清洗费 100 元。该合同关系的主体是(　　)。

A. 甲和丙　　B. 乙和丙　　C. 甲、乙和丙　　D. 宏都干洗店和丙

3. 在以招标方式订立合同时,属于要约性质的行为是(　　)。

A. 招标　　B. 投标　　C. 开标　　D. 决标

4. 某商店橱窗内展示的衣服上标明"正在出售",并且标示了价格,则"正在出售"的标示视为(　　)。

A. 要约　　B. 承诺　　C. 要约邀请　　D. 既是要约,又是承诺

5. 合同终止以后当事人应当遵循保密和忠实等义务,此种义务在学术上称为后契约义务。此种义务的依据是(　　)。

A. 自愿原则　　B. 合法原则　　C. 诚实信用原则　　D. 协商原则

6. 某企业在其格式劳动合同中约定:员工在雇用工作期间的伤残、患病、死亡,企业概不负责。如果员工已在该合同上签字,该合同条款(　　)。

A. 无效　　B. 是当事人真实意思的表示,对当事人双方有效

C. 不一定有效　　D. 只对一方当事人有效

7. 根据《合同法》第五十五条的规定,撤销权人行使撤销权的期限为 1 年,此 1 年为(　　)。

A. 不变期间,不适用诉讼时效中止、中断或者延长的规定

B. 不变期间,不适用诉讼时效中止、中断的规定,但适用诉讼时效延长的规定

C. 不变期间,适用诉讼时效中止、中断的规定,但不适用诉讼时效延长的规定

D. 不变期间,适用诉讼时效中止、中断或延长的规定

8. 甲公司与乙公司签订买卖合同。合同约定甲公司先交货。交货前夕,甲公司派人调查乙公司的偿债能力,有确切材料证明乙公司负债累累,根本不能按时支付货款。甲公司遂暂时不向乙公司交货。甲公司的行为是(　　)。

A. 违约行为　　B. 行使同时履行抗辩权

C. 行使先诉抗辩权　　D. 行使不安抗辩权

第六章　知识产权法律制度

学习目标

1.了解知识产权的概念、范围，了解我国知识产权法律体系，了解知识产权国际公约及其所确定的基本原则；

2.掌握我国商标法、专利法和著作权法的基本内容；

3.根据知识产权法的相关规定分析和解决实际问题。

第一节　知识产权法概述

一、知识产权的概念和范围

(一)知识产权的概念

知识产权是指创造性智力成果的完成人或商业标志的所有人依法所享有的权利的统称,包括著作权、专利权、商标权及商业秘密权、植物新品种权、集成电路布图设计权、地理标志权等其他知识产权。

知识产权具有以下特点:

(1)权利客体是一种无体财产。知识产权的客体不是有形物,而是知识、信息等抽象物。

(2)权利具有地域性。知识产权的地域性是指,按照一国法律获得承认和保护的知识产权,只能在该国发生法律效力,而不具有域外效力。知识产权域外效力的取得,对著作权而言,依赖于国际公约或者双边协定;专利权、商标权则必须由他国行政主管机关确认,方可产生法律效力。

(3)权利具有时间性。知识产权有一定的有效期限,无法永远存续。知识产权在法律规定的有效期限内受到保护,超过法定期间,相关的智力成果就不再是受保护客体,而成为社会的共同财富,为人们自由使用。

(二)知识产权的范围

广义的知识产权,从权利类型来说,包括著作权、专利权、商标权和其他知识产权;从保护对象来说,包括作品、发明创造、商标等商业标识、未公开信息、植物新品种、集成电路等各类知识产品、信息产品。

狭义的知识产权是指由著作权(含邻接权)、专利权和商标权三个部分组成的传统知识产权，涉及的对象为作品、发明创造及商标。

划定广义知识产权范围的依据通常为两个国际公约，一个是《世界知识产权组织公约》，另一个是 WTO（世界贸易组织）《与贸易有关的知识产权协议》。当前尤其应当注意 WTO《与贸易有关的知识产权协议》，广义的知识产权与该协议保护的知识产权完全一致。以 WTO《与贸易有关的知识产权协议》为据，广义的知识产权包括以下权属：知识产权、版权、工业产权、创造性成果权、著作权、邻接权（相关权利）、专利权、工业品外观设计权、集成电路布图设计权、商业秘密权、识别性标记权、商标权及地理标志权。

二、我国知识产权法律体系

知识产权法是指因调整智力成果的归属、利用和保护而产生的各种社会关系的法律规范的总称。

（一）我国知识产权法律体系的形成

我国自 20 世纪 80 年代以后开始全面建设知识产权制度，于 1983 年、1985 年、1991 年和 1993 年先后颁布并实施了《中华人民共和国商标法》《中华人民共和国专利法》《中华人民共和国著作权法》和《中华人民共和国反不正当竞争法》及这些法律的细则、条例等配套法规。基于加入世界贸易组织的需要，我国于 2000 年修订了《专利法》，2001 年、2010 年分别修订了《著作权法》和《商标法》。2013 年 1 月 16 日，国务院第 231 次常务会议修正通过了《中华人民共和国著作权法实施条例》，并予以公布，自 2013 年 3 月 1 日起施行。

在知识产权国际保护方面，我国于 1985 年参加了《保护工业产权巴黎公约》（简称《巴黎公约》），1992 年参加了《保护文学和艺术作品伯尔尼公约》（简称《伯尔尼公约》），还先后参加了一些涉及著作权、著作邻接权、专利权、商标权等方面的专门公约。

我国的知识产权法律体系由以下四个方面的法律制度组成：

（1）著作权法律制度。著作权法律制度以保护作者和传播者的专有权利为宗旨，客体范围除文学、艺术、科学作品外，还有计算机软件。

（2）专利权法律制度。专利权法律制度以保护发明创造专利权为宗旨，保护客体为发明、实用新型和外观设计。

（3）商标权法律制度。商标权法律制度保护客体为工商业活动中的商品商标和服务商标，保护注册商标所有人对标记的独占性权利。

（4）其他知识产权的保护。我国已制定了《中华人民共和国植物新品种保护条例》《集成电路布图设计保护条例》。地理标志、商业秘密的保护适用《反不正当竞争法》《合同法》等法律。

我国加入的有关知识产权保护国际公约是我国国内法的重要组成部分，不过就法律适用而言，国际公约的规定并不是由我国的司法和行政执法机关直接适用，而是根据国际公约的要求修改或者制定国内法，然后由人民法院和行政执法机关加以适用。只有在保护外国知识产权的情况下，我国法律没有规定或者规定与国际公约冲突时，才可直接适用国际公约的规定。

（二）知识产权保护国际公约及所确定的基本原则

在我国加入的多个知识产权保护国际公约中，有两个尤其应予以注意，一个是《巴黎公约》，另一个是《伯尔尼公约》。二者都涉及保护范围、基本原则、最低保护标准等方面的内容，而其中关于基本原则的规定，构成公约最基本的，也是最重要的内容，主要有以下四项原则。

1. 国民待遇原则

国民待遇原则是两个国际公约共同的基本原则。它的含义是：在知识产权的保护上，成员国必须在法律上给予其他成员国的国民以本国国民所享有的同样待遇。按照公约的规定，可享有国民待遇的外国人，首先是成员国的国民，包括自然人，也包括法人。其次，非成员国的国民满足一定条件的也可享有国民待遇。就著作权而言，只要其作品在该国首先发表；就专利权、商标权而言，只要在该国有经常居所或者有实际从事工商业活动的营业场所，也应当享有同该成员国国民相同的待遇。

2. 独立保护原则

独立保护原则也是两个公约的共同规定。独立保护是指外国人在另一个国家所受到的保护只能适用该国的法律，按照该国法律规定的标准实施。

3. 优先权原则

优先权原则是《巴黎公约》特别规定的基本原则之一，它给以申请人时间上的优惠。具体含义为：在某一个成员国提出的专利申请在 1 年内、提出的商标注册申请半年内给予保留，此后再向其他成员国提出同样内容的第二次申请就被视为第一次申请那一天提出的。享有这种优先利益的人为优先权人。

4. 自动保护原则

自动保护原则是《伯尔尼公约》规定的一个基本原则。其内容为：作者在其他成员国享有和行使该国国民所享有的著作权，不需要履行任何手续。

第二节　商标法

一、商标的概念和种类

商标是指能够将不同的经营者所提供的商品或者服务区别开来，并可为视觉所感知的标记。根据不同的标准，商标有以下多种分类。

（一）平面商标和立体商标

平面商标是指以文字、图形或者文字、图形组合而成的标志。立体商标是指以商品形状或者其容器、包装的形状构成的三维标志。

（二）注册商标和未注册商标

注册商标是商标法保护的对象，其所有人享有商标专用权。未注册商标可以自行在市场上使用，但其使用人不享有商标专用权，一般情况下，无权禁止他人使用相同商标，也无权阻止他人就相同商标提出注册申请。

（三）商品商标和服务商标

服务商标是提供服务的经营者在其向社会提供的服务项目上使用的标记，也称为服务标记。

（四）集体商标和证明商标

集体商标是指以工商业团体、协会或者其他组织名义注册、供该组织成员在工商业活动中使用，以表明使用者在该组织中的成员资格的标志。证明商标是指由对某个具体商品或者服务有检测和监督能力的组织注册，而由注册人以外的人使用于其商品或者服务，用以证明该商品或者服务的原产地、原料、制造方法、质量或者其他特定品质的标记。

二、商标权和商标法概述

（一）商标权

商标权是商标专用权的简称，是指商标主管机关依法授予商标所有人对其注册商标受国家法律保护的专有权。商标注册人依法支配其注册商标并禁止他人侵害的权利，包括商标注册人对其注册商标的排他使用权、收益权、处分权、续展权和禁止他人侵害的权利。

（二）商标法

商标法是调整因商标的确权、使用、管理及保护而产生的各种社会关系的法律规范的总和。

商标法中具体规定了商标注册的原则和条件，商标注册的申请、审查和核准，注册商标的续展、转让和使用许可，商标的异议与争议，商标使用的管理，商标权的保护，商标侵权的认定等内容。商标法不仅是商品生产者和销售者使用商标应当遵守的法律，也是维护消费者利益的法律，同时又是司法机关、行政管理机关加强商标管理、保护商标专用权的依据。

（三）我国商标法立法的概况

1904 年，清政府制定了《商标注册试办章程》。这是我国在半封建半殖民地历史条件下产生的第一部商标法规。此后，1923 年，北洋政府根据上述试办章程重新制定了《商标法》；1930 年，国民政府在此基础上加以修订又公布了一个《商标法》。

1950 年，中华人民共和国中央人民政府政务院批准公布了《商标注册暂行条例》，政务院财政经济委员会公布了《商标注册暂行条例施行细则》。这是新中国成立后的第一个商标法规。由于当时多种经济体制并存，所以采用了商标自由注册的原则。凡是注册的商标，国家保护其专用权，不注册的商标不给以法律保护。

1963 年，国务院颁布了《商标管理条例》及《商标管理条例施行细则》。

1982 年，为适应改革开放的形势，我国制定了新的《中华人民共和国商标法》，并于 1983 年 3 月 1 日正式施行。1988 年 1 月 3 日，国务院批准修订《中华人民共和国商标法实施细则》，国家工商行政管理总局于 1988 年 1 月 13 日颁布实施。

1983 年商标法实施后，随着国内市场的发展和我国相继加入了《巴黎公约》《商标国际注册马德里协定》，1993 年 2 月 22 日，第七届全国人民代表大会常务委员会第三十次会议通过了《关于修改〈中华人民共和国商标法〉的决定》，同时通过了《关于惩治假冒注册商标犯罪的补充规定》。这是我国商标法第一次大的修改。

2001年，随着我国经济的发展，并适应我国加入WTO的进程，2001年10月27日第九届全国人民代表大会常务委员会第二十四次会议通过了《关于修改〈中华人民共和国商标法〉的决定》，修正后的商标法于2001年12月开始施行。这是我国商标法第二次大的修改。

2013年8月30日，第十二届全国人民代表大会常务委员会第四次会议通过了《关于修改〈中华人民共和国商标法〉的决定》。这是我国商标法第三次大的修改。

三、商标权的取得

在我国，取得商标权的唯一途径是商标注册。商标注册是指，商标使用人为取得商标权，将其使用的商标向国家商标主管机关申请，经主管机关审核予以登记备案。我国的商标注册制度包括商标注册的原则、商标注册的条件、商标注册的程序等方面的法律规定。

（一）商标注册的原则

1. 自愿注册原则

自愿注册原则是指在通常情况下，商标使用人可自行决定其使用的商标是否申请注册。需要取得商标专用权的应将商标申请注册。但不注册的商标可以使用，只是不享有专用权，也不得与他人的注册商标相冲突。只有人用药品和烟草制品，必须使用注册商标，否则不得在市场上销售。

2. 申请在先原则

两个以上申请人在同种或类似商品上以相同或近似的商标申请注册时，商标主管机关根据申请时间的先后，决定商标权的归属。如果两个以上的人在同一日申请统一商标的，根据使用在先的事实决定商标权的归属。

申请在先以申请日为标准，申请日是商标局收到申请文件的日期。申请人享有优先权的，其优先权日为申请日。

（二）商标注册的条件

1. 应当具备法定的构成要素

任何能够将自然人、法人或者其他组织的商品与他人的商品区别开来的可视性标志，包括文字、图形、字母、数字、三维标志和颜色组合，以及上述要素的组合，均可以作为商标申请注册。视觉不能感知的音响、气味等商标不能在我国注册。

2. 商标应当具有显著特征

商标的显著特征，可以通过两种途径获得：一是标志本身固有的显著性特征；二是通过使用获得显著性特征。

3. 用作注册的商标标志不得侵害他人在先的权利和利益

（1）不得在相同或类似商品上与已注册或申请在先的商标相同或近似。

（2）不得侵犯他人的其他在先权利，如外观设计专利权、著作权、姓名权、肖像权、商号权、特殊标志专用权、奥林匹克标志专有权、知名商品特有名称、包装和装潢专用权等。

（3）不得以不正当手段抢先注册他人已经使用并有一定影响的商标。

4. 关于地理标志作为商标的特殊规定

所谓地理标志，是指标示某种商品来源于某地区，该商品的特定质量、信誉或者其他特征，主要由该地区的自然因素或者人文因素所决定的标志。商标中有商品的地理标志，而该商品并非来源于该标志所标示的地区，误导公众的，不予注册并禁止使用。

5. 禁止作为商标注册或使用的标志

依照《商标法》第十条的规定，不得作为使用的标志，主要有以下几种：

(1)同中华人民共和国的国家名称、国旗、国徽、军旗、勋章相同或者近似的，以及同中央国家机关所在地特定地点的名称或者标志性建筑物的名称、图形相同的。

(2)同外国的国家名称、国旗、国徽、军旗相同或者近似的，但该国政府同意的除外。

(3)同政府间国际组织的名称、旗帜、徽记相同或者近似的，但经该组织同意或者不易误导公众的除外。

(4)与表明实施控制、予以保证的官方标志、检验印记相同或者近似的，但经授权的除外。

(5)同"红十字""红新月"的名称、标志相同或者近似的。

(6)带有民族歧视性的。

(7)带有欺骗性，容易使公众对商品的质量等特点或者产地产生误认的。

(8)有害于社会主义道德风尚或者有其他不良影响的。

县级以上行政区划的地名或者公众知晓的外国地名，不得作为商标。但是，地名具有其他含义或者作为集体商标、证明商标组成部分的除外；已经注册的使用地名的商标继续有效。

6. 可以使用但不能作为商标注册的标志

依据《商标法》第十一条的规定，不得作为商标注册的标志，主要有以下几种：

(1)仅有本商品的通用名称、图形、型号的。

(2)仅直接表示商品的质量、主要原料、功能、用途、重量、数量及其他特点的。

(3)缺乏显著特征的。

(三)商标注册的程序

申请商标注册的本国申请人可以直接办理，也可以委托商标代理组织办理；外国人或者外国企业在中国申请商标注册或办理其他商标事宜，应当委托依法设立的商标代理机构办理。

申请商标注册应向商标局提交申请书、商标图样，附送有关证明文件，交纳申请费用。

商标局收到申请书件后便开始进行商标审查工作，整个审核程序包括审查、公告异议、核准几个阶段。

对于商标局作出的决定，申请人或者异议人不服的，可以在收到裁定通知之日起 15 天内，向商标评审委员申请复审。当事人对商标评审委员会的裁定不服的，可以自收到通知之日起 30 日内向人民法院起诉。

四、商标权的内容

(一)商标的使用权

商标的使用权,是指注册商标所有人在核定使用的商品上使用核准注册的商标的权利。商标的使用方式主要是直接使用于商品、商品包装、商品容器,也可以是间接地将商标使用于商品交易文书、商品广告宣传、展览及其他业务活动中。

使用权的效力范围,以核准注册商标和核定使用的商品为限。

(二)商标的禁止权

商标的禁止权是指商标所有人禁止任何第三方未经其许可在相同或类似商品上使用与其注册商标相同或近似的商标的权利。禁止权的效力范围大于使用权的效力范围,不仅包括核准注册的商标、核定使用的商品,还扩张到与注册商标相似的商标和与核定商品相似的商品。

(三)商标的许可权

许可权,是指注册商标所有人许可他人使用其注册商标的权利。商标使用许可关系中,许可人应当提供合法的被许可使用的注册商标,监督被许可人使用其注册商标的商品质量。被许可人应在合同约定的范围内使用被许可商标,保证被许可使用商标的商品质量,以及在生产的商品或包装上应标明自己的名称和商品产地。

(四)商标的转让权

商标的转让权是指注册商标所有人将其注册商标转移给他人所有的权利。转让注册商标,除由双方当事人签订转让合同外,转让人和受让人应共同向商标局提出申请,经商标局核准,并予以公告。未经核准登记的,转让合同不具有法律效力。

(五)商标的续展注册

注册商标的有效期为 10 年,但商标所有人需要继续使用该商标并维持专用权的,可以通过续展注册延长商标权的保护期限。续展注册应当在有效期满前 6 个月内办理;在此期间未能提出申请的,有 6 个月的宽展期。宽展期仍未提出申请的,注销其注册商标。每次续展注册的有效期为 10 年,自该商标上一届有效期满次日起计算。续展注册没有次数的限制。

五、注册商标的撤销

商标撤销是指对有问题的已注册商标通过一定程序使其商标权归于消灭。

(一)注册不当商标的撤销

注册不当商标可分为以下两种情况:

(1)商标本身不具备注册条件,违反商标构成的绝对条件,使用了不得作为商标使用的标志,应予以补正。

(2)因商标注册而侵犯他人合法权益,此种有问题商标违反商标注册的相对条件。具体地说,将他人驰名商标抢先注册,侵犯他人著作权、外观设计专利权、姓名权、商号权而取得的注册,以虚假地理标志进行商标注册,抢先注册他人已有一定影响的未注册商标,均侵犯他人合法权利,应予补正。

注册不当商标的撤销根据不同情况有两种途径:

(1)对于违反商标构成绝对条件的不当注册,可由国家商标管理机关依职权撤销,也可因任何人请求由商标评审委员会撤销。

(2)对于侵犯他人在先权利的不当注册,应当在利害关系人自商标注册之日起5年内请求商标评审委员会裁定撤销。恶意注册的,驰名商标所有人不受5年的时间限制。

(二)争议商标的撤销

注册商标的争议是指在后注册的商标与在先注册的商标相同或近似,注册在先的商标所有人对注册在后的商标提出反对意见。

请求撤销相同或近似商标的申请人必须是商标注册人,其商标注册在先。申请撤销的时间为争议商标注册之日起5年内。

(三)商标被撤销的法律效力

被撤销的注册不当商标和争议商标,其商标权视为自始即不存在。撤销注册商标的决定或者裁定,对在撤销前人民法院做出并已执行的商标侵权案件的判决或裁定,工商行政管理机关做出并已执行的商标侵权案件的处理决定,以及已经履行的商标转让或者使用许可合同,不具有追溯力。但是,因商标注册人的恶意给他人造成损失的,应当予以赔偿。

第三节　专利法

一、专利与专利法概述

专利权是基于发明创造,由申请人向国家专利局提出专利申请,经专利局依法审查核准后,向申请人授予的在规定的时间内对该项发明创造享有的独占权。

1474年,威尼斯颁布了世界上第一部《专利法》,奠定了现代专利法律制度的基础。1883年签订的《巴黎公约》标志着专利申请国际化。专利法在知识产权中具有极为重要的地位,对推动科技进步具有重要作用。为保护发明创造,有利于发明创造的推广应用,促进科学技术发展,1984年3月12日,我国第六届全国人民代表大会第四次会议通过了《中华人民共和国专利法》,此后,分别在1992年、2000年和2008年做了三次修正。

二、专利的种类

我国专利法中规定了三种专利,分别为发明专利、实用新型专利和外观设计专利。

(一)发明

专利法意义上的发明是指对产品、方法或者其改进所提出的技术方案。发明可以分为产品发明和方法发明两大类。

(二)实用新型

实用新型是指对产品的形状、构造或者其组合所提出的新的技术方案。实用新型与发明的主要区别有,在种类和范围上比发明小得多,只限于有形体的产品;在技术水平上低于发明。

（三）外观设计

外观设计是指对产品的形状、图案、色彩或其组合做出的富有美感的并适用于工业上应用的新设计。

外观设计的特点是：将美术设计与产品相结合的产物，不涉及产品的实用功能，只是起到美化产品的作用。

三、专利权的主体

专利权的主体即专利权人，是指有权提出专利申请并取得专利权的人。

（一）发明人或设计人

这里的"人"均指自然人。他们是直接参加发明创造活动的人，应排除在发明创造过程中，只负责组织管理工作或者是为物质条件的利用提供方便的人。

发明人可以就非职务发明创造申请专利，申请被批准后，该发明人为专利权人。

（二）合法受让人

合法受让人指依转让、继承方式取得专利权的人，包括合作开发中的合作方、委托开发中的委托方。

（三）发明人的单位

职务发明创造申请专利的权利属于单位，申请被批准后，该单位为专利权人。

认定专利申请人主体资格的关键在于区分职务发明创造和非职务发明创造。《专利法》第六条第一款规定：执行本单位的任务或者主要是利用本单位的物质技术条件所完成的发明创造为职务发明创造。

在这个基础上应注意两个问题：一是利用本单位的物质技术条件所完成的发明创造，如果单位和发明人对权利归属作出约定的，从其约定；无约定的，专利申请权归属于单位。二是职务发明创造的发明人享有发明人身份权和获得奖励报酬的权利。

（四）外国人

具备以下四个条件中任何之一项的外国人，均可在我国申请专利：

（1）其所属国为《巴黎公约》成员国。

（2）其所属国与我国有专利保护的双边协议。

（3）其所属国对我国国民的专利申请予以保护。

（4）该外国人在中国有经常居所或者营业所。

四、专利权的内容

（一）专利权人的权利

1. 独占实施权

发明和实用新型专利权被授予后，除《专利法》另有规定的以外，任何单位或个人未经专利权人许可，都不得实施其专利，即不得为生产经营目的制造、使用、许诺销售、销售、进口其专利产品，或者使用其专利方法及使用、许诺销售、销售、进口依照该专利方法直接获得的产品。外观设计专利权被授予后，任何单位和个人未经专利权人许可，都不得实施其专利，即不得为生产经营目的制造、销售、进口其外观设计专利产品。

上述制造权、使用权、许诺销售权、销售权、进口权构成了专利权人的一项最基本的权利，即独占实施权。

2. 转让权

转让是指专利权人将其专利权转移给他人所有。专利权转让的方式有出卖、赠予、投资入股等。转让专利权的，当事人应当订立书面合同，并向国务院专利行政部门登记，由国务院专利行政部门予以公告。专利权的转让自登记之日起生效。

3. 实施许可权

实施许可是指专利权人许可他人实施专利并收取专利使用费。许可他人实施专利的，应当订立书面合同。该合同为技术合同由合同法调整。

（二）专利权人的义务

专利权人的主要义务是缴纳专利年费。专利年费是为了维持专利权的效力，由专利权人逐年向专利局缴纳的费用。专利权人应当自被授予专利权的当年开始缴纳年费。专利权人不缴纳年费或者缴纳的数额不足的，可能导致专利权终止。

（三）专利权的期限

发明专利权的期限为20年，实用新型专利权、外观设计专利权的期限为10年，均自申请日起计算。此处的申请日，是指向国务院专利行政部门提出专利申请之日。

（四）专利权的限制

专利权的限制有专利实施的强制许可和不视为侵犯专利权的行为两类。

1. 专利实施的强制许可

强制许可也称非自愿许可，是指国家专利主管机关，根据法定事实，不经专利权人许可，允许他人实施发明或者实用新型专利。《专利法》规定了三种情况下的强制许可：

（1）不实施时的强制许可；

（2）公共利益目的的强制许可；

（3）从属专利的强制许可。

取得实施强制许可的单位或者个人不享有独占的实施权，无权许可他人实施。强制许可实施是有偿的，被许可人应当向专利权人支付合理的使用费，其数额由双方协商，双方不能达成协议的，由国务院专利行政部门裁决。

2. 不视为侵犯专利权的行为

（1）专利权用尽。专利权人自己或者许可他人制造、进口的专利产品售出后，任何人使用、许诺销售或者销售该产品的，不再需要经过专利权人的许可，不构成侵犯专利权。

（2）先用权人的实施。在专利申请日以前已经制造相同产品、使用相同方法或者已经做好制造、使用的必要准备的，可以在原有范围内继续制造相同产品、使用相同方法。实施者的这种权利称为先用权。行使先用权的行为，不视为侵犯专利权。

（3）临时过境。外国运输工具临时通过我国领陆、领水或领空，为运输工具其自身需要在装置和设备中使用有关专利的，无须得到我国专利权人的许可，不构成专利侵权。

（4）为科学研究而使用。专为科学研究和实验目的，使用专利产品或者专利方法的，不构成专利侵权。

五、不授予专利权的对象

(1)违反国家法律、社会公德或妨害公共利益的发明创造。

(2)科学发现、智力活动的规则和方法、疾病的诊断和治疗方法、动物和植物品种、用原子核变换方法获得的物质。

六、授予专利权的条件及程序

(一)授予专利权条件

1. 新颖性

新颖性是发明、实用新型、外观设计取得专利权均应具备的条件。

发明、实用新型的新颖性是指,在申请日以前没有同样的发明或者实用新型在国内外出版物上公开发表过、在国内公开使用过或者以其他方式为公众所知,也没有同样的发明或者实用新型由他人向国务院专利行政部门提出过申请并且记载在申请日以后公布的专利申请文件中。

外观设计的新颖性是指,该外观设计同申请日以前在国内外出版物上公开发表过或者国内公开使用过的外观设计不相同和不相近似,并不得与他人在先取得的合法权利相冲突。简言之,新颖性亦即申请日以前未公开过。

申请专利的发明创造在申请日以前6个月内,有下列情况之一的,不丧失新颖性:

(1)在中国政府主办或者承认的国际展览会上首次展出的;

(2)在规定的学术会议或者技术会议上首次发表的;

(3)他人未经申请人同意而泄露其内容的。

2. 创造性

创造性是发明、实用新型取得专利权的条件,其含义是指申请专利的技术同申请日以前已有的技术相比,该发明有突出的实质性特点和显著的进步,该实用新型有实质性特点和进步。

3. 实用性

实用性是指一项发明或者实用新型必须可在实践中实现并能产生积极的效果。

(二)授予专利的程序

1. 专利申请

(1)提交专利申请文件。申请发明和实用新型专利的应提交请求书、说明书、权利要求书等。申请外观设计专利的应提交请求书、图片或者照片等。

(2)修改申请文件。申请文件递交以后,申请人可以对其进行修改。但是修改的内容和范围受到一定限制,对发明和实用新型专利申请文件的修改不得超出原说明书和权利要求书记载的范围,对外观设计专利申请文件的修改不得超出原照片或者图片表示的范围。上述限制性规定的目的在于维护先申请原则,不允许将以后的发明引进原申请使之享有先申请的效力。

2. 专利申请日

专利申请日是专利局收到完整专利申请文件的日期。如果专利申请文件是通过邮局邮寄的，以寄出的邮戳日为申请日，邮戳日不清晰的，除当事人能够提供证明的外，以专利局收到专利申请文件的日期为专利申请日。有优先权的，优先权日为申请日。

优先权是指专利申请人第一次提出专利申请后，在法定期限内，又就相同主题的发明创造提出专利申请的，该在后申请被视为是在第一次提出申请的日期提出的。申请人的这一权利为优先权，首次提出专利申请的日期为优先权日。申请人要求优先权的，应当在申请的时候提出书面声明并且在3个月内提交第一次提出的专利申请文件的副本；未提出书面声明或者逾期未提交专利申请文件副本的，视为未要求优先权。

优先权有国际优先权和国内优先权之分。国际优先权，是指申请人自发明或者实用新型在外国第一次提出专利申请之日起12个月内，或者自外观设计在外国第一次提出专利申请之日起6个月内，又在中国就相同主题提出专利申请时享有的优先权。国内优先权是指申请人自发明或者实用新型在中国第一次提出专利申请之日起12个月内，又向国务院专利行政部门就相同主题提出专利申请时享有的优先权。

（三）专利申请的审批

实用新型和外观设计专利申请，经初步审查没有发现驳回理由的，专利行政部门即可作出授予实用新型专利权或外观设计专利权的决定，发给相应的专利证书，同时予以登记和公告。实用新型专利权和外观设计专利权自公告之日起生效。

发明专利申请在初步审查后还需经过实质审查，实质审查没有发现驳回理由的，由国务院专利行政部门作出授予发明专利权的决定，发给发明专利证书，同时予以登记和公告。发明专利权自公告之日起生效。

（四）专利的复审和无效宣告

1. 专利的复审

复审是指专利申请人对国务院专利行政部门驳回其专利申请不服的，请求专利复审委员会对其专利申请进行再审。

复审请求人必须是被驳回专利申请的申请人。其他任何人都无权就该申请请求复审。复审请求应当在收到驳回专利申请决定的通知之日起3个月内提出。

专利申请人对专利复审委员会作出的决定仍然不服的，可以自收到通知之日起3个月内以专利复审委员会为被告，向中级人民法院提起行政诉讼。

2. 专利的无效宣告

专利的无效宣告，是指自国务院专利行政部门公告授予专利权之日起，任何单位或个人认为该专利权的授予不符合专利法有关规定的，可以向专利复审委员会提出宣告该专利权无效的请求，专利复审委员会对这一请求进行审查，作出维持专利权或者宣告专利权无效的决定。

请求无效宣告的理由即授予专利权的发明创造有悖于专利法规定的实质性条件或程序规则。请求无效宣告的理由主要有以下几个。

1）不符合实质性要件

不符合实质性要件包括：

（1）发明、实用新型不符合“三性”（新颖性、创造性、实用性）要求。

（2）外观设计不符合新颖性要求或者与他人取得的合法权利相冲突。

(3)发明创造违反国家法律、社会公德或者妨碍公共利益。

(4)发明创造不属于专利保护的范围。

2)专利申请文件撰写不当

包括说明书未对发明或者实用新型作出清楚、完整的说明或者权利要求书没有以说明书为依据;申请文件的修改超出了一定的范围。

3)违反了专利申请应遵循的先申请原则或者单一性原则

被宣告无效的专利权应视为自始即不存在。但是,在以下特殊情况下,宣告无效的决定不具有追溯力:

(1)已经做出并已执行的专利侵权判决、裁定和已经履行或者强制执行的专利侵权纠纷处理决定。

(2)已经执行了的专利实施许可合同和专利权转让合同。但显失公平的或因专利权人的恶意给他人造成损失的,应当向对方返还使用费或转让费。

七、专利权的保护

(一)专利侵权行为

专利侵权行为是指在专利权的有效期内,未经专利权人许可,以生产经营为目的实施专利的行为。根据《专利法》第十一条、第五十八条的规定,专利侵权行为的几种表现形式有:

(1)制造专利产品。

(2)使用专利产品、使用专利方法及使用依照该专利方法直接获得的产品。

(3)许诺销售和销售专利产品及许诺销售和销售依专利方法直接获得的产品。

(4)进口专利产品或进口依照专利方法直接获得的产品及假冒他人专利。

(二)诉前临时措施和诉讼中的举证责任

诉前临时措施,是指在诉讼开始之前,为制止正在实施或即将实施的侵权行为所采取的措施。根据《专利法》第六十六条的规定,专利权人或者利害关系人有证据证明他人正在实施或者即将实施侵犯专利权的行为,如不及时制止将会使其合法权益受到难以弥补的损害的,可以在起诉前向人民法院申请采取责令停止有关行为的措施。申请人提出申请时,应当提供担保;不提供担保的,驳回申请。人民法院应当自接受申请之时起 48 小时内作出裁定;有特殊情况需要延长的,可以延长 48 小时。裁定责令停止有关行为的,应当立即执行。当事人对裁定不服的,可以申请复议一次;复议期间不停止裁定的执行。申请人自人民法院采取责令停止有关行为的措施之日起 15 日内不起诉的,人民法院应当解除该措施。申请有错误的,申请人应当赔偿被申请人因停止有关行为所遭受的损失。根据《专利法》第六十七条的规定,为了制止专利侵权行为,在证据可能灭失或者以后难以取得的情况下,专利权人或者利害关系人可以在起诉前向人民法院申请保全证据。人民法院采取保全措施,可以责令申请人提供担保;申请人不提供担保的,驳回申请。人民法院应当自接受申请之时起 48 小时内作出裁定;裁定采取保全措施的,应当立即执行。申请人自人民法院采取保全措施之日起 15 日内不起诉的,人民法院应当解除该措施。

在专利侵权纠纷中,专利权人或者利害关系人对自己提出的主张,有责任提供证据。

但是,当专利侵权纠纷涉及新产品制造方法的发明专利时,举证责任发生转移,由制造同样产品的被告提供其产品制造方法不同于专利方法的证明。如果被告能证明其产品是用专利方法以外的方法获得的,就没有侵权;反之,则推定其侵犯了专利权。

专利侵权纠纷涉及实用新型专利的,人民法院或者管理专利工作的部门可以要求专利权人出具由国务院专利行政部门作出的检索报告,以便确定该实用新型专利是否具备新颖性、创造性、实用性等实质要件。

(三)专利侵权行为的法律责任

当侵权行为给专利权人造成实际损失时,侵权人应当向专利权人赔偿损失。赔偿数额可按以下方式计算:

(1)按照专利权人因被侵权所受到的损失作为赔偿额。

(2)按照侵权人因侵权行为获得的利益作为赔偿额。

(3)参照该专利许可使用费的倍数合理确定。

以上三种计算方法,由人民法院根据案情或专利权人的意愿,选择适用其中的一种。

第四节　著作权法

一、著作权

2013 年 1 月 16 日,国务院第 231 次常务会议修正通过了《国务院关于修改〈中华人民共和国著作权法实施条例〉的决定》,并予以公布,自 2013 年 3 月 1 日起施行。我国现行的《著作权法》第五十七条规定,本法所称的著作权即版权。这一规定将作者权统一于著作权中,从而能保持我国著作权法制建设的系统性,也便于著作权的执法、司法和守法。从国际著作权保护的角度看,这一规定也反映了我国著作权立法和国际著作权法体系的接轨,便于我国参与著作权的保护。

著作权是依法对文学、艺术和科学作品所享有的权利,是著作财产权和著作人身权的统一,作品构成了著作权的基础。

二、著作权的主体

著作权主体亦称著作权人,即依法对文学、艺术和科学作品享有著作权的人,包括自然人、法人和非法人单位。

著作权的主体种类较多,根据不同的标准,可把著作权的主体分为以下几类:

(1)按照著作权主体的自然属性的不同,著作权主体可分为自然人、法人、非法人单位和国家。

(2)按照著作权主体国籍的不同,著作权主体可分为本国人和外国人。

(3)按照著作权的取得来源不同,著作权主体可分为原始著作权主体和继受著作权主体。

(4)按照享有著作权的内容的不同,著作权主体可分为完整著作权主体和不完整著作权主体。

(5)按照著作权主体人数的不同,著作权主体可分为单一主体和共同主体。

(一)著作权人和作者

著作权的主体即著作权人,是作品的所有人,著作权利益的承担者。著作权人有两类:一是作者;二是作者以外的人。作者的著作权基于完成创作这一法律事实,作者以外的人则可基于其他法律事实获得著作权。

1. 作者

作者首先是创作作品的自然人。只有自然人才是实际作者。法人或其他组织的作者身份是法律拟制的,以便于其以原始所有者身份行使著作权。《著作权法》第十一条第三款规定:由法人或者其他组织主持,代表法人或者其他组织意志创作,并由法人或者其他组织承担责任的作品,法人或者其他组织视为作者。据此,法人或其他组织是法定作者。

认定作者的身份通常情况下以署名为准。在作品上署名的公民、法人或者非法人单位被推定为作者,无需其他证明。在发生著作权争议时,相对人能提出相反证明的,署名人就有可能不是真实作者。

2. 作者以外的著作权人

除作者以外其他自然人、法人或社会组织依法也可成为著作权的主体。例如,继承人、受遗赠人、受让人、作品原件的合法持有人、作者所在单位,在法律规定的情况下都可以成为著作权人。特定条件下,国家也可成为著作权人。

3. 外国著作权人

(1)任何外国人的作品首先在中国境内出版的,即在我国享有著作权。

(2)外国人的作品虽未在我国境内首先出版,但是根据其所属国同我国签订的协议或者共同参加的国际条约享有著作权。我国参加了《伯尔尼公约》和《世界版权公约》,凡是公约成员国国民的著作权都能在我国受到保护。

(3)未与我国签订协议或者共同参加国际条约的国家的作者以及无国籍人的作品,首次在中国参加的国际条约的成员国出版的,或者在成员国和非成员国同时出版的,在我国享有著作权。

(二)演绎作品的著作权人

1. 演绎作品

基于已有作品进行再创作而产生的新的作品统称为演绎作品。演绎是一种创作方式,具体形式有改编、翻译、整理、注释,但不限于此。演绎作品主要有改编、译文、注释和评论、整理等。

2. 演绎作品的著作权及行使

演绎创作所派生出来的新作品,其著作权由演绎者享有,但行使著作权时,不得侵犯原作品的著作权。首先,对作品进行演绎创作应得到作者的同意;其次,演绎创作时,应当保持原作品的完整性,要在演绎作品上标明原作品及作者;最后,演绎者享有的著作权仅限于演绎作品,而不延及原作品,因而演绎者不得妨碍原作者或其他人对原作品的利用。对第三人而言,使用演绎作品须获得演绎者和原作者双重许可。

(三)合作作品的著作权人

1. 合作作品

两人以上合作创作的作品为合作作品。这里的“人”可以是自然人,也可以是法人、组织。这里的合作是指直接产生智力成果的创作活动,而不是其他性质的劳动,如提供咨询意见、物质条件,或者进行其他辅助活动。

合作作品按照其内部关系又分为可以分割使用的合作作品和不可以分割使用的合作作品。前者是一种比较宽泛的合作作品,其中各位作者创作的部分可以辨认和分离出来,如声乐作品的词和曲;后者是狭义的、严格意义上的合作作品,各位作者的贡献不可分地融合在一起,如绘画、雕塑。

2. 合作作品的著作权及其行使

合作作品的著作权由合作者共同享有。合作者行使著作权应以协商一致为基础,在意见不一致的情况下,任何一方无正当理由不得阻止他方行使著作权。

可以分割使用的合作作品的著作权具有双重性,合作者对合作作品整体享有著作权,各位作者对各自创作的部分享有独立的著作权并可以单独行使其著作权。但是,单独行使著作权不得影响对合作作品整体的利用。

(四)汇编作品的著作权人

1. 汇编作品

汇编作品指对作品、作品的片段或者不构成作品的数据或者其他材料选择、编排体现独创性的新生作品。常见的汇编作品如辞书、选集、期刊、杂志、数据库等。

2. 汇编作品的著作权及其行使

汇编作品作为一个整体由汇编者享有著作权。汇编人汇编有著作权的作品时,应当经过原作品著作权人的授权,并支付报酬。在行使汇编作品著作权时,不得侵犯原作品的著作权。汇编作品中具体作品的著作权仍归其作者享有,作者有权单独行使著作权。

(五)电影类作品的著作权归属

电影作品和以类似摄制电影的方法创作的作品(如电视剧、录像作品)是一种特殊类型的作品,众多的创作者都为作品做出了贡献。在尊重这一事实的前提下需由法律确定谁为著作权人。根据我国《著作权法》第十五条的规定,电影作品和以类似摄制电影的方法创作的作品的著作权由制片者享有,但编剧、导演、摄影、作词、作曲等作者享有署名权,并有权按照与制片者签订的合同获得报酬。电影作品和以类似摄制电影的方法创作的作品中的剧本、音乐等可以单独使用的作品的作者有权单独行使其著作权。

(六)职务作品的著作权归属

1. 职务作品的认定

职务作品是作为雇员的公民为完成所在单位的工作任务而创作的作品。职务作品可以是作品分类中的任何一种形式。认定职务作品时,应考虑的前提条件有两个:一是作者和所在单位存在劳动关系;二是作品的创作属于作者的职责范围。

2. 职务作品的著作权及其行使

(1)一般职务作品的著作权由作者享有。单位或其他组织享有在其业务范围内优先使用的权利,期限为2年。单位的优先使用权是专有的,未经单位同意,作者不得许可第三人以与单位使用的相同方式使用该作品。在作品完成2年内,如单位在其业务范围内不使用,作者可以要求单位同意由第三人以与单位使用的相同方式使用,单位没有正当理由不得拒绝。

(2)特殊的职务作品,除署名权外,著作权的其他权利由单位享有。所谓特殊职务作品,是指《著作权法》第十六条第二款所列作品,即工程设计图、产品设计图、地图、计算机软件等职务作品。

(七)委托作品的著作权人

1. 委托作品的概念

委托作品是作者基于他人委托而创作的作品。委托作品通常发生在工业实用艺术品设计、人物摄影、肖像制作、翻译、课题研究等领域。委托作品的特点是受他人支配,必须体现委托人的意志和实现委托人使用作品的目的,不能完全自由地进行表达。

2. 委托作品的著作权归属

委托创作作品著作权归属由委托人和受托人通过合同约定。合同未明确约定或者没有订立合同的,著作权属于受托人即作者。

(八)原件所有权转移的作品的著作权归属

绘画、书法、雕塑等美术作品原件的转移并不意味着作品的著作权的转移,作品原件所有人只取得原件物的所有权和作品原件的展览权。除美术作品外,对任何原件所有权可能转移的作品,都要注意区分作品物质载体的财产权和作品的著作权这两种不同的权利。

三、著作权的客体

著作权的客体就是指著作权中主体的权利义务所指的对象,即作品。

(一)作品的含义

作品是著作权的客体。著作权法所称作品,指文学、艺术和科学领域内具有独创性并能以某种有形形式复制的智力创作成果。

(二)作品的种类

综合《著作权法》第三条、第六条的规定,作品的类型如下:

(1)文字作品。文字作品是指以文字符号表现的作品,如小说、诗词、散文、论文等。文字既可以是汉语文字、少数民族文字、盲文,也可以是外国文字。

(2)口述作品。口述作品是指即兴的演说、授课、法庭辩论等以口头语言创作、未以任何物质载体固定的作品。

(3)音乐、戏剧、曲艺、舞蹈、杂技艺术作品。这一类作品并非指表演者对作品的表演,而是指供表演所用的乐谱、剧本、舞谱、脚本等。

(4)美术、建筑作品。美术、建筑作品是指绘画、书法、雕塑、建筑等以线条、色彩或者其他方式构成的有审美意义的平面或者立体的造型艺术作品。

(5)摄影作品。摄影作品是指借助器械在感光材料上记录客观物体形象的艺术作品。

(6)电影作品和以类似摄制电影的方法创作的作品。这类作品是指摄制在一定物质上,由一系列有伴音或者无伴音的画面组成,并且借助适当装置放映、播放的作品。

(7)工程设计、产品设计图、地图、示意图等图形作品和模型作品。

(8)计算机软件。

(9)民间文学艺术作品。

(三)不予保护的对象

1. 违禁作品

违禁作品是指因内容违反法律而被禁止出版、传播的作品。根据《著作权法》第四条的规定,著作权人行使著作权,不得违反宪法和法律,不得损害公共利益。国家对作品的出版、传播依法进行监督管理。

2. 不适用于著作权保护的对象

《著作权法》第五条列举了3项不宜给予著作权保护的情形:

(1)法律、法规、国家机关的决议、决定、命令和其他具有立法、行政、司法性质的文件,及其官方正式译文。具有实施效用的法律及官方文件,并非缺乏独创性,但对它的考虑首先是促进其自由传播和复制,以便使人们充分地了解和掌握,故不在著作权保护之列。

(2)时事新闻。时事新闻是对新近发生的事实所做的客观报道,新闻是客观存在的事实、信息。它的基本特征是时间性,其功能是传递信息。在表达方式上不以独创性为条件,而是求真、求快。同时,在新闻传播中,居于首位的是保障社会成员获得新闻的权利,故时事新闻不享有著作权。

(3)历法、数表、通用表格和公式。此类智力成果已成为人类社会的共同财富,为人们普遍运用,并且它们在表达方式上具有"唯一性",不存在独创性表现的可能性,不具备作品的条件,故不给予著作权保护。

四、著作权的内容

(一)著作人身权

著作人身权是指作者享有的与其作品有关的以人格利益为内容的权利。

(1)发表权。发表权即决定作品是否公之于众的权利。发表权的具体内容包括决定作品何时、何地、以何种方式公之于众。

(2)署名权。署名权即表明作者身份,在作品上署名的权利。

(3)修改权。修改权即修改或者授权他人修改作品的权利。

(4)保护作品完整权。保护作品完整权即保护作品不受歪曲、篡改的权利。

(二)著作财产权

著作财产权是作者对其作品进行全面支配的权利,包括对作品加以利用和处分其作品的权利。根据《著作权法》第十条的规定,著作权包括下列财产权:复制权,即以印刷、复印、拓印、录音、录像、翻录、翻拍等方式将作品制作一份或者多份的权利;发行权,即以出售或者赠予方式向公众提供作品的原件或者复制件的权利;出租权,即有偿许可他人临时使用电影作品和以类似摄制电影的方法创作的作品、计算机软件的权利,计算机软件不是出租的主要标的的除外;展览权,即公开陈列美术作品、摄影作品的原件或者复制件的权利；表演权，即公开表演作品，以及用各种手段公开播送作品的表演的权利；放映权，即通过放映机、幻灯机等技术设备公开再现美术、摄影、电影和以类似摄制电影的方法创作的作品等的权利；广播权，即以无线方式公开广播或者传播作品，以有线传播或者转播的方式向公众传播广播的作品，以及通过扩音器或者其他传送符号、声音、图像的类似工具向公众传播广播的作品的权利；信息网络传播权，即以有线或者无线方式向公众提供作品，使公众可以在其个人选定的时间和地点获得作品的权利；摄制权，即以摄制电影或者以类似摄制电影的方法将作品固定在载体上的权利；改编权，即改变作品，创作出具有独创性的新作品的权利；翻译权，即将作品从一种语言文字转换成另一种语言文字的权利；汇编权，即将作品或者作品的片段通过选择或者编排，汇集成新作品的权利；应当由著作权人享有的其他权利。著作权人可以许可他人行使上述权利，并依照约定或者有关规定获得报酬。著作权人可以全部或者部分转让上述权利，并依照约定或者有关规定获得报酬。

（三）著作权的行使和转移

1. 著作权许可使用

著作权人享有的著作财产权可以自己行使，也可以授权他人行使。许可他人行使著作财产权的法律形式为许可使用合同，具体有出版合同、表演合同、改编合同、播放合同等。

著作权人享有的权利有些能够有效控制，如出版权、摄制权，有些则不能控制或难以控制，如音乐作品的表演权、广播权，作者很难掌握谁在演唱自己的作品，在哪里演唱，哪个电台、电视台在播放。因此，需要一个有效的机制来保障著作权人畅通无阻地行使权利，这个机制就是著作权集体管理。著作权集体管理组织接受作者或者著作权人的委托，以自己的名义为著作权人管理个人不能控制的那些权利，它向作品的使用者授权并收取作品使用费，再将使用费按一定比例返还给著作权人，并且以该组织的名义对侵犯著作权的人提出法律交涉。《著作权法》第八条是关于著作权集体管理组织的规定。

2. 著作权的转移

著作权属于公民的，公民死亡后，其著作财产权依照继承法的规定转移。著作权中的署名权、修改权和保护作品完整权由作者的继承人或受遗赠人保护。

著作财产权由承受其权利义务的法人或者其他组织享有；没有承受其权利义务的法人或者其他组织的，由国家享有。

（四）著作权的期限

作者的署名权、修改权、保护作品完整权的保护期不受限制。公民的作品，其发表权和财产权的保护期为作者终生及其死亡后 50 年，截止于作者死亡后第 50 年的 12 月 31 日。如果是合作作品，截止于最后死亡的作者死亡后第 50 年的 12 月 31 日。

法人或者其他组织的作品、著作权（署名权除外）由法人或者其他组织享有的职务作品，其发表权和财产权的保护期为 50 年，截止于作品首次发表后第 50 年的 12 月 31 日，但作品自创作完成后 50 年内未发表的，不再保护。

电影类作品和摄影作品的保护期与法人作品相同。

(五)著作权的限制

著作权的限制是平衡著作权人与公众利益,保障作品的利用和传播的一项重要制度。受到限制的权利是著作权中的财产权,包括作者的权利和传播者的权利。

著作权的限制主要有法定许可和合理使用两种。

法定许可是指特定的自然人、法人或其他组织根据法律规定,可以不经著作权人的同意而使用其版权作品,但应按规定向著作权人支付报酬,并应注明作者姓名、作品名称和出处,尊重作者其他权利使用受著作权保护的作品情况。

合理使用是指在法律明文规定的范围内使用作品可以不经著作权人许可,也不必向其支付报酬。合理使用的作品应当是已经发表的且使用目的一般限于非商业性。根据《著作权法》第二十二条的规定,下列行为属于合理使用:

(1)为个人学习、研究或欣赏,使用他人已经发表的作品。

(2)为介绍、评论某一作品或者说明某一问题,在作品中适当引用他人已经发表的作品。

(3)为报道时事新闻,在报纸、期刊、广播电台、电视台等媒体不可避免地再现或者引用已经发表的作品。这种引用必须是在符合新闻报道目的的范围内,不可避免地再现已经发表的作品。

(4)报纸、期刊、电台、电视台等媒体刊登或者播放其他报纸、期刊、广播电台、电视台等媒体已经发表的关于政治、经济、宗教问题的时事性文章,但作者声明不许刊登、播放的除外。

(5)报纸、期刊、广播电台、电视台媒体刊登或者播放在公众集会上发表的讲话,但作者声明不许刊登、播放的除外。

(6)为学校课堂教学或者科学研究,翻译或者少量复制已经发表的作品,供教学或者科研人员使用,但不得出版发行。

(7)国家机关为执行公务在合理范围内使用已经发表的作品。

(8)图书馆、档案馆、纪念馆、博物馆、美术馆等为陈列或者保存版本的需要,复制本馆收藏的作品。

(9)免费表演已经发表的作品。该表演未向公众收取费用,也未向表演者支付报酬。

(10)对设置或者陈列在室外公共场所的艺术作品进行临摹、绘画、摄影、录像。

(11)将中国公民、法人或者其他组织已经发表的以汉语言文字创作的作品翻译成少数民族语言文字在国内出版发行。

(12)将已经发表的作品改成盲文出版。

五、邻接权

邻接权是与著作权相关的、类似的权利,通常指表演者、录音制作者、广播电视组织在传播作品的活动方面因劳动和投资而享有的权利。简言之,邻接权是作品传播者的权利。我国著作权法上称为“与著作权有关的权益”。

根据《著作权法》第三十五条、第三十七条、第四十一条和第四十四条的规定,邻接权包括下列几种:

（1）出版者（包括出版社和杂志社）的版式、装帧设计专有权。

（2）表演者的权利。表演者的权利即演员、演出组织对其表演所享有的表明表演者身份、保护表演形象不受歪曲的人身权利和许可他人从现场直播、许可他人录音录像、许可他人复制和发行录有其表演的录音录像制品、许可他人通过信息网络传播其表演，并获得报酬的财产权利。

（3）录制者的权利。录制者的权利即录音制作者和录像制作者对其制作的录音录像制品，享有许可他人复制、发行、出租、网络传播并获得报酬的权利。

（4）播放者的权利。播放者的权利是指广播电台和电视台对其播放的广播电视节目，享有许可他人转播、录制的权利。

六、著作权侵权行为

著作权侵权行为，是指未经著作权人同意，又无法律上的依据，使用他人作品或行使著作权人专有权的行为。根据其情节、危害后果及承担的法律责任不同，著作权法把著作权侵权行为区分为承担民事责任的著作权侵权行为和承担综合法律责任的著作权侵权行为两大类。

（一）承担民事责任的著作权侵权行为

有下列侵权行为的，应当根据具体情况，承担停止侵害、消除影响、赔礼道歉、赔偿损失等民事责任：

（1）未经著作权人许可，发表其作品的。

（2）未经合作作者许可，将与他人合作创作的作品当作自己单独创作的作品发表的。

（3）没有参加创作，为谋取个人名利，在他人作品上署名的。

（4）歪曲、篡改他人作品的。

（5）剽窃他人作品的。

（6）未经著作权人许可，以展览、摄制电影和以类似摄制电影的方法使用作品，或者以改编、翻译、注释等方式使用作品的。著作权法另有规定的除外。

（7）使用他人作品，应当支付报酬而未支付的。

（8）未经电影作品和以类似摄制电影的方法创作的作品、计算机软件、录音录像制品的著作权人或者与著作权有关的权利人许可，出版其作品或者录音、录像制品的。著作权法另有规定的除外。

（9）未经出版者许可，使用其出版的图书、期刊的版式设计的。

（10）未经表演者许可，从现场直播或者公开传送其现场表演，或者录制其表演的。

（11）其他侵犯著作权及邻接权的行为。

（二）承担综合法律责任的著作权侵权行为

（1）未经著作权人许可，复制、发行、表演、放映、广播、汇编、通过信息网络向公众传播其表演的。著作权法另有规定的除外。

（2）出版他人享有专有出版权的图书的。

（3）未经表演者许可，复制、发行录有其表演的录音录像制品，或者通过信息网络向公众传播其表演。著作权法另有规定的除外。

(4)未经录音录像制作者许可,复制、发行或者通过信息网络向公众传播其录音录像制品。著作权法另有规定的除外。

(5)未经许可,播放或者复制广播、电视的。著作权法另有规定的除外。

(6)未经著作权人或者邻接权人许可,故意避开或者破坏权利人为其作品、录音录像制品等采取的保护著作权或者邻接权的技术措施的。法律、行政法规另有规定的除外。

(7)未经著作权人或者邻接权人许可,故意删除或者改变作品、录音录像制品的权利管理电子信息的。法律、行政法规另有规定的除外。

(8)制作、出售假冒他人署名的作品的。

有上述侵权行为的,应当根据情况,承担停止侵害、消除影响、赔礼道歉、赔偿损失等民事责任;同时损害公共利益的,可以由著作权行政管理部门责令停止侵权行为,没收违法所得,没收、销毁侵权复制品,并处以非法经营额3倍以下的罚款;非法经营额难以计算的,可以处10万元以下的罚款;情节严重的,著作权行政管理部门还可以没收主要用于制作侵权复制品的材料、工具、设备等;构成犯罪的,依法追究刑事责任。

本章小结

知识产权法是指因调整智力成果的归属、利用和保护而产生的各种社会关系的法律规范的总称。我国的知识产权法律体系由著作权法律制度、专利权法律制度、商标权法律制度及其他知识产权的保护四个方面的法律制度组成。著作权法律制度以保护作者和传播者的专有权利为宗旨,客体范围除文学、艺术、科学作品外,还有计算机软件。专利权法律制度以保护发明创造专利权为宗旨,保护客体为发明、实用新型和外观设计。商标权法律制度保护客体为工商业活动中的商品商标和服务商标,保护注册商标所有人对标记的独占性权利。

思考题

1. 著作权的内容有哪些?
2. 专利权的内容有哪些?
3. 商标权的内容有哪些?

练习题

1. 我国商标法规定,注册商标的有效期限为10年,自(　　)计算。
   A. 注册商标申请人寄出申请书之日起
   B. 商标局收到申请书之日起
   C. 公告之日起
   D. 核准注册之日起
2. 某汽车制造厂完成的下列技术成果中,可以申请实用新型专利的有(　　)。
   A. 一种汽车仪表电路
   B. 一种汽车节能方法
   C. 一种汽车发动机

D. 一种汽车转向器

E. 一种汽车润滑油

3. 下列关于知识产权、知识产权法的说法正确的有(　　)。

A. 知识产权法是私法

B. 知识产权法是民法的特别法

C. 知识产权是私权

D. 知识产权是无形财产权

E. 知识产权法是公法

4. 下列不能受到我国著作权法保护的有(　　)。

A. 被剥夺政治权利(含出版的权利)的人所创作的作品

B. 以未成年人为对象的出版物含有诱发未成年人模仿违反社会公德的行为和违法犯罪行为的内容或含有恐怖、残酷等妨害未成年人身心健康的内容

C. 通用的会计账册表格

D. 通用的地图

第七章　反不正当竞争法和反垄断法

学习目标

1.了解反不正当竞争法的概念和特征；
2.熟悉不正当竞争行为及其法律责任；
3.了解垄断的概念和特征；
4.掌握反垄断法的主要内容及其实施机制。

第一节　反不正当竞争法

一、反不正当竞争法的概念和特征

反不正当竞争法是伴随着国家对市场主体的竞争行为的干预而形成的法律学科。从法律部门的划分标准看，它是现代经济法的重要组成部分，属于经济法范畴。它是在经济发展到一定条件的产物。在自由资本主义条件下，市场调节表现出严重的缺陷与不足，面对市场失灵的严重现实，单纯依靠“看不见的手”即市场调节已无能为力，个别资本家之间的妥协也无济于事，因此必须伸出另一只“看得见的手”即国家之手来干预经济，而国家干预经济则主要是通过制定经济政策和经济法律、法规来实现的。1890 年，美国国会通过了第一个反托拉斯法案即《保护贸易和商业不受非法限制与垄断之害法》（简称《谢尔曼法》）；1896 年，德国制定了世界上第一部反不正当竞争法；1919 年，德国制定了世界上第一部以经济法命名的法律《煤炭经济法》等。这些大量涌现出来的、体现国家干预经济、保护和促进竞争的法律、法规，标志着现代意义经济法的产生，其中美国用以反托拉斯的《谢尔曼法》则是被公认的现代竞争法产生的标志。

反不正当竞争法具有鼓励与保护公平竞争的经济秩序、制裁违法竞争行为、保护经营者的合法权益、保护消费者的合法利益，以及保护国家和社会公共利益的作用。

1993 年 9 月 2 日，我国第一部《反不正当竞争法》应运而生，这对保护我国合法的市场经济行为有着重要的意义。我国《反不正当竞争法》第一条规定，为保障社会主义市场经济健康发展，鼓励和保护公平竞争，制止不正当竞争行为，保护经营者和消费者的合法权益，制定本法。由此可见，反不正当竞争法是调整市场竞争过程中因规制不正当竞争行为而产生的社会关系的法律规范的总称。其大致有以下四个特征。

（1）对象的多样性。

反不正当竞争法调整的社会关系是商品竞争关系，其调整的对象是竞争关系和竞争管理关系两个方面，主要涉及一些经营者，一些行政机关和法律、法规授权的具有管理公共事务职能的组织。比如一些经营者滥用市场支配地位的行为和一些行政机关滥用行政权力排除、限制竞争的行为。

(2)方法的复杂性。

调整方法是特殊法律部门特殊原则的集中体现。因为反不正当竞争法调整对象的多样性，铸就了其调整方法的复杂性，既用自愿平等的方法调整着横向的关系，又用命令和服从的方法调整着纵向与竞争管理关系。

(3)内容的交叉性。

竞争关系作为一种经济关系，其涉及面相当广泛，与其他经济关系有着十分密切的联系，这就导致了竞争法在内容上相对独立的同时，又形成了与其他法律的相互交叉与相互渗透。例如，不正当竞争行为中的假冒他人注册商标行为，既为竞争法所禁止，也为商标法所禁止。

(4)责任的综合性。

违反《反不正当竞争法》应承担的法律责任是一种综合性的责任，包括民事责任、行政责任和刑事责任。

二、不正当竞争行为类型

(一)强制性交易行为

所谓强制性交易行为，是指公用企业或者其他依法具有独占地位的经营者，限定他人购买其指定的经营者的商品，排斥其他经营者的行为。《反不正当竞争法》第六条规定，公用企业或者其他依法具有独占地位的经营者，不得限定他人购买其指定的经营者的商品，以排挤其他经营者的公平竞争。对于公用企业的界定，《关于禁止公用企业限制竞争行为的若干规定》专门指出：公用企业，是指涉及公用事业的经营者，包括供水、供电、供热、供气、邮政、电信、交通运输等行业的经营者。其行为要件主要有：

(1)行为主体。强制性交易行为的行为主体有两类，一类是公用企业，另一类是其他依法具有独占地位的经营者。

(2)主观方面只能是故意。公用企业或者具有独占地位的经营者实施限制竞争的行为的主观方面是故意实施强制交易行为，排挤其他经营者，从而从被指定的经营者处获取非法的利益。

(3)客体。它是我国法律所保护的而被限购排挤行为所损害和扰乱的社会主义市场竞争关系及公平竞争秩序。该行为强制安排他人与被指定的经营者进行交易，限制了其他经营者的公平竞争，妨碍了其他经营者的商品(包括服务)的自由流通，扰乱了公平竞争秩序。

(4)客观方面。客观方面表现为限定他人购买其指定的经营者的商品的行为。《关于禁止公用企业限制竞争行为的若干规定》中，对限购排挤行为做了详细的列举：限定用户、消费者只能购买和使用其附带提供的相关商品，而不得购买和使用其提供的符合技术标准要求的同类商品；限定用户、消费者只能购买和使用其指定的经营者生产或者经销的商品，而不得购买和使用其他经营者提供的符合技术标准要求的同类商品；强制用户、消费者购买其提供的不必要的商品及配件;强制用户、消费者购买其指定的经营者提供的不必要的商品;以检验商品质量、性能等为借口,阻碍用户、消费者购买、使用其他经营者提供的符合技术标准要求的其他商品;对不接受其不合理条件的用户、消费者拒绝、中断或者削减供应相关商品,或者滥收费用;其他限制竞争的行为。

(二)滥用行政权力限制竞争行为

《反不正当竞争法》第七条规定,政府及其所属部门不得滥用行政权力,限定他人购买其指定的经营者的商品,限制其他经营者正当的经营活动。政府及其所属部门不得滥用行政权力,限制外地商品进入本地市场,或者本地商品流向外地市场。该条是对政府及其所属部门不得滥用行政权力,限制竞争行为的禁止性规定。其中,第一款禁止其实施行政性强制经营行为,第二款禁止其实施地区封锁行为。其行为要件主要有:

(1)行为主体。用行政权力限制竞争行为的行为主体是特殊主体,不是一般的经营者,而是政府及其所属部门,包括被授权或者委托行使行政权的组织,但不包括中央政府。

(2)主观方面只能是故意,并且具有排挤其他经营者的目的,而根本目的是追求狭隘的非法利益,如地方利益、部门利益等。

(3)客体。它是我国法律所保护的而为滥用行政权力限制竞争行为所损害和扰乱的社会主义市场竞争关系及公平竞争秩序。该行为通过行政权力的滥用,干扰了正常的交易活动,破坏了公平的市场竞争,限制了商品的自由流通。

(4)客观方面。该行为主要表现为两种类型:一是指定购买行为,二是地区封锁行为。具体表现在四个方面:限定他人购买其指定的经营者的商品,限制其他经营者正当的经营活动,限制外地商品进入本地市场,限制本地商品流向外地市场。

(三)搭售和附加不合理交易条件行为

《反不正当竞争法》第十二条规定,经营者销售商品,不得违背购买者的意愿搭售商品或者附加其他不合理的条件。搭售和附加不合理交易条件行为,是指经营者利用其经济优势,违背交易相对人的意愿,在交易中搭配销售其他商品或附加不合理交易条件的行为。其行为要件主要有:

(1)主体是从事市场交易的供应商、批发商和零售商。政府及其所属部门、行业组织等不是市场交易主体,不能成为该行为的主体。

(2)主观方面是故意,其手段是经营者利用自己的经济优势,而且购买者对它有特殊需求,并已形成了一定的市场支配能力。比如,供应商对批发商、批发商对零售商、零售商对顾客的控制行为,就属于此类。

(3)被侵害客体是市场公平竞争秩序。它通过附加不合理的交易条件来限制竞争,是一种限制竞争行为,严重损坏了经营者、消费者和市场公平竞争的秩序。

(4)客观方面主要是在市场交易过程中,经营者违背了购买者的意愿,实施了搭售或附加不合理条件的交易行为。具体表现有以下四种:搭售商品或者搭售服务,即经营者在经销一种商品或者提供一种服务的同时,要求购买者购买或者接受另一种其搭配的商品或服务,否则不提供商品或者服务;限定转售价格,即生产商向销售商提供商品时,要求销售商必须按照制造商限定的价格销售该商品,不得自行定价;限定销售对象,即供应商在提供商品时,要求经销商只能销售给某一特定的顾客,不得销售给其他顾客;限定独家经销，即供应商向经销商提供商品时，要求经销商只能销售其商品，不得销售其他竞争对手的同类商品，否则就拒绝供货。

（四）串通投标行为

《反不正当竞争法》第十五条规定了禁止串通勾结投标：投标者不得串通投标，抬高标价或者压低标价。投标者和招标者不得相互勾结，以排挤竞争对手的公平竞争。所谓串通投标行为，是指投标人相互串通投标报价，故意抬高标价或压低标价，损害招标人和其他投标人的利益；或者投标人与招标人串通，排挤其他投标人的公平竞争，损害国家利益、社会公共利益和他人合法利益的行为。其表现形式主要有以下两种：

(1)投标人之间相互串通投标。主要表现在投标人之间相互约定一致抬高或压低投标报价；在招标项目中轮流以高价位或低价位中标；投标人之间先进行内部竞价，内定中标人，然后再参加投标，约定给没有中标或弃标的其他投标人以“补偿费”。

(2)招标人与投标人之间相互串通投标。主要表现在招标人在公开开标前，开启标书，并将投标情况告知其他投标人，或者协助投标人撤换标书，更改报价；招标人向投标人泄露标底；投标人与招标人商定，在招标投标时压低标价或者抬高标价，中标后再给投标人或者招标人额外补偿；招标人预先内定中标者，在确定中标者时以此决定取舍；招标人在投标人作标书澄清事实说明时，故意作引导性提问，以促使其中标；招标实行差别对待；招标人故意让不合格的投标人中标；投标人贿赂招标人以获取招投标的信息等。

（五）混淆行为

混淆行为也称为欺骗性交易行为、仿冒行为或者商业混同行为。它是指经营者在经营活动中采用假冒、仿冒、伪造或者其他虚假手段，使自己的商品或者服务于竞争对手的商品或者服务产生混淆，使用户或者消费者产生误解，从而获得交易机会，扰乱市场公平竞争的经营秩序、损坏同业竞争者的利益或者消费者利益的行为。混淆行为的具体表现如下。

(1)假冒他人注册商标行为。

假冒他人注册商标行为是指未经注册商标所有人许可，在同一种或类似商品上使用与其注册商标相同或者近似的商标的行为。主要表现为在同一种商品上使用与他人注册商标相同或相近似的商标，在类似商品上使用与他人注册商标相同或相近似的商标。

(2)仿冒知名商品特有的名称、包装、装潢的行为。

仿冒知名商品特有的名称、包装、装潢的行为是指违反《反不正当竞争法》，擅自将他人知名商品特有的商品名称、包装、装潢作相同或者近似使用，造成与他人的知名商品相混淆，使购买者误认为是该知名商品的行为。

(3)擅自使用他人的企业名称或者姓名，引人误认为是他人的商品。

在擅自使用他人的企业名称或姓名的行为中，被仿冒的企业名称或姓名，一般都是具有良好信誉或一定的知名度。

(4)在商品上伪造或者冒用认证标志、名优标志等质量标志，伪造产地，对商品质量作引人误解的虚假表示。

（六）商业贿赂行为

商业贿赂是指经营者以一定的财物或者其他手段，“在账外暗中”给予对方单位或者个人,以获得交易机会的一种不正当竞争行为。《反不正当竞争法》第八条规定,经营者不得采用财物或者其他手段进行贿赂以销售或者购买商品。在账外暗中给予对方单位或者个人回扣的,以行贿论处;对方单位或者个人在账外暗中收受回扣的,以受贿论处。经营者销售或者购买商品,可以以明示方式给对方折扣,可以给中间人佣金。经营者给对方折扣、给中间人佣金的,必须如实入账。

商业贿赂具体表现形式为:经营者在销售商品时,账外暗中以现金、实物或者其他方式给付对方经办人员或者单位一定比例报偿的行为。其包括行贿和受贿两种方式。前者指账外暗中给予对方单位或者个人回扣的行为;后者指对方单位或者个人在账外暗中收受回扣的行为。

(七)虚假宣传行为

虚假宣传行为是指经营者利用广告或其他宣传方法,对商品或服务作与实际情况不符的公开宣传,引起或足以引起其交易相对人对商品或服务产生错误认识的行为。这种行为违反诚实信用原则和公认的商业原则,是一种严重的不正当竞争行为。《反不正当竞争法》第九条明确规定,经营者不得利用广告或者其他方法,对商品的质量、制作成分、性能、用途、生产者、有效期限、产地等作引人误解的虚假宣传。广告的经营者不得在明知或者应知的情况下,代理、设计、制作、发布虚假广告。

(八)侵犯商业秘密行为

商业秘密是指不为公众所知悉,能为权利人带来经济利益,具有实用性并经权利人采取保密措施的技术信息和经营信息。其具有秘密性、保密性、经济性和实用性四要素。秘密性是商业秘密最核心的特征,指该种信息不为公众知悉。只要权利人采取了一定的保密措施就可以认定是处于秘密状态的信息。保密性是指权利人对这种秘密采取了一定的保密措施。经济性是指商业秘密的使用可以为权利人带来经济上的利益。实用性是指商业秘密能适用于生产和经营,并创造经济效益和社会效益。

经营者侵犯商业秘密的不正当竞争行为有以下四种表现形式:

(1)经营者以盗窃、利诱、胁迫或者其他不正当手段获取权利人的商业秘密;

(2)经营者披露、使用或允许他人使用以盗窃、利诱、胁迫或其他不正当手段获取的权利人的商业秘密;

(3)经营者违反约定或者违反权利人有关保守商业秘密的要求,披露、使用或者通知他人使用其所掌握的商业秘密;

(4)第三人在明知或应知商业秘密是经营者通过不正当手段获得并加以不法披露、使用或允许他人使用的情况下,仍然去获取、使用或者披露权利人的商业秘密。

(九)低价倾销行为

低价倾销行为是指经营者以排挤竞争对手为目的,以低于成本的价格销售商品或提供服务的行为。《反不正当竞争法》第十一条规定,经营者不得以排挤竞争对手为目的,以低于成本的价格销售商品。但同时也规定了下列情形不属于低价倾销行为:

(1)销售鲜活商品;

(2)处理有效期限即将到期的商品或者其他积压的商品;

(3)季节性降价;

(4)因清偿债务、转产、歇业降价销售商品。

(十)不正当有奖销售行为

不正当有奖销售行为是指经营者在销售商品或提供服务时,以欺骗或其他不正当手段,附带提供给用户和消费者金钱、实物或者其他好处,作为对交易的奖励。

《反不正当竞争法》禁止下列方式进行有奖销售:

(1)欺骗性有奖销售行为。如经营者采用谎称有奖或者故意让内定人员中奖的欺骗方式进行有奖销售;

(2)利用有奖销售的手段推销质次价高的商品;

(3) 抽奖式的有奖销售最高奖的金额超过 5 000 元(如果是以非现金的物品或者其他经济利益作奖励,则按照同期市场同类商品或服务的正常价格来折算其金额)。

(十一)诋毁商誉行为

诋毁商誉行为,是指经营者为了获得竞争利益,捏造、散布虚假事实,损害他人商誉、侵犯他人商誉权的行为。《反不正当竞争法》第十四条规定,经营者不得捏造、散布虚伪事实,损坏竞争对手的商业信誉、商品声誉。

诋毁商誉行为的表现形式可以归纳为以下几种:

(1)产品附属资料中的诋毁商誉行为。直接在商品的包装说明或其他说明书上,对竞争对手的同类商品进行贬低。

(2)媒介中的诋毁商誉行为。经营者在公开场合,用散发公开信、召开新闻发布会、在新闻媒体上刊播广告等形式,捏造、散布虚伪事实,贬低竞争对手的商业信誉和商品声誉。

(3)在公众中散布谣言的诋毁商誉行为。经营者利用虚假广告或比较广告,对自己的商品进行不符合事实的宣传,以贬低竞争对手的商品声誉,抬高自己企业或商品的地位。

(4)产品交易中的诋毁商誉行为。经营者在经营过程中,向业务客户或消费者编造、散布虚伪事实,损害竞争对手的商业信誉和商品声誉。

三、对不正当竞争行为的监督检查

(一)监督检查部门

《反不正当竞争法》规定,县级以上人民政府工商行政管理部门对不正当竞争行为进行监督检查;法律、行政法规规定由其他部门监督检查的,依照其规定。由此可见,在我国,县级以上人民政府工商行政管理部门及法律、行政法规规定的其他部门是对不正当竞争行为进行监督检查的部门。

(二)监督检查部门的职权

县级以上监督检查部门对不正当竞争行为,可以进行监督检查。监督检查部门在监督检查不正当行为时,有权行使下列职权。

1. 询问权

按照规定的程序询问被检查的经营者、利害关系人、证明人,并要求提供证明材料或者与不正当竞争行为有关的其他资料;被检查的经营者、利害关系人和证明人应当如实提供有关资料或者情况。

2. 查询复制权

查询、复制与不正当竞争行为有关的协议、账册、单据、文件、记录、业务函电和其他资料。

3. 检查权

检查与《反不正当竞争法》第五条规定的不正当竞争行为有关的财物时，必要时可以责令被检查的经营者说明该商品的来源和数量，暂停销售，听候检查，不得转移、隐匿、销毁该财物。监督检查部门工作人员监督检查时，应当出示检查证件，被检查的对象应如实提供相关资料或者情况。

4. 处罚权

监督检查部门有权对不正当竞争行为进行处罚，处罚的具体形式包括责令停止违法行为、消除影响、没收违法所得、吊销营业执照、处以罚款等措施。

为了保障监督检查工作的公平透明，法律还规定了监督检查工作人员应遵守的义务。如工作人员在监督检查不正当竞争行为时，应当出示检查证件。监督检查不正当竞争行为的国家机关工作人员不得滥用职权、玩忽职守，不得故意包庇违法者。

(三)不正当竞争行为的法律责任

《反不正当竞争法》第四章专门规定了违反该法的法律责任，主要包括以下三种。

1. 民事责任

经营者违反《反不正当竞争法》规定，给被侵害的经营者造成损害的，应当承担损害赔偿责任，被侵害的经营者的损失难以计算的，赔偿额为侵权人在侵权期间因侵权所获得的利润，并应当承担被侵害的经营者因调查该经营者侵害其合法权益的不正当竞争行为所支付的合理费用。

2. 行政责任

主要有责令停产、停业、暂扣或者吊销许可证和营业执照、罚款、没收违法所得等责任。

3. 刑事责任

《反不正当竞争法》在规定了民事责任和行政责任的同时，也对一些严重损害社会公共利益的不正当竞争行为规定了刑事责任。比如商标侵权行为、销售伪劣产品行为及商业贿赂行为都可以追究刑事责任。

第二节　反垄断法

一、反垄断法概述

(一)垄断的概念和特征

在反垄断法中，垄断是指经营者在相关市场中限制、阻碍乃至消除竞争的行为。这里的经营者是指从事商品生产、经营或者提供服务的自然人、法人和其他组织。它具有以下特征：

(1)垄断的主体一般是经营者,特殊情况下也可以是行政机关。

(2)垄断的目的在于操纵和控制相关市场,从而获取高额垄断利润或者其他不当利益。

(3)垄断具有社会危害性,其手段通常表现在限制、阻碍乃至消除竞争。

(4)垄断具有违法性,该行为受法律明确禁止。

(二)反垄断法的概念

为了预防和制止垄断行为,保护市场公平竞争,提高经济运行效率,维护消费者利益和社会公共利益,促进社会主义市场经济健康发展,《中华人民共和国反垄断法》于2007年8月30日由第十届全国人民代表大会常务委员会第二十九次会议审议通过,并于2008年8月1日起施行。这部重要法律的制定和施行,是我国社会主义市场经济体制和中国特色社会主义法律体系日趋完善的重要标志。

由此可见,反垄断法是制止垄断行为、保护市场竞争和维护市场秩序的基本法律,是国家调整市场主体或其他组织垄断行为或其他限制竞争行为的有关法律规范的总称。其所规范的是国家反垄断主管机关的反垄断管理行为及经营者的垄断和限制竞争行为,是实体法和程序法的总和。

(三)反垄断法适用范围

反垄断法规定的垄断行为有经济性垄断行为和行政性垄断行为两大类。前者包括经营者达成垄断协议的行为,经营者滥用市场支配地位的行为,具有或可能具有排除、限制竞争效果的经营者集中;后者主要是行政机关滥用行政权力,排除、限制竞争的行政性垄断行为。根据我国《反垄断法》的规定,经营者可以通过公平竞争、自愿联合,依法实施集中,扩大经营规模,提高市场竞争能力。具有市场支配地位的经营者,不得滥用市场支配地位,排除、限制竞争。国有经济占控制地位的关系国民经济命脉和国家安全的行业以及依法实行专营专卖的行业,国家对其经营者的合法经营活动予以保护,并对经营者的经营行为及其商品和服务的价格依法实施监管与调控,维护消费者利益,促进技术进步。经营者应当依法经营,诚实守信,严格自律,接受社会公众的监督,不得利用其控制地位或者专营专卖地位损害消费者利益。行政机关和法律、法规授权的具有管理公共事务职能的组织不得滥用行政权力,排除、限制竞争。行业协会应当加强行业自律,引导本行业的经营者依法竞争,维护市场竞争秩序。

(四)反垄断法适用除外

反垄断法适用除外是指反垄断法对特定行业、特定企业或者特定行为不适用反垄断法的一种法律制度。我国《反垄断法》规定了两类行为适用除外:其一是经营者依照有关知识产权的法律、行政法规规定行使知识产权的行为;其二是农业生产者及其农村经济组织在农产品生产、加工、销售、运输、储存等经营活动中实施的联合或者协同行为。

二、反垄断法的主要内容

我国《反垄断法》在总体框架和主要内容上,和大多数国家的反垄断法基本一致,确立了禁止垄断协议、禁止滥用市场支配地位和控制经营者集中三大制度,以及针对行政权力的滥用制定了控制滥用行政权力排除、限制竞争的规定。

（一）垄断协议

垄断协议是指两个或者两个以上的经营者(包括行业协会等经营者团体)，通过协议或者其他协同一致的行为，实施固定价格、划分市场、限制产量、排挤其他竞争对手等排除、限制竞争的行为。我国《反垄断法》第十三条规定，垄断协议，是指排除、限制竞争的协议、决定或者其他协同行为。根据产生的特点，可将垄断协议分为横向垄断协议和纵向垄断协议。

1. 横向垄断协议

所谓横向垄断协议，是指具有竞争关系经营者之间达成的垄断协议。例如，在生产或者销售过程中处于同一阶段的生产商之间、零售商之间或者批发商之间达成协议。

我国《反垄断法》禁止的横向垄断协议包括以下形式：

(1)固定或者变更商品价格，会影响价格的正常变动，损害消费者的利益，客观上将会排除、限制竞争。

(2)限制商品的生产数量或者销售数量，这是一种典型的横向垄断协议。商品的供应数量减少，必然导致市场价格上升，损害消费者的利益。

(3)分割销售市场或者原材料采购市场，这是一种画地为牢的销售方式，它严重地限制了经营者之间正常的自由竞争。

(4)限制购买新技术、新设备或者限制开发新技术、新产品。一些经营者通过垄断协议限制对新技术、新产品的购买，是减少竞争、破坏竞争机制的行为，也是典型的垄断协议。

(5)联合抵制交易，排斥其他竞争对手，以维护自身垄断地位。

(6)国务院反垄断执法机构认定的其他垄断协议。

《反不正当竞争法》中所禁止的串通招投标行为属于横向垄断协议。

2. 纵向垄断协议

纵向垄断协议是指在同一产业中处于不同上下游关系的经营者通过明示或者默示的方式达成的排除、限制竞争的协议。《反垄断法》禁止下列纵向垄断协议：

(1)固定向第三人转售商品的价格；

(2)限定向第三人转售商品的最低价格；

(3)国务院反垄断执法机构认定的其他垄断协议。

3. 行业协会的禁止性规定

根据我国《反垄断法》第十六条规定，行业协会不得组织本行业的经营者从事本法禁止的垄断行为。行业协会作为非政府的组织机构，是由同行业内的全部或者部分企业按照自愿原则组成的自律性组织，为防止其片面强调行业利益，损害正常的竞争秩序，故作此规定。

（二）滥用市场支配地位

根据《反垄断法》规定，市场支配地位，是指经营者在相关市场内具有能够控制商品价格、数量或者其他交易条件，或者能够阻碍、影响其他经营者进入相关市场能力的市场地位。滥用市场支配地位是指经营者滥用自己的市场支配地位，实施排除、限制竞争，损害消费者利益的垄断行为。

我国《反垄断法》规定了下列禁止滥用市场支配地位的行为：

(1)以不公平的高价销售商品或者以不公平的低价购买商品；

(2)没有正当理由，以低于成本的价格销售商品；

(3)没有正当理由，拒绝与交易相对人进行交易；

(4)没有正当理由，限定交易相对人只能与其进行交易或者只能与其指定的经营者进行交易；

(5)没有正当理由搭售商品，或者在交易时附加其他不合理的交易条件；

(6)没有正当理由，对条件相同的交易相对人在交易价格等交易条件上实行差别待遇；

(7)国务院反垄断执法机构认定的其他滥用市场支配地位的行为。

(三)经营者集中

经营者集中一方面有利于形成规模经济，从而提高经济效率和企业的竞争力；另一方面，又可能产生或者加强市场支配地位，导致排除或限制竞争。因此，反垄断法对经营者集中实行必要的控制。

我国《反垄断法》禁止了三种经营者集中的形式：

(1)经营者合并；

(2)经营者通过取得股权或者资产的方式取得对其他经营者的控制权；

(3)经营者通过合同等方式取得对其他经营者的控制权或者能够对其他经营者施加决定性影响。

我国《反垄断法》鼓励经营者通过依法实施集中等方式做大做强，同时依法规制经营者集中行为，规定经营者集中达到国务院规定的申报标准的，应当事先向国务院反垄断执法机构申报，未申报的不得实施集中。经营者集中具有或者可能具有排除、限制竞争效果的，国务院反垄断执法机构应当作出禁止经营者集中的决定。

(四)滥用行政权力排除、限制竞争行为

滥用行政权力排除、限制竞争，是指国家行政机关或者公共组织滥用行政权力排除、限制市场竞争的行为，也被称为行政性垄断。主要表现有以下几种：

(1)行政机关和法律、法规授权的具有管理公共事务职能的组织不得滥用行政权力，限定或者变相限定单位或者个人经营、购买、使用其指定的经营者提供的商品。

(2)实施下列行为，妨碍商品在地区之间的自由流通：

①对外地商品设定歧视性收费项目、实行歧视性收费标准，或者规定歧视性价格；

②对外地商品规定与本地同类商品不同的技术要求、检验标准，或者对外地商品采取重复检验、重复认证等歧视性技术措施，限制外地商品进入本地市场；

③采取专门针对外地商品的行政许可，限制外地商品进入本地市场；

④设置关卡或者采取其他手段，阻碍外地商品进入或者本地商品运出；

⑤妨碍商品在地区之间自由流通的其他行为。

(3)阻碍跨地区招标投标。

行政机关和法律、法规授权的具有管理公共事务职能的组织不得滥用行政权力，以设定歧视性资质要求、评审标准或者不依法发布信息等方式，排斥或者限制外地经营者参加本地的招标投标活动。

(4)阻碍跨地区投资。

行政机关和法律、法规授权的具有管理公共事务职能的组织不得滥用行政权力,采取与本地经营者不平等待遇等方式,排斥或者限制外地经营者在本地投资或者设立分支机构。

(5)强制经营者从事垄断行为。

行政机关和法律、法规授权的具有管理公共事务职能的组织不得滥用行政权力,强制经营者从事本法规定的垄断行为。

(6)制定含有排除、限制竞争内容的规定。

三、反垄断法的实施机制

(一)反垄断法的主管机关

国务院设立反垄断委员会,负责组织、协调、指导反垄断工作,履行下列职责:研究拟定有关竞争政策;组织调查、评估市场总体竞争状况,发布评估报告;制定、发布反垄断指南;协调反垄断行政执法工作;国务院规定的其他职责。成员单位除商务部、国家发改委、国家工商行政管理总局3家国务院反垄断执法机构外,还包括工业和信息化部、财政部、交通运输部、国资委、国家知识产权局等14家单位。国家发改委价格监督检查司负责价格检查,依法查处价格垄断行为。国家工商行政管理总局反垄断与不正当竞争执法局,负责除价格垄断行为以外的垄断协议、滥用市场支配地位、滥用行政权力排除、限制竞争的具体反垄断执法。商务部反垄断局的职责,则是依法对经营者集中行为进行反垄断审查,指导我国企业在国外的反垄断应诉。

国务院反垄断执法机构根据工作需要,可以授权省、自治区、直辖市人民政府相应的机构,依照《反垄断法》规定负责有关反垄断执法工作。由此可见,我国反垄断机构的设置由反垄断委员会和两级反垄断执法机构构成。

(二)对涉嫌垄断行为的调查

为了制止和反对垄断行为,保护市场竞争,我国《反垄断法》规定,对涉嫌垄断的行为,任何单位和个人均有权向反垄断执法机构进行举报。反垄断执法机构调查涉嫌垄断行为,可以采取下列措施:

(1)进入被调查的经营者的营业场所或者其他有关场所进行检查;

(2)询问被调查的经营者或者其他有关单位或者个人,要求其说明有关情况;

(3)查阅、复制被调查的经营者、利害关系人或者其他有关单位或者个人的有关单证、协议、会计账簿、业务函电、电子数据等文件、资料;

(4)查封、扣押相关证据;

(5)查询经营者的银行账户。

对反垄断执法机构调查的涉嫌垄断行为,被调查的经营者承诺在反垄断执法机构认可的期限内采取具体措施消除该行为后果的,反垄断执法机构可以决定中止调查。中止调查的决定应当载明被调查的经营者承诺的具体内容。反垄断执法机构决定中止调查的,应当对经营者履行承诺的情况进行监督。经营者履行承诺的,反垄断执法机构可以决

定终止调查。但有下列情形之一的,反垄断执法机构应当恢复调查:

(1)经营者未履行承诺的;

(2)作出中止调查决定所依据的事实发生重大变化的;

(3)中止调查的决定是基于经营者提供的不完整或者不真实的信息作出的。

反垄断执法机构对涉嫌垄断行为调查核实后,认为构成垄断行为的,应当依法作出处理决定,并可以向社会公布。

(三)《反垄断法》规定的法律责任

1. 民事责任

因垄断行为给受害人造成经济损失的,受害人可以依法追究经营者的民事赔偿责任。

2. 行政责任

承担行政责任的主要方式有责令停止实施集中、没收违法所得、限期处分股权、罚款、撤销行业协会登记等。

3. 刑事责任

《反垄断法》规定,经营者触犯刑法构成犯罪的,依法追究刑事责任。反垄断执法机构工作人员滥用职权、玩忽职守、徇私舞弊或者泄露执法过程中知悉的商业秘密,构成犯罪的,依法追究刑事责任;尚不构成犯罪的,依法给予处分。

本章小结

不正当竞争行为有十一种类型:强制性交易行为、滥用行政权力限制竞争行为、搭售和附加不合理交易条件行为、串通投标行为、混淆行为、商业贿赂行为、虚假宣传行为、侵犯商业秘密行为、低价倾销行为、不正当有奖销售行为、诋毁商誉行为。垄断行为有四种:垄断协议,滥用市场支配地位,经营者集中,滥用行政权力排除、限制竞争行为。

思考题

一、2016 年 4 月 12 日,西安电子科技大学 21 岁的学生魏则西因病去世。他生前为治病在百度上搜索某医院的生物免疫疗法,该医院称该疗法效果显著,对治疗魏则西的病情非常有效,然而在该医院治疗后,病情不但没有减轻,反而致病情耽误,此后了解到,该技术在美国已经被淘汰。该事件引发了公众对百度搜索和医院对外承包的关注。请结合《反不正当竞争法》,思考该事件中存在的不正当竞争行为以及责任划分。

二、作为商务部自反垄断法实施以来第一个也是迄今为止唯一一个禁止的集中案件,可口可乐公司收购汇源果汁集团案引发了广泛的争议。2009 年 9 月 3 日上午,汇源果汁集团在香港联交所发布公告,可口可乐公司以约 179.2 亿港元收购汇源果汁集团的全部已发行股份及未行使可换股债券。由于该项收购满足了我国《反垄断法》及《国务院关于经营者集中申报标准的规定》关于经营者集中事先申报的要求,2008 年 9 月 18 日,可口可乐公司向商务部递交了申报材料。经由初步审查和进一步审查,商务部最终于 2009 年 3 月 18 日否决了可口可乐公司收购汇源果汁集团的申请,认为该收购会对市场竞争造成不利影响,否决了该申请。

商务部否决集中的公告一出,立即引起了巨大的讨论和争议:禁止经营者集中到底是阻碍了效率,还是维护了市场竞争、保护了消费者权益,抑或是维护了民族品牌和产业安全?

结合《反垄断法》的相关知识,思考:商务部否决集中的公告是否合法?为什么?

练习题

一、单项选择题

1. 某小厂将其生产的奶制品冠以"核桃六个"商标在某镇的市场上设摊出售。其外包装和知名品牌"六个核桃"非常相似。根据《反不正当竞争法》的规定,下列对该厂的行为定性的表述中,正确的是(　　)。

A. 混淆行为

B. 商业贿赂行为

C. 虚假宣传行为

D. 诋毁商誉行为

2. 秦某是一家网吧的老板,由于网吧经常营业到深夜,影响了楼上李某的休息。李某交涉均没有结果。于是李某雇了一些人到处散发小广告,说秦某的网吧经常出现打架斗殴的事情,并且经常被警察调查。由此,秦某网吧的生意非常冷清。相反,与秦某隔一条街的赵某的网吧上网人数大增,从此红火起来。关于本案的以下几种说法正确的是(　　)。

A. 李某的行为构成诋毁商誉,是不正当竞争行为

B. 李某的行为构成限制竞争,是不正当竞争行为

C. 赵某的行为构成限制竞争,是不正当竞争行为

D. 秦某有权要求李某消除影响,赔偿损失

3. 下列不是垄断协议的是(　　)。

A. 甲大型超市和乙大型超市约定:前者占北京市场,后者占天津市场

B. 因为价格问题,甲乙两家汽车厂口头约定都不购买丙钢铁公司的钢材

C. 甲药厂和乙医药连锁超市约定:后者出售给前者的某种专利药品只能按某价格出售

D. 甲药厂和乙医药连锁超市约定:后者出售给前者的某种专利药品最高按某价格出售

二、不定项选择题

1. 滥用行政权力排除、限制竞争的行为主要表现有(　　)。

A. 限定交易

B. 阻碍商品跨地区流通

C. 阻碍跨地区招标投标

D. 阻碍跨地区投资

E. 强制经营者从事垄断行为

2. 下列以低于成本的价格销售商品情形中不属于不正当竞争行为的有(　　)。

A. 销售鲜活商品

B. 季节性降价

C. 处理有效期限即将到期的商品

D. 处理积压商品

E. 转产处理销售商品

3. 根据《反垄断法》的规定，下列各项中，不适用《反垄断法》的行为有(　　)。

A. 知识产权的正当行使

B. 经营者达成垄断协议

C. 可能具有排除、限制竞争效果的经营者集中

D. 农业生产中的联合或者协同行为

4. 根据《反垄断法》的规定，下列各项中，属于经营者集中的有(　　)。

A. 经营者合并

B. 经营者通过取得股权或资产的方式取得对其他经营者的控制权

C. 经营者通过合同取得对其他经营者的控制权

D. 经营者通过合同外的方式取得能够对其他经营者施加决定性影响的地位

第八章 消费者权益保护法

学习目标

1.掌握消费者的九项权利和经营者的九项义务，以及消费者权益争议的解决途径；

2.了解消费者的概念和消费者权益保护法的基本原则；

3.熟悉侵害消费者权益的法律责任。

第一节 消费者权益保护法概述

一、消费者

消费是社会再生产的重要环节之一,是生产、分配、交换的目的与归宿。消费者则是消费环节的重要主体。消费者的消费是促进社会经济发展的主要推动力之一。根据消费的目的划分,可将消费分为生产消费和生活消费,相应地,消费者也可分为生产消费者与生活消费者,通常所说的消费者主要是指生活资料的消费者。

尽管各国立法时对消费者的定义不完全一致,但一般都把消费者定义为从事消费的主体。国际标准化组织认为,消费者是以个人消费为目的而购买或使用商品和服务的个体生活成员。根据我国《消费者权益保护法》的规定,消费者是指为了满足生活消费需要而购买、使用商品或接受服务的个体社会成员。同时,《消费者权益保护法》还规定,农民购买、使用直接用于农业生产的生产资料,参照消费者权益保护法执行。

《消费者权益保护法》所指的消费者具有以下几个法律特征:

(1)消费者的消费活动属于生活消费,即消费者购买商品或者接受服务时非以盈利为目的,而是用于个人与家庭的消费。

(2)消费者消费的客体既包括商品,也包括服务。

(3)消费者主要指个人。消费者作为一个特定的法律用语,它是指个人,而不是组织。

二、消费者权益保护法

(一)消费者权益保护法的概念及调整对象

20世纪60年代,西方国家爆发了“消费者权利运动”,推动了消费者权益保护法律制度的发展。由美国前总统肯尼迪提出并由其后的总统尼克松完善的“保护消费者权益”的特别咨文的提出,促使各国加强了消费者权益保护法的立法和研究,相继颁布了保护消费者权益的基本法。

消费者权益保护法有广义和狭义之分。广义上的消费者权益保护法是指所有涉及消费者权益保护的各种法律规范的总称,它不仅包括《消费者权益保护法》,还包括《民法通则》《产品质量法》《反不正当竞争法》《广告法》等法律中的相关规定。狭义的消费者权益保护法,是指有关消费者权益保护的专门立法。

消费者权益保护法的调整对象,是因对消费者提供保护而产生的社会关系。主要有以下 3 个方面:

(1)国家与经营者之间的关系,即为了保护消费者在国家和经营者之间产生的监督管理与被监督管理关系。

(2)国家与消费者之间的关系,即在消费者权益保护法中表现为保护与被保护、指导与被指导关系。

(3)消费者与生产经营者之间的关系,即在自愿、平等、公平、诚实信用基础之上的等价、有偿的商品交换关系。

(二)消费者权益保护法的立法宗旨和立法原则

《消费者权益保护法》第一条明确说明了其立法宗旨:为保护消费者的合法权益,维护社会经济秩序,促进社会主义市场经济健康发展,制定本法。《消费者权益保护法》的立法宗旨有两个:一是保护消费者的合法权益;二是维护社会经济秩序,促进市场经济健康发展。其原则有以下几个:

(1)自愿、平等、公平、诚实信用原则。消费者与经营者进行交易应完全是真实意思的表达,双方的地位无高下之别,交易过程中不应存在欺诈、强买强卖等违反公平交易、诚实信用的行为。

(2)对消费者进行特殊保护的原则。维护消费者的合法权益是《消费者权益保护法》立法目的之一。从民事关系的角度来看,消费者与经营者的关系应是平等的,但在实际生活中由于信息的不对称以及双方利益的对立性,消费者处于相对弱势的地位。因此,国家给予消费者特别保护。当消费者的权利保护与经营者的民事权利发生冲突时,应当优先保护消费者的权利。

(3)国家保护与社会监督相结合的原则。国家保护消费者的合法权益不受侵害。国家采取措施,保障消费者依法行使权利,维护消费者的合法权益。同时,法律还规定,保护消费者的合法权益是全社会的共同责任。国家鼓励、支持一切组织和个人对损害消费者合法权益的行为进行社会监督。大众传播媒介应当做好维护消费者合法权益的宣传,对损害消费者合法权益的行为进行舆论监督。

(4)补偿性与惩罚性相结合的原则。消费者权益保护法对经营者以不法手段侵害消费者权益的行为,规定补偿性与惩罚性结合的方式予以制裁。一般情况下,经营者合理赔偿消费者的实际损失,特殊情况下对其不法行为给予相应的惩罚性处罚。

第二节　消费者权利和经营者义务

一、消费者的权利

(一)安全保障权

安全保障权是指消费者在购买、使用商品和接受服务时享有人身、财产安全不受损害的权利。《消费者权益保护法》第七条规定,消费者在购买、使用商品和接受服务时享有人身、财产安全不受损害的权利。消费者有权要求经营者提供的商品和服务,符合保障人身、财产安全的要求。安全保障权是消费者的一项最基本权利。这项权利包含两部分内容:一是消费者的人身安全权,即消费者在消费过程中,享有其身体和健康不受危害的权利;二是消费者的财产安全权,即消费者在购买、使用商品或接受服务时享有其财产不受损失的权利。

(二)知悉真情权

知悉真情权是指消费者有知悉其所购买、使用的商品或者接受的服务的真实情况的权利。《消费者权益保护法》第八条第二款规定,消费者有权根据商品或者服务的不同情况,要求经营者提供商品的价格、产地、生产者、用途、性能、规格、等级、主要成分、生产日期、有效期限、检验合格证明、使用方法说明书、售后服务,或者服务的内容、规格、费用等有关情况。此项权利的规定旨在缩小消费者与经营者双方在产品或者服务信息掌握上的差距。

(三)自主选择权

自主选择权是指消费者享有自主选择商品或服务的权利。它具体包括:

(1)消费者有权自主选择提供商品或者服务的经营者;

(2)自主选择商品品种或者服务方式;

(3)自主决定购买或者不购买任何一种商品、接受或者不接受任何一项服务;

(4)消费者在自主选择商品或者服务时,有权进行比较、鉴别和挑选。

自主选择权是消费者的一项基本权利。但需要注意的是,消费者必须合理使用该项权利,不得滥用;消费者自主选择权不是否定经营者向消费者进行商品或者服务的推介行为。

(四)公平交易权

消费者在购买商品或者接受服务时,有权获得质量保障、价格合理、计量正确等公平交易条件,有权拒绝经营者的强制交易行为。该项权利与自主选择权都是自愿、平等、公平、诚实信用原则在《消费者权益保护法》中的具体体现。两种权利也存在着相辅相成的联系。

(五)获得赔偿权

消费者因购买、使用商品或者接受服务受到人身、财产损害的,享有依法获得赔偿的权利。享有该项权利的主体包括:①商品的购买者和使用者;②服务的接受者;③消费者以外的因商品、服务引起的事故而受到损害的第三人。获得赔偿的内容包括人身伤害的赔偿和财产损害的赔偿。此项权利是对消费者人身权和财产权的进一步保护。

(六)依法结社权

依法结社权是指消费者享有依法成立维护自身合法权益的社会团体的权利。消费者通过这类社会团体的成立,有组织地进行自身权利保护,能够充分使分散、弱小的个体力量走向集中、强大,从而更好地维护消费者的合法权益。

我国的消费者团体——中国消费者协会于1984年成立。中国消费者协会的各级组织在监督生产者、经营者履行义务、保障消费者权利的实现方面做出了积极贡献。

(七)获得知识权

获得知识权是指消费者享有获得有关消费和消费者权益保护方面的知识的权利。消费者应当努力掌握所需商品或者服务的知识和使用技能,正确使用商品,提高自我保护意识。同时,国家有义务通过各个职能部门创造各种机会,通过大众传媒提供商品、服务和法律方面的知识。通过两方面的共同努力保障消费者的合法权益。

(八)获得尊重权

获得尊重权是指消费者在购买商品、接受服务时所享有的其人格尊严、民族习惯得到尊重的权利。获得尊重权主要表现在消费者在购买商品或者接受服务时,经营者不得对消费者进行侮辱、诽谤,不得搜查消费者的身体及其携带的物品,不得侵犯消费者的人身自由。

(九)批评监督权

批评监督权是指消费者享有对商品和服务及保护消费者权益工作进行监督的权利。消费者有权检举、控告侵害消费者权益的行为和国家机关及其工作人员在保护消费者权益工作中的违法失职行为,有权对保护消费者权益工作提出批评、建议。消费者的批评监督权是消费者对自身权益得到真正保护的重要途径。

二、经营者的义务

(一)依法或依约履行义务

经营者向消费者提供商品或者服务,应当依照《产品质量法》和其他有关法律、法规的规定履行义务。经营者和消费者有约定的,应当按照约定履行义务,但双方的约定不得违背法律、法规的规定。

(二)听取意见和接受监督的义务

经营者应当听取消费者对其提供的商品或者服务的意见,接受消费者的监督。经营者的这一义务是与消费者的批评监督权相对应的。听取消费者的意见和接受消费者的监督是经营者的生存之本,有利于转变经营观念,提高管理水平,改善与提高商品和服务的质量。

(三)保障商品和服务安全的义务

经营者应当保证其提供的商品或者服务符合保障人身、财产安全的要求。对可能危及人身、财产安全的商品或者服务，应当向消费者作出真实的说明和明确的警示，并说明和标明正确使用商品或者接受服务的方法及防止危害发生的方法。经营者发现其提供的商品或者服务存在严重缺陷，即使正确使用商品或者接受服务仍然可能对人身、财产安全造成危害的，应当立即向有关行政部门报告和告知消费者，并采取防止危害发生的措施。该项权利与消费者的安全保障权相对应。

（四）提供真实信息的义务

提供真实信息的义务是与消费者知悉真情权相对应的经营者的义务。消费者了解、掌握有关商品或者服务的信息主要来自于经营者通过标注、表示、宣传等方式提供的信息。

提供真实信息的义务具体包括：

（1）经营者应当向消费者提供有关商品或者服务的真实信息，不得作引人误解的虚假宣传。

（2）经营者对消费者就其提供的商品或者服务的质量和使用方法等问题提出的询问，应当作出真实、明确的答复；商店提供商品应当明码标价。

（3）经营者应当标明其真实名称和标记。

（4）租赁他人柜台或者场地的经营者，应当标明其真实名称和标记。

（五）出具凭证和服务单据的义务

经营者提供商品或者服务，应当按照国家有关规定或者商业惯例向消费者出具购货凭证或者服务单据。消费者索要购货凭证或者服务单据的，经营者必须出具。凭证和服务单据是消费者购买商品或者接受服务的证据。

（六）保证商品和服务质量的义务

经营者应当保证在正常使用商品或者接受服务的情况下，其提供的商品或者服务应当具有的质量、性能、用途和有效期限；但消费者在购买该商品或者接受该服务前已经知道其存在瑕疵的除外。经营者以广告、产品说明、实物样品或者其他方式表明商品或者服务的质量状况的，应当保证其提供的商品或者服务的实际质量与表明的质量状况相符。

（七）履行“三包”或其他责任的义务

经营者提供商品或者服务，按照国家规定或者与消费者的约定，承担包修、包换、包退或者其他责任的，应当按照国家规定或者约定履行，不得故意拖延或者无理拒绝。

（八）禁止从事不公平、不合理交易的义务

经营者容易利用其相对于消费者的优势地位从事不公平、不合理的交易。为了保护消费者的合法权益，《消费者权益保护法》第二十六条明确规定，经营者不得以格式条款、通知、声明、店堂告示等方式，作出对消费者不公平、不合理的规定，或者减轻、免除其损害消费者合法权益应当承担的民事责任。格式合同、通知、声明、店堂告示等含有前款所列内容的，其内容无效。

（九）尊重消费者的人格尊严和人身自由的义务

经营者不得对消费者进行侮辱、诽谤，不得搜查消费者的身体及其携带的物品，不得侵犯消费者的人身自由。

第三节 消费者权益保护及争议解决

一、消费者权益保护机构及其职责

(一)国家对消费者合法权益的保护

(1)国家制定保护消费者合法权益的法律、法规和政策。国家制定有关保护消费者权益的法律、法规和政策时,应听取消费者的意见和要求。立法保护是充分有效地保护消费者合法权益的基础和依据。

(2)各级人民政府应当加强领导,组织、协调、督促有关行政部门做好保护消费者合法权益的工作。各级人民政府应当加强监督,预防危害消费者人身、财产安全行为的发生,及时制止危害消费者人身、财产安全的行为。各级人民政府工商行政管理部门和其他有关行政部门应当依照法律、法规的规定,在各自的职责范围内,采取措施,保护消费者的合法权益。有关行政部门应当听取消费者及其社会团体对经营者交易行为、商品和服务质量问题的意见,及时调查处理。

(3)人民法院应当采取措施,方便消费者提起诉讼。对符合《中华人民共和国民事诉讼法》起诉条件的消费者权益争议必须受理,及时审理,依法惩处经营者在提供商品和服务中侵害消费者合法权益的违法犯罪行为。

(二)消费者组织对消费者合法权益的保护

消费者协会和其他消费者组织是依法成立的对商品与服务进行社会监督的保护消费者合法权益的社会团体。1987 年 9 月,中国消费者协会加入了国际消费者联盟组织,已与许多国家和地区的消费者组织建立了联系。

消费者协会的职能如下:

(1)向消费者提供消费信息和咨询服务。

(2)参与有关行政部门对商品和服务的监督检查。

(3)就有关消费者合法权益的问题,向有关行政部门反映、查询,提出建议。

(4)受理消费者的投诉,并对投诉事项进行调查、调解。

(5)投诉事项涉及商品和服务质量问题的,可以提请鉴定部门鉴定,鉴定部门应当告知鉴定结论。

(6)就损害消费者合法权益的行为,支持受损害的消费者提起诉讼。

(7)对损害消费者合法权益的行为,通过大众传媒予以揭露和批评。

各级人民政府对消费者协会履行职能应当予以支持。

消费者组织不得从事商品经营和营利性服务,不得以牟利为目的向社会推荐商品和服务。

二、消费者权益争议的解决

(一)消费者权益争议的解决途径

消费者和经营者发生消费者权益争议的,可以通过下列途径解决:

(1)与经营者协商和解。

(2)请求消费者协会调解。

(3)向有关行政部门申诉。

(4)根据与经营者达成的仲裁协议提请仲裁机构仲裁。

(5)向人民法院提起诉讼。

(二)赔偿义务主体的确定

消费者在其合法权益受到侵害时,根据有利于消费者求偿的原则,可以就不同情况分别确定赔偿义务主体。

(1)消费者在购买、使用商品时,其合法权益受到损害的,可以向销售者要求赔偿。销售者赔偿后,属于生产者的责任或者属于向销售者提供商品的其他销售者的责任的,销售者有权向生产者或者其他销售者追偿。

消费者或者其他受害人因商品缺陷造成人身、财产损害的,可以向销售者要求赔偿,也可以向生产者要求赔偿。属于生产者责任的,销售者赔偿后,有权向生产者追偿。属于销售者责任的,生产者赔偿后,有权向销售者追偿。

消费者在接受服务时,其合法权益受到损害的,可以向服务者要求赔偿。

(2)消费者在购买、使用商品或者接受服务时,其合法权益受到损害,因原企业分立、合并的,可以向变更后承受其权利义务的企业要求赔偿。

(3)使用他人营业执照的违法经营者提供商品或者服务,损害消费者合法权益的,消费者可以向其要求赔偿,也可以向营业执照的持有人要求赔偿。

(4)消费者在展销会、租赁柜台购买商品或者接受服务,其合法权益受到损害的,可以向销售者或者服务者要求赔偿。展销会结束或者柜台租赁期满后,也可以向展销会的举办者、柜台的出租者要求赔偿。展销会的举办者、柜台的出租者赔偿后,有权向销售者或者服务者追偿。

(5)消费者因经营者利用虚假广告提供商品或者服务,其合法权益受到损害的,可以向经营者要求赔偿。广告经营者发布虚假广告的,消费者可以请求行政主管部门予以惩处。广告经营者不能提供经营者的真实名称、地址的,应当承担赔偿责任。

三、侵害消费者权益的法律责任

经营者由于违法的情节、性质不同,分别或者同时承担民事责任、行政责任和刑事责任。

(一)民事责任

经营者提供商品或者服务有下列情形之一的,除本法另有规定外,应当依照《产品质量法》和其他有关法律、法规的规定,承担民事责任:

(1)商品存在缺陷的。

(2)不具备商品应当具备的使用性能而出售时未作说明的。

(3)不符合在商品或者其包装上注明采用的商品标准的。

(4)不符合商品说明、实物样品等方式表明的质量状况的。

(5)生产国家明令淘汰的商品或者销售失效、变质的商品的。

(6)销售的商品数量不足的。

(7)服务的内容和费用违反约定的。

(8)对消费者提出的修理、重作、更换、退货、补足商品数量、退还货款和服务费用或者赔偿损失的要求,故意拖延或者无理拒绝的。

(9)法律、法规规定的其他损害消费者权益的情形。

承担民事责任的方式可以分为侵害消费者人身权利的民事责任和侵害消费者财产权利的民事责任两种。

1. 侵害消费者人身权利的民事责任

经营者提供商品或者服务,造成消费者或者其他受害人人身伤害的,应当支付医疗费、治疗期间的护理费、因误工减少的收入等费用,造成残疾的,还应当支付残疾者生活自助器具费、生活补助费、残疾赔偿金及由其扶养的人所必需的生活费等费用。

经营者提供商品或者服务,造成消费者或者其他受害人死亡的,应当支付丧葬费、死亡赔偿金及由死者生前扶养的人所必需的生活费等费用。

经营者对消费者进行侮辱、诽谤,搜查消费者的身体及其携带的物品,从而侵害消费者的人格尊严或者侵犯消费者人身自由的,应当停止侵害、恢复名誉、消除影响、赔礼道歉,并赔偿损失。

2. 侵害消费者财产权利的民事责任

经营者提供商品或者服务,造成消费者财产损害的,应当按照消费者的要求,以修理、重作、更换、退货、补足商品数量、退还货款和服务费用或者赔偿损失等方式承担民事责任。消费者与经营者另有约定的,按照约定履行。

对国家规定或者经营者与消费者约定包修、包换、包退的商品,经营者应当负责修理、更换或者退货。在保修期内两次修理仍不能正常使用的,经营者应当负责更换或者退货。对包修、包换、包退的大件商品,消费者要求经营者修理、更换、退货的,经营者应当承担运输等合理费用。依法经有关行政部门认定为不合格的商品,消费者要求退货的,经营者应当负责退货。

经营者以邮购方式提供商品的,应当按照约定提供。未按照约定提供的,应当按照消费者的要求履行约定或者退回货款,并应当承担消费者必须支付的合理费用。

经营者以预收款方式提供商品或者服务的,应当按照约定提供。未按照约定提供的,应当按照消费者的要求履行约定或者退回预付款,并应当承担预付款的利息及消费者必须支付的合理费用。

经营者提供商品或者服务有欺诈行为的,应当按照消费者的要求增加赔偿其受到的损失,增加赔偿的金额为消费者购买商品的价款或者接受服务的费用的 1 倍。

(二)行政责任

经营者有下列情形之一,《产品质量法》和其他有关法律、法规对处罚机关和处罚方式有规定的,依照法律、法规的规定执行;法律、法规未作规定的,由工商行政管理部门责令改正,可以根据情节单处或者并处警告、没收违法所得、处以违法所得 1 倍以上 5 倍以下的罚款,没有违法所得的处以 1 万元以下的罚款;情节严重的,责令停业整顿、吊销营业执照:

(1)生产、销售的商品不符合保障人身、财产安全要求的。

(2)在商品中掺杂、掺假,以假充真,以次充好,或者以不合格商品冒充合格商品的。

(3)生产国家明令淘汰的商品或者销售失效、变质的商品的。

(4)伪造商品的产地,伪造或者冒用他人的厂名、厂址,伪造或者冒用认证标志、名优标志等质量标志的。

(5)销售的商品应当检验、检疫而未检验、检疫或者伪造检验、检疫结果的。

(6)对商品或者服务作引人误解的虚假宣传的。

(7)对消费者提出的修理、重作、更换、退货、补足商品数量、退还货款和服务费用或者赔偿损失的要求,故意拖延或者无理拒绝的。

(8)侵害消费者人格尊严或者侵犯消费者人身自由的。

(9)法律、法规规定的对损害消费者权益应当予以处罚的其他情形。

(三)刑事责任

(1)经营者提供的商品或者服务,造成消费者或者其他受害人人身伤害或导致受害人死亡的,除必须承担民事赔偿责任外,构成犯罪的,追究刑事责任。

(2)以暴力、威胁等方法阻碍有关行政部门工作人员依法执行职务的,依法追究刑事责任;拒绝、阻碍有关行政部门工作人员依法执行职务,未使用暴力、威胁方法的,由公安机关依照《中华人民共和国治安管理处罚法》的规定处罚。

(3)国家机关工作人员玩忽职守或者包庇经营者侵害消费者合法权益的行为的,由其所在单位或者上级机关给予行政处分;情节严重,构成犯罪的,依法追究刑事责任。

(四)精神损害赔偿

经营者提供的商品或服务,造成消费者或其他受害人精神伤害的,应依法承担精神损害赔偿责任。根据2001年2月26日最高人民法院审判委员会第1161次会议通过的《最高人民法院关于确定民事侵权精神损害赔偿责任若干问题的解释》,自然人因下列人格权利遭受非法侵害,向人民法院起诉请求赔偿精神损害的,人民法院应当依法予以受理:

(1)生命权、健康权、身体权;

(2)姓名权、肖像权、名誉权、荣誉权;

(3)人格尊严权、人身自由权;

(4)违反社会公共利益、社会公德侵害他人隐私或者其他人格利益,受害人以侵权为由向人民法院起诉请求赔偿精神损害的,人民法院应当依法予以受理。

自然人死亡后,其近亲属因下列侵权行为遭受精神痛苦,向人民法院起诉请求赔偿精神损害的,人民法院应当依法予以受理:

(1)以侮辱、诽谤、贬损、丑化或者违反社会公共利益、社会公德的其他方式,侵害死者姓名、肖像、名誉、荣誉;

(2)非法披露、利用死者隐私,或者以违反社会公共利益、社会公德的其他方式侵害死者隐私。

因侵权致人精神损害,但未造成严重后果,受害人请求赔偿精神损害的,一般不予支持,人民法院可以根据情形判令侵权人停止侵害、恢复名誉、消除影响、赔礼道歉。

因侵权致人精神损害,造成严重后果的,人民法院除判令侵权人承担停止侵害、恢复名誉、消除影响、赔礼道歉等民事责任外,可以根据受害人一方的请求判令其赔偿相应的精神损害抚慰金。精神损害抚慰金包括以下方式:

(1)致人残疾的,为残疾赔偿金;

(2)致人死亡的,为死亡赔偿金;

(3)其他损害情形的精神抚慰金。

精神损害的赔偿数额根据以下因素确定:

(1)侵权人的过错程度,法律另有规定的除外;

(2)侵害的手段、场合、行为方式等具体情节;

(3)侵权行为所造成的后果;

(4)侵权人的获利情况;

(5)侵权人承担责任的经济能力;

(6)受诉人民法院所在地平均生活水平。

法律、行政法规对残疾赔偿金、死亡赔偿金等有明确规定的,适用法律、行政法规的规定。

受害人对损害事实和损害后果的发生有过错的,可以根据其过错程度减轻或者免除侵权人的精神损害赔偿责任。

本章小结

《消费者权益保护法》是对消费者提供特别保护的法律,涉及国家、经营者、消费者之间的各种经济关系、权利义务关系及监督关系等。《消费者权益保护法》的主要作用就是保护消费者的合法权益,维护良好的市场秩序。消费者的权利包括安全保障权、知悉真情权、自主选择权、公平交易权、获得赔偿权、依法结社权、获得知识权、获得尊重权及批评监督权。经营者的义务包括依法或依约履行义务,听取意见和接受监督的义务,保障商品和服务安全的义务,提供真实信息的义务,出具凭证和服务单据的义务,保证商品和服务质量的义务,履行"三包"或其他责任的义务,禁止从事不公平、不合理交易的义务,以及尊重消费者的人格尊严和人身自由的义务。

思考题

1. 根据《消费者权益保护法》的规定,消费者争议的解决途径有哪些?
2. 消费者的权利包括哪些内容?
3. 经营者的义务包括哪些内容?
4. 简述消费者自主选择权的具体内容。
5. 消费者的安全保障权具体包括哪些内容?

练习题

2016年5月10日,甲从商场买回一台A牌洗衣机(属"三包"商品),在5月15日使用时,发现洗衣机突然不转,遂到商场要求退货,商场售货员乙声称,商场明文规定凡是在本商场购买的任何家用电器,如有问题只能维修,不能退换。但修理3次后,洗衣机仍不能正常使用。为此,甲多次找到商场有关部门投诉,但无结果。双方因此发生争执。

问题:(1)该商场售货员乙的说法是否正确?为什么?

(2)消费者甲该如何处理?

第九章　产品质量法

学习目标

1.了解《产品质量法》的适用范围及违反《产品质量法》的法律责任；

2.掌握生产者与销售者的产品质量义务；承担产品缺陷损害赔偿责任的条件和归责原则；

3.熟悉产品瑕疵和产品缺陷的含义及其区别。

第一节　产品质量法概述

一、产品质量和产品质量法的概念

产品质量是指产品满足规定的或者潜在需要的特性的总和，一般包括产品的使用性能、可用性、安全性、可靠性、可维修性、经济性、环境等七项基本指标。产品质量不仅关系到消费者的利益，也反映了产品生产者和销售者的素质和职业道德，同时还代表一个国家的形象和民族精神。因此，产品质量问题已成为一个国家经济发展的战略性问题，在经济立法中占有重要位置。

产品质量法是调整在生产、流通和消费及监督管理过程中因产品质量所产生的经济关系的法律规范的总称。我国产品质量法调整的经济关系主要有以下两大类：

(1)产品质量监督管理机关和从事产品生产、经营活动的组织或个人，在产品质量监督管理过程中产生的监督与被监督、管理与被管理的经济关系，即产品质量监督管理关系。

(2)产品的生产者、销售者和产品的消费者，在产品交换过程中产生的具有等价交换性质的经济关系，即产品质量责任关系。

二、产品质量法的立法概况

改革开放以来，我国一直比较重视产品质量责任立法，在借鉴国外有益立法经验的基础上，根据我国的具体国情和维护社会主义市场经济秩序的需要，经过多年的发展，已经初步形成了中国特色产品质量法律制度。

与国外产品质量立法相比，我国的产品质量立法既重视对产品质量责任的明确，又重视对产品质量的监督管理，在内容上可以分为三类：

（1）产品质量基本法，即《中华人民共和国产品质量法》。该法于1993年2月22日第七届全国人民代表大会常务委员会第三十次会议通过，自1993年9月1日起实施。2000年7月8日，第九届全国人民代表大会常务委员会第十六次会议第一次修正本法。2009年8月27日，第十一届全国人民代表大会常务委员会第十次会议第二次修正本法。

（2）产品质量监督管理方面的法律、法规。如《中华人民共和国食品安全法》《中华人民共和国药品管理法》《中华人民共和国计量法》《中华人民共和国进出口商品检验法》《军工产品质量管理条例》等。

（3）产品责任方面的法律、法规，如《消费者权益保护法》等。

三、《产品质量法》的适用范围

（一）对产品的适用范围

我国《产品质量法》所指的产品特指经过加工、制作、用于销售的物质产品，不包括建设工程、军工产品和虽经加工、制作，但不用于销售的产品以及天然物品。

（二）对事的适用范围

产品的经营活动主要有生产、运输、仓储和销售四个环节。我国《产品质量法》只调整产品的生产、销售活动。

（三）对人的适用范围

产品质量义务的承担者是产品的生产者和销售者，因此产品责任主体主要包括产品制造人、原料和零部件制造人、产品销售者和进口商等。

（四）空间适用范围

从空间看上，在中华人民共和国境内从事产品生产、销售活动，包括销售进口产品，都必须遵守《产品质量法》。

第二节　产品质量监督

一、产品质量监督管理体制

产品质量监督管理的目的，在于通过国家产品质量管理机关的宏观调控，使产品的质量符合一定的标准或规格，并安全有效地进入流通领域。依照《产品质量法》的规定，我国按照行政区划建立产品质量监督管理机构，具体负责对产品质量的管理和监督。

（1）国务院产品质量监督管理部门主管全国产品质量监督管理工作，主要履行以下职责：

①对产品质量进行宏观的管理和指导，即统一制定有关产品质量管理的方针和政策，草拟或者发布有关产品质量的行政法规或规章；

②推广现代化质量管理方法；

③负责国家质量奖的评审和管理工作；

④负责国优产品的评审和评优管理工作；

⑤负责生产许可证的管理工作等。

(2)县级以上地方人民政府产品质量监督管理部门,负责本行政区域内的产品质量监督管理工作。

(3)国务院和县级以上地方人民政府设置的有关行业主管部门,应按照同级人民政府赋予的职权,在行业分工的范围内,负责本行政区、本行业范围内产品质量的行政监督和管理工作。

二、产品质量管理制度

(一)产品质量标准制度

1.产品质量标准的制定

标准是生产、流通、科研和建设工程等活动中通用的技术依据。实行产品质量标准制度,可以有效地保证企业产品的适用性和互换性,有利于提高产品质量,这是一种行之有效的质量管理制度。我国目前已形成以国家标准、行业标准为中心,以地方标准和企业标准为辅的标准体系。

1)国家标准

国家标准是国家对全国经济、技术发展有重大意义的工业产品的主要特性和特征所作的统一规定,是从事产品设计、生产、检验、包装的基本依据。

2)行业标准

行业标准由国务院有关行政主管部门或行业标准化组织制定、批准发布,并报国务院标准化行政主管部门备案。行业标准是专业性、技术性要求较高的标准。

3)地方标准

地方标准是在某个省、自治区、直辖市范围内为统一工业产品的安全、卫生要求制定的标准。地方标准由省、自治区、直辖市标准化行政主管部门制定,并报国务院标准化行政主管部门备案。

4)企业标准

企业标准是对企业范围内需要协调、统一的技术要求、管理要求和工作要求所制定的标准。企业生产的产品没有国家标准和行业标准的,应当制定企业标准,已有国家标准和行业标准的,国家鼓励企业制定严于国家标准或行业标准的企业标准。

为适应国际贸易发展的需要,我国还鼓励企业积极采用国际标准和国外先进标准。对产品质量管理先进和产品质量达到国际先进水平、成绩显著的单位和个人,国家给予奖励。

2.产品标准的实施

产品质量法施行强制与推荐、鼓励与惩罚相结合的政策,把产品标准分为强制性标准和推荐性标准两种。

1)强制性标准

强制性标准是当事人必须执行的标准,包括部分国家标准、行业标准和全部地方标准,主要涉及:

(1)有关人体健康、人身和财产安全的标准;

(2)药品标准;

(3)食品卫生标准;

(4)兽药标准;

(5)产品及产品生产、储运、使用中的安全、卫生标准;

(6)劳动安全、卫生标准等。

2)推荐性标准

推荐性标准是指不具有强制执行的效力,依靠执行者自愿采用的标准。强制性标准以外的标准是推荐性标准。国际标准是推荐性标准。

企业生产的产品必须符合国家有关产品标准的规定,而且不同的产品要执行不同的标准。国家要求一切生产企业对于原料、材料和协作件的验收,半成品的检查及成品的检查,都必须按照标准进行。

(二)产品质量检验制度

产品质量检验是检验机构根据特定标准对产品质量进行检测,并判断质量合格与否的活动。产品质量检验是经济管理的重要内容,是提高产品质量,保障产品满足规定要求的技术手段,因此企业必须认真执行产品质量检验制度。

(1)产品质量检验的主体是企业。企业应依法主动地进行产品质量检验。除法律强制要求的外,企业有权选择检验范围、方法和标准,有权规定检验程序和设置检验机构。

(2)产品质量检验应依标准进行,有强制性标准的必须采用。出厂销售的产品,必须检验合格,有质量检验合格证。不得以不合格产品冒充合格产品。

(3)产品质量检验应当接受国家产品质量监督管理部门和检验机构的指导、监督,以确保检验质量。

(三)企业质量体系认证制度

企业质量体系是指足以影响企业产品质量的各个环节、各种因素的统一体。企业质量体系认证是目前国际上通行的一种产品质量监督管理制度,指依据一定的标准和要求,由认证机构对企业质量体系进行审核、评定,确认符合标准和要求时由认证机构向企业颁发认证证书,以证明企业质量体系和质量保证能力符合相应标准要求的活动。

为了促使企业建立健全企业质量体系,提高企业的市场竞争能力,我国《产品质量法》规定,在国内推行企业质量体系认证制度。

(1)企业质量体系认证遵循自愿原则,由企业自愿申请认证,由认证机构予以审查、确认。我国质量体系认证的认证机构是国务院技术监督部门,或由其授权的部门认可的认证机构,如行业认证委员会等。

(2)企业质量体系认证制度的依据是我国国家标准 GB/T 19000,其等同于国际通用的“质量管理和质量保证”系列标准,即国际标准化组织(ISO)于 1987 年 3 月正式发布的 ISO 9000 系列标准。

(3)企业质量体系认证主要是对企业的质量体系和质量保证能力进行认证,具体包括企业生产经营的职权、职责、生产过程、目标和企业的组织系统等方面。

(四)产品质量认证制度

产品质量认证是参照国际先进的产品标准和技术要求,由认证机构对产品质量进行检测、测试,确认并通过颁发认证证书和准许使用产品质量认证标志的形式,证明某产品符合相应标准和技术要求的活动。

我国的产品质量认证分为安全认证和合格认证。实行安全认证的产品,必须符合保障人体健康和人身、财产安全的国家标准、行业标准;未制定国家标准、行业标准的,必须符合保障人体健康和人身、财产安全的要求。实行合格认证的产品,必须符合国家标准、行业标准的要求,未制定国家标准、行业标准的,以社会公认的安全、卫生要求为依据。

产品质量认证实行自愿原则,企业可根据自身情况决定是否申请认证。产品质量认证应依法定程序进行,经过申请、审查、检验、批准等具体步骤。产品质量认证部门依法对符合条件的产品批准认证,颁发认证证书,并允许在该产品上使用认证标志。获得认证的产品,除接受国家法律和行政法规规定的检查外,免于其他检查,并享受优质优价、优先推荐评为国优产品等国家规定的优惠。

(五)产品召回制度

产品召回制度是指产品的生产商、进口商或者经销商在得知其生产、进口或经销的产品存在可能危害消费者健康安全时,依法向政府部门报告,及时通知消费者,并从市场上和消费者手中收回有问题的产品,予以更换、赔偿的积极有效的补救措施,消除缺陷产品的危害风险。产品召回最早出现在1960年美国的汽车行业。作为一种国际通行的做法,在商品召回制度成熟的国家,商品召回的程序、监督和赔款等都有明确规定。

三、产品质量监督制度

(一)国家监督

产品质量的国家监督指国务院及地方各级产品质量监督管理部门依法对生产领域、流通领域的产品质量进行的强制性监督检验活动,主要方式为抽查。

监督抽查工作由国务院产品质量监督部门规划和组织,县级以上地方产品质量监督部门在本行政区域内也可以组织监督抽查。产品质量监督部门实施产品质量监督抽查有以下几个重点:

(1)可能危及人体健康和人身、财产安全的产品,如食品、药品、医疗器械、压力容器、易燃易爆产品等;

(2)影响国计民生的重要工业产品,如化肥、农药、建筑钢筋、水泥、计量器具等;

(3)消费者、有关组织反映有质量问题的产品。

国家监督抽查的产品,地方不得另行重复抽查;上级监督抽查的产品,下级不得另行重复抽查。

抽查的样品应当在市场上或者企业成品仓库内的待销产品中随机抽取,样品由被检查者无偿提供。检验抽取样品的数量不得超过检验的合理需要,并不得向被抽查人收取检验费用。对依法进行的产品质量监督检查,销售者不得拒绝。产品质量检验机构必须依法按照有关标准,客观、公正地出具检验结果,并定期发布其监督抽查的产品的质量状况公告。

经监督抽查产品质量不合格的,由实施监督抽查的产品质量监督部门责令其生产者、销售者限期改正。逾期不改正的,由省级以上人民政府产品质量监督部门予以公告;公告后经复查仍不合格的,责令停业,限期整顿。整顿期满其产品经复查仍不合格的,吊销营业执照。监督抽查的产品有严重质量问题的,依法进行处罚。

(二)社会监督

社会监督包括舆论监督和社会团体监督两种。

1. 舆论监督

舆论监督指广播、电视、报刊等舆论单位按照国家的有关规定,运用新闻媒介对产品质量进行监督。舆论监督具有影响范围广,监督及时,主动性、独立性强等特点,是一种有效的监督形式。

2. 社会团体监督

社会团体监督主要指消费者协会和其他消费者组织依法对产品质量进行的监督。社会监督的方式主要是就消费者反映的产品质量问题建议有关部门负责处理,或支持消费者对因产品质量造成的损害向人民法院起诉。

(三)消费者监督

消费者对产品质量的监督是一种经常性的和最直接的监督,监督方式是就产品质量问题,向产品的生产者、销售者查询;向产品质量监督部门、工商行政管理部门或有关部门申诉。对消费者的申诉,接受申诉的部门应当负责处理。

第三节　产品质量责任与义务

产品质量义务是指产品的生产者和销售者在产品质量方面应为一定行为或不为一定行为的责任。产品质量义务的核心是保证产品质量符合要求。

生产者、销售者的质量义务是由法律规定的,当事人不得以协议加以变更。生产者、销售者违反产品质量义务时,应当承担法律责任。

一、生产者的产品质量义务

(一)保证产品内在质量

生产者应当对其生产的产品质量负责。产品质量应当符合下列要求:

(1)产品质量不存在危及人身、财产安全的不合理的危险,有保障人体健康和人身、财产安全的国家标准、行业标准的,应当符合该标准。

(2)具备产品应当具备的使用性能,即生产者提供的产品应当适合于该产品的一般用途,具有适销性和有用性。但是,对于产品存在使用性能的瑕疵作出说明的除外。

(3)产品质量应当符合在产品或者其包装上注明采用的产品标准,符合以产品说明、实物样品等方式表明的质量状况。

(二)依法真实、明确地提供产品标识

产品标识是载附于产品表面或者产品包装上用于揭示产品及其特征、特性的各种文字说明、符号等,是产品外在质量的重要组成部分,其功能在于向有关各方说明产品的名称、规格、型号等基本信息。

生产者应当提供必要的产品标识。所谓必要的产品标识,是指那些用于分辨产品的生产者及说明产品特性、特征的标识。根据我国《产品质量法》的规定,生产者应当在产

品或者其包装上提供必要的产品标识,并应当符合下列要求:

(1)有产品质量检验合格证明。

(2)有中文标明的产品名称,生产厂家厂名和厂址。

(3)根据产品的特点和使用要求,需要标明产品规格、等级、所含主要成分的名称和含量的,用中文相应予以标明。需要事先让消费者知晓的,应当在外包装上标明,或者预先向消费者提供有关资料。

(4)限期使用的产品,应当在显著位置清晰标明生产日期和安全使用期或者失效日期。

(5)使用不当,容易造成产品本身损坏或者可能危及人身、财产安全的产品,应当有警示标志或者中文警示说明。裸装的食品和其他根据产品的特点难以附加标识的裸装产品,可以不附加产品标识。

生产者提供的产品标识应当真实、明确,不得伪造产地,不得伪造或者冒用他人的厂名、厂址;不得伪造或者冒用认证标志、名优标志等质量标志。

除《产品质量法》外,我国其他法律如《商标法》《专利法》《广告法》《消费者权益保护法》《反不正当竞争法》等,对生产者的此项义务均有不同程度的规定。

(三)遵守特殊产品包装义务

易碎、易燃、易爆、有毒、有腐蚀性、有放射性等危险物品,以及储运中不能倒置和有其他特殊要求的产品,其包装必须符合相应要求,并按照国家有关规定作出警示标志或者中文警示说明,标明储运注意事项。

(四)遵守禁止性规定

(1)不得生产国家明令淘汰的产品;

(2)生产产品,不得掺杂、掺假,不得以假充真、以次充好,不得以不合格产品冒充合格产品;

(3)不得伪造产地,不得伪造或冒用他人的厂名、厂址;

(4)不得伪造或冒用认证标志等质量标志。

二、销售者的产品质量义务

销售者是产品流通中的重要主体,在保证产品质量方面地位重要,因此其也是重要的产品质量义务主体,必须承担起产品质量义务。

(一)进货检查验收义务

销售者应当建立并执行进货检查验收制度,检查、检验产品的产地、生产者、名称、质量、品种、数量、等级、规格等,目的在于规制产品的货源,保证销售产品的质量。其内容包括验明所进产品的合格证明和其他标识,并在必要情况下,检验产品的内在质量。

(二)质量保持义务

销售者进货后应对保持产品质量负责,以防止产品变质、腐烂,丧失或降低使用性能,产生危害人身、财产安全的瑕疵等。保持产品质量即在通常保养条件下保持产品应当具有或达到的质量要求。如果进货时的产品符合质量要求,销售时发生质量问题的,销售者应当承担相应的责任。

（三）质量保证义务

销售者应保证所销售的产品质量符合要求，并努力做到以下几点：

（1）不销售国家明令淘汰并停止销售的产品和失效、变质的产品；

（2）保证销售给消费者的产品具备必要的产品标识；

（3）产品中不存在掺杂、掺假、以假充真、以次充好、以不合格产品冒充合格产品的情况；

（4）不伪造产地，不伪造或者冒用他人的厂名、厂址；

（5）不伪造或者冒用认证标志、名优标志等质量标志。

第四节　产品质量责任

一、产品质量民事责任

产品质量民事责任是指产品的生产经营者违反《产品质量法》规定的产品质量民事义务，应当承担的法律责任。产品质量民事责任主要有两种，即产品瑕疵担保责任和产品缺陷损害赔偿责任。

（一）产品瑕疵担保责任

产品瑕疵是指产品不具备良好的特征和特性，不符合规定或约定的质量状况。产品瑕疵担保责任指商品交易关系中的卖方违反其对产品质量所作的承诺、保证，提供的产品质量存在瑕疵，因而对买方应承担的民事责任。从性质上看，产品瑕疵担保责任属于合同违约责任。

1. 承担产品瑕疵担保责任的条件

售出的产品有下列情形之一的，应承担产品瑕疵担保责任：

（1）产品不具备应当具备的使用性能而事先未作说明的。

（2）产品不符合在产品或者其包装上注明采用的产品标准的。

（3）产品不符合以产品说明、实物样品等方式表明的质量状况的。

2. 产品瑕疵担保责任的权利主体和责任主体

产品瑕疵担保责任的合同违约责任性质，决定了其权利主体应当是产品的购买者，责任主体是销售者。销售者先行承担责任后，如果产品瑕疵的责任在生产者或从事销售活动的供货者，销售者有权向他们追偿。

3. 承担产品瑕疵担保责任的方式

凡售出的产品有上述情形之一的，销售者应当负责修理、更换、退货；给消费者造成损失的，销售者应当赔偿损失。

（二）产品缺陷损害赔偿责任

产品缺陷是指商品存在危及人身健康、他人财产安全的不合理危险，或者不符合国家、行业对该产品保障人身健康、财产安全的标准而存在的不合理危险，包括设计缺陷、原材料缺陷、制造缺陷和指示缺陷。产品缺陷损害赔偿责任亦称产品责任，指产品存在缺陷给他人造成人身伤害或者产品以外的财产损失时，产品的生产经营者应承担的民事赔偿责任。产品缺陷损害赔偿责任的性质属于侵权责任。

1. 承担产品缺陷损害赔偿责任的条件

产品缺陷损害赔偿责任的构成要件有以下几个：

(1)产品存在缺陷。即产品存在危及人身、财产安全的不合理的危险或者不符合保障人体健康和人身、财产安全的国家标准、行业标准。

(2)产品缺陷造成了损害。这里的损害，包括人身损害和财产损失。

(3)产品缺陷和损害事实之间存在着必然的因果关系。

2. 产品缺陷损害赔偿责任的权利主体和责任主体

产品缺陷损害赔偿责任的侵权责任性质决定，产品缺陷损害赔偿责任的权利主体应包括所有因产品缺陷遭受人身、财产损害的受害者，并不以契约关系的存在为前提；产品缺陷损害赔偿责任的责任主体包括产品的生产者和销售者，他们相互之间承担连带责任和先行赔偿责任。

3. 产品缺陷损害赔偿责任的归责原则

对生产者实行严格责任，即无过错责任制度。只要产品有缺陷，不论生产者主观上是否有故意或过失，都要承担法律责任。但生产者能够证明有下列情形之一的，不承担赔偿责任：

(1)未将产品投入流通的。

(2)产品投入流通时，引起损害的缺陷尚不存在的。

(3)将产品投入流通时的科学技术水平尚不能发现缺陷存在的。

(4)引起损害的缺陷是因受害人自己的过错造成的。

对销售者实行过错责任。由于销售者的过错使产品存在缺陷，造成他人人身、财产损害的，销售者应当承担赔偿责任。销售者既不能指明缺陷产品的生产者，也不能指明缺陷产品的供货者的，销售者应当承担赔偿责任。

4. 产品缺陷损害赔偿的范围

产品缺陷损害赔偿的范围包括人身伤害赔偿和财产损害赔偿两种。

(1)因产品存在缺陷造成受害人人身伤害的，侵害人应当赔偿医疗费、治疗期间的护理费、因误工减少的收入等费用；造成残疾的，还应当支付残疾者的生活自助具费、生活补助费、残疾赔偿金及由其扶养的人所必需的生活费等费用；造成受害人死亡的，并应当支付丧葬费、死亡赔偿金及死者生前扶养的人所必需的生活费等费用。

(2)因产品存在缺陷造成受害人财产损失的，侵害人应当恢复原状或者折价赔偿；受害人因此遭受其他重大损失的，侵害人应当赔偿损失。

5. 承担产品缺陷损害赔偿责任的责任期间和诉讼时效

产品缺陷损害赔偿责任的责任期间指生产经营者对缺陷产品承担损害赔偿责任的法定时间段落。在此期间内，缺陷产品的生产经营者有义务满足受害人的赔偿要求，期满后有权予以拒绝。规定产品责任期间，是产品质量立法兼顾生产经营者利益的重要表现。根据我国《产品质量法》的规定，生产经营者承担产品责任的责任期间是 10 年，自造成损害的缺陷产品交付最初用户之日起算；但是，产品尚未超过明示的安全使用期的除外。

因产品存在缺陷造成损害要求赔偿的诉讼时效期间为 2 年，自当事人知道或者应当知道其权益受到侵害时起计算。

二、产品质量行政责任

产品质量监督管理部门、工商行政管理部门按照规定的职权范围,负责实施《产品质量法》规定的行政执法职责,执行产品质量行政处罚。

《产品质量法》中规定的行政处罚方式有责令停止生产、没收违法生产的产品、没收违法所得、罚款、吊销营业执照、责令停止销售、责令公开更正等7种。除吊销营业执照的行政处罚由工商行政管理部门决定外,其他行政处罚由产品质量监督管理部门和工商行政管理部门按照国务院规定的职权范围确定。

当事人对行政处罚决定不服的,既可以向作出处罚决定的机关的上一级机关申请复议,也可以直接向人民法院起诉。

三、产品质量刑事责任

产品的生产者、销售者违反《产品质量法》的规定,情节严重,构成犯罪的,依法承担刑事责任。

根据《产品质量法》和《刑法》的有关规定,应受刑事处罚的违法行为有以下几种:

(1)生产不符合保障人体健康和人身、财产安全的国家标准、行业标准的产品,并构成犯罪的行为;

(2)销售明知是不符合保障人体健康和人身、财产安全的国家标准、行业标准的产品,并构成犯罪的行为;

(3)在产品中掺杂、掺假,以假充真,以次充好,或者以不合格产品冒充合格产品构成犯罪的行为;

(4)销售失效、变质的产品构成犯罪的行为;

(5)以暴力、威胁方法阻碍产品质量监督部门或者工商行政管理部门的工作人员依法执行职务的,依法追究刑事责任;

(6)知道或者应当知道属于法律禁止生产、销售的产品而为其提供运输、保管、仓储等便利条件的。

本章小结

产品质量法是调整在生产、流通和消费及监督管理过程中因产品质量所产生的经济关系的法律规范的总称。我国产品质量法调整的经济关系主要有以下两大类:①产品质量监督管理机关和从事产品生产、经营活动的组织或个人,在产品质量监督管理过程中产生的监督与被监督、管理与被管理的经济关系,即产品质量监督管理关系。②产品的生产者、销售者和产品的消费者,在产品交换过程中产生的具有等价交换性质的经济关系,即产品质量责任关系。

思考题

如何区分产品瑕疵与产品缺陷?

练习题

1. 生产者的产品质量义务有哪些?
2. 销售者的产品质量义务有哪些?

第十章　票据法

学习目标

1.掌握汇票、本票、支票的概念、特征及三者的区别；

2.掌握票据关系、票据行为、票据权利、票据作用、票据的伪造与变造；

3.掌握汇票的出票、背书、承兑、保证、付款以及汇票的追索权；

4.熟悉我国《票据法》，通过本章学习达到完全胜任票据相关工作。

第一节　票据法概述

一、票据概述

（一）票据的概念

票据是指由出票人签发的、约定由自己或者委托他人于见票时或者确定的日期，向持票人或者收款人无条件支付一定金额的有价证券。在我国，票据法上的票据仅指汇票、本票和支票。

（二）票据的特征

1.票据是无因证券

票据上的法律关系是一种法律拟定的单纯的金钱支付关系，权利人享有票据权利只以持有符合票据法固定的有效票据为充要条件。至于票据为什么产生，票据产生的基础原因等，在所不问。即使原因关系无效或者存在瑕疵，也不能影响票据本身的效力。所以，票据的权利人在行使票据权利时，无须证明给付原因，对于给付原因不存在证明责任，票据债务人也不得以原因关系对抗善意第三人。

比如，出票人甲基于和收款人乙之间的买卖关系，向乙签发汇票，乙又因为和丙之间的借贷关系，将该汇票背书转让给丙，那么丙请求付款时，对于甲、乙之间的买卖关系及自己与乙的借贷关系不负有证明责任，无须证明这些基础关系的存在。即使甲、乙之间的买卖关系不存在或者有瑕疵，丙也可以以背书连续的票据，当然地行使票据权利。这就是所谓的票据的无因性。

2. 票据是要式证券

所谓要式，是指票据的制作、票据记载事项都必须严格地依照票据法及相关法规的规定进行；否则，就会影响票据的效力，甚至导致票据无效。除此之外，票据的转让、承兑、付款、追索等行为，也必须严格按照票据法规定的程序和方式进行。票据的要式性从另外一个侧面保证和加强了票据的无因性。

3. 票据是文义证券

票据是文义证券是指票据所创设的权利和义务，完全地、严格地依据票据所载文字为准，不得离开票据上所载文字，以其他事实或者因素来解释或者确定。换言之，即使票据记载文字有误，也要以该文义为准，而不得以当事人的意思或者其他有关事宜来推测确定票据上的权利义务关系。

4. 票据是设权证券

票据是设权证券是指票据权利的产生必须以作成证券为前提。在证券作成之前权利义务关系是不存在的，票据权利是在票据作成的同时才发生的。没有票据，也就没有票据上的权利和义务。这是设权证券和证权证券的不同之处。在证权证券中，相应的权利义务在证券作成之前就已经存在，作成证券目的是进一步证明该权利义务的存在。

5. 票据是流通证券

票据的一个最基本的功能是流通。之所以将票据称为流通证券，是因为票据较民法上的一般财产权利而言，具有更强、更便利的流通性。票据上的权利，经过背书或者单纯的交付即可转让于他人，而无须依据民法的有关债权转让的规定。一般来说，无记名票据，仅以单纯交付即可实现票据权利的转让；记名票据，须经背书交付才能转让。

6. 票据是金钱债权证券

票据表示的一种权利，是以给付一定金额为标的的债权，因此票据是一种金钱债权证券。换言之，票据表示的是一种债权法上的债权请求权（而非物权或者股东权），而且此项权利是以给付一定数量的金钱为内容的（而非给付其他物或为一定行为）。

7. 票据是完全有价证券

以证券和权利是否可以分离为标准，证券可分为完全有价证券和不完全有价证券。票据是一种完全有价证券，票据的权利与票据的占有不可分离，票据上权利的发生、转移、行使等，都以持有票据为前提。由此可派生出票据的提示性、交付性和交回性等三个性质。

8. 票据是返还证券

票据是返还证券，是指票据权利人在实现票据权利后，必须将票据返还给义务人。

（三）票据的种类

票据的分类，有两种区分方式，一种是基于各国票据法上的分类，另一种是票据法理论上的分类。

1. 票据法上的分类

由于票据的要式性、无因性等特征，各国的票据种类基本上采取票据法定原则，即以票据立法的形式对票据的种类加以界定，采取封闭性的立法规定，不允许私自创设新的票据形式。

我国《票据法》第二条第二款规定，对于票据的种类有明确的界定，包括汇票、本票和支票3种。

2. 票据法理论上的分类

在票据法理论上，因区分的标准不同，可以对票据进行不同的分类。

(1)依据票据对于权利人的记载方式，可将票据分为记名式、无记名式和指示式3种。

(2)根据票据的功能不同，可以将票据分为支付证券与信用证券。

(3)根据出票人是否同时是付款人，可以将票据分为自付证券和委付证券。

(四)票据的基本作用

票据基本作用是指票据在社会经济生活中的基本功用，主要包括汇兑作用、支付作用、流通作用、结算作用、信用作用。票据的以上基本作用，使票据制度成为现代市场经济的一项基本制度。商业信用、银行信用的票据化和结算手段的票据化，是市场经济高度发展的重要标志之一。票据本身及票据法立法的目的也是促进经济的快速发展。

1. 汇兑作用

在商业交往中，交易双方往往分处两地或远居异国，经常会发生在异地之间兑换或转移金钱的需要。因为一旦成交，就要向外地或外国输送款项供清偿之用。在这种情况下，如果输送大量现金，不仅十分麻烦，而且途中风险很大。但是，如果通过在甲地将现金转化为票据，再在乙地将票据转化为现金的办法，以票据的转移代替实际的金钱的转移，则可以大大减少上述麻烦或风险。由此，票据的汇兑作用就显得尤为重要。

2. 支付作用

汇票、本票作为汇兑工具的功能逐渐成形后，在交易中以支付票据代替现金支付的方式逐渐流行起来。用票据代替现钞作为支付工具，可以避免清点现钞时可能产生的错误，并可以节省清点现钞的时间。因此，人们在经济生活中都普遍使用票据特别是支票作为支付工具。

3. 流通作用

最初的票据仅限于一次付款，不存在流通问题。但自从背书转让制度出现之后，票据就具有流通功能，可以背书方式进行转让。按照背书制度，背书人对票据的付款负有担保义务。因此，背书的次数越多，对票据负责的人数也越多，该票据的可靠性也越高。在当代西方社会，票据的流通日益频繁和广泛，其流通性作用仅次于货币。

票据虽然可以代替现金流通，但票据本身并不是货币，票据与货币的主要区别在于：它不具有法定货币的强制通用效力。因此，当债务人以法定货币清偿债务时，债权人不能不接受；但如果债务人准备以票据清偿其债务，则必须征得债权人的同意，否则债权人可以拒绝接受。

4. 融资作用

票据的融资作用就是票据筹集资金的作用。这主要通过票据贴现来实现。所谓票据贴现,是指对未到期票据的买卖行为,也就是说,持有未到期票据的人通过卖出票据来得到现款。在汇票、本票的付款期日未到之前,持票人可能发生资金运用困难的情况,为了调动资金,持票人可寻求将手中未到期的票据以买卖方式转让于他人。收买未到期的票据,再将其卖给需用票据进行支付或结算的人,可以从买卖票据的差价中获利,这样,买卖票据的业务便发展起来。

5. 信誉作用

信誉作用是票据的核心功能。票据当事人可以凭借某人的信誉,将未来可以取得的金钱作为现在的金钱来用。票据的背书,加强了票据的信誉作用,汇票和本票都有信誉工具的作用。

二、票据法概述

(一)票据法的概念

票据法,是指规范和调整票据关系及与票据关系有关的其他社会关系的法律规范的总称。票据关系是指票据当事人因票据行为而产生的票据权利义务关系。

一般可以分为广义的票据法和狭义的票据法。广义的票据法是指规范和调整与票据关系有关的法律关系的各种法律规范的总称,包括但不限于专门的票据法律、法规,也包括其他法律、法规中有关票据的各种规范。狭义的票据法也就是一般意义上的票据法,是指专门的票据法律规范,它是规定票据的种类、形式和内容,明确票据当事人之间的权利义务关系,调整因票据而产生的各种社会关系的法律规范的总称。票据法的性质属于私法范畴,是传统商法的重要组成部分。

(二)票据法的特征

1. 票据法具有强行性

为了促进经济交易的流畅性,必须保证票据具有较强的流通性,这样就导致票据不仅涉及直接进行票据接受的特定当事人,而且涉及经票据流转间接取得票据而加入票据关系的不特定的第三人。所以,票据关系的设定、变更及消灭,均以法律的直接规定为原则,不允许当事人加以变更,除法律的特殊规定外,一般也不承认当事人的约定的优先效力。票据法首先规定了票据只有三种法定形式——汇票、本票和支票,除此之外,任何银行、单位和个人均不得创设新的票据形式。也正因此,票据行为是一个要式行为,违反法定方式的票据及票据行为一律无效。

2. 票据法具有较强的技术性

票据是作为金钱支付和运用手段而人为地创设出来的,更多的是一种技术手段,具有严密的精巧的技术解决方法。票据法中的许多规定,如票据形式的固定、票据行为的无因性规定、票据背书的连续性规定、抗辩切断的规定及付款责任的规定,等等,都是为了保证票据使用的安全、确保票据的流通性,从方便合理的角度出发,以保证交易的流畅为原则,由立法者专门设计出来的,而不是基于一般的道德伦理,这就导致了票据法具有鲜明的技术性。

3. 票据法具有国际统一性,国际法性兼具国内法性

票据的产生,起始于国际贸易。随着国际贸易的不断扩大,各国家之间票据法的统一成为一种现实需要。目前,不少国家的票据法正逐步趋于统一,国际社会也在逐步谋求票据法的统一。但是,票据法毕竟是一个主权国家结合本国的实际需要制定的,在本国国内生效适用的法律,票据法仍然属于国内法范畴。所以,票据法兼具国际法和国内法的双重属性。

4. 票据法的私法性质,兼具公法性

票据法调整的本是平等主体之间因为票据而产生的各种社会关系,属于私法范畴。但近百年来,在全世界范围内,随着经济的发展、垄断的出现、各社会主体之间的经济、政治地位的日趋不平等,国家开始运用公权力干预私法领域,这就包括对票据行为的规制,从而使得票据法具有一定的公法性质。

(三)票据立法

票据法从本质上来说是一国的国内法,只能在本国范围内发生法律效力,从这个层面上来说,票据法与一国的其他部门法无异。但是,从另外一个层面上来看,由于票据主要是一种支付工具、流通工具及信用工具,是为了各地之间的商业交往服务的。因此,用以规范票据制度和票据关系的票据法,一开始就彰显很强的国际性和跨地域性。随着各国经济贸易交流日趋频繁,不同地区、不同国家之间的票据制度冲突日益凸显,这就内在地要求各国、各地区之间的票据制度走向统一。自19世纪后期开始,国际上掀起了统一票据法的运动,时至今日已取得显著成效。

《英国票据法》1882年颁布施行,《英国票据法》是英国的国内法,美国及英联邦大部分成员国如加拿大、印度等都以此为参照制定了本国的票据法。总体来说,英美法系国家的票据法基本上是统一的,这种统一是建立在《英国票据法》基础上的。

法国、德国等欧洲大陆为主的20多个国家参加了1930年在日内瓦召开的国际票据法统一会议,签订了《日内瓦统一汇票本票法公约》。1931年,又签订了《日内瓦统一支票法公约》。两个公约合称为《日内瓦统一法》。《日内瓦统一法》是有关票据方面的国际私法的重要渊源,无疑,参加签字的大陆法系的国家在制定或修改本国的票据法时都要依循这一国际公约。这一点合乎国际法大于国内法的原理(对参加某一国际公约的国家而言)。具体来说,大陆法系国家的票据法以法国和德国的票据法最有代表性。另有一些非大陆法系国家的票据法也参照《日内瓦统一法》制定本国的票据法(如我国的票据法)。在实际内容上,大陆法系国家的票据法基本趋于统一。

为了进一步推动和促进各国票据立法的统一,扩大票据的国际流通,从而促进国际经济贸易的发展,联合国国际贸易法委员会于1971年开始着手起草国际统一适用的票据法草案,供各国立法者做参照。1988年12月,联合国第43次大会通过了《联合国国际汇票和国际本票公约》。该公约共9章90条。根据第89条第1项规定,该公约须经至少10个国家送交批准文件或者加入文件以后,才能生效。该公约目前尚未生效,但是可以预见的是,随着经济全球化和世界经济一体化的进一步发展,各国票据法的统一势在必行。

《中华人民共和国票据法》是我国一部重要的经济立法,对调整我国国内票据关系及涉外票据关系起着重要作用。我国有关涉外票据关系法律适用的规定成为我国国际私法

的一个组成部分。

为了加强票据管理,维护金融秩序的稳定健康发展,我国专门设立了票据管理部门。我国的票据管理部门是中国人民银行。《票据法》施行之后,1997 年 6 月 23 日,经国务院批准,中国人民银行于 1997 年 8 月 21 日发布了《票据管理实施办法》,该办法于 1997 年 10 月 1 日起施行。2000 年 2 月 24 日,《最高人民法院关于审理票据纠纷案件若干问题的规定》发布,以指导票据纠纷案件的审理,对票据纠纷案件的受理和管辖、票据保全、举证责任、票据权利及抗辩、失票救济、票据效力、票据背书、票据保证、法律适用、法律责任等问题进行了较为系统和全面的解释。

三、票据行为

票据行为是以票据权利义务的设立及变更为目的的法律行为。广义上的票据行为,是指票据权利义务的创设、转让和解除等法律行为或准法律行为,包括但不限于票据的出票、背书、承兑、参加承兑、保证、保付、追索等。狭义上的票据行为,专指以设立票据债务为目的的行为,只包括票据出票、背书、承兑、参加承兑、保证、保付等,不包括解除票据债务的付款、参加付款、追索等。

(一)票据行为的特征

票据行为,即票据法律行为,属于民事法律行为,因此具有民事法律行为的一般特征。但是,票据行为具有其不同于一般法律行为的特殊性,这表现为以下几个方面。

1. 要式性

要式性是指票据行为是一种严格的书面行为,应当依据票据法的规定,在票据上记载法定事项,票据行为人必须在票据上签名或签章,其票据行为才能产生法律效力。根据《票据法》第四条规定,票据出票人制作票据,应当按照法定条件在票据上签章,并按照所记载的事项承担责任,即票据债务人向持票人支付票据金额的义务。持票人行使票据权利也应当按照法定程序在票据上签章,并出示票据。其他票据债务人在票据上签章的,按照票据所记载的事项承担责任。《票据法》第七条明确了签章的文义,票据上的签章为签名、盖章或签名加盖章。法人和其他使用票据的单位在票据上的签章,为该法人或者该单位的盖章加其法定代表人或者授权代理人的签章;在票据上签名,应当为该当事人的本名,而不能是化名、笔名、艺名等。票据行为的要式性,是区别于一般民事法律行为当事人意思自治与形式自愿原则的重要标志。票据行为的要式性有利于确保票据的流通性、安全性,加强票据的信用价值。

2. 文义性

文义性是指票据行为的内容均依票据上所载的文义而定。若票据记载的文字与实际情况不符,应以票据上的文字记载为准。我国《票据法》第四条规定,票据出票人制作票据,应当按照法定条件在票据上签章,并按照所记载的事项承担票据责任。持票人行使票据权利,应当按照法定程序在票据上签章,并出示票据。其他票据债务人在票据上签章的,按照票据所记载的事项承担票据责任。这是票据要式性的具体立法表现。票据文义直接决定票据的权利和票据义务的范围与最高限度。

3. 无因性

无因性也称抽象性，是指票据行为只要具备法定形式要件，便产生法律效力，即使其基础关系(又称实质关系)因有缺陷而无效，票据行为的效力仍不受影响。如甲签发汇票给乙，签发票据的原因是甲购买了乙的商品。之后，甲发现乙提供的商品有质量问题，但这并不能免除甲对乙的票据责任，至于甲乙间的商品质量纠纷，只能另行解决。无因性也更加促进了票据本身的流通功能、融资功能及信用功能。

4. 独立性

独立性是指在同一票据上所作的各种票据行为互不影响，各自独立发生其法律效力。如无行为能力人的出票行为无效，但有行为能力人已在票据上背书、承兑，则背书、承兑有效；被保证的债务无效，保证人的保证行为只要要式具备便有效；票据本身或票据上的签字是被伪造的，真正在票据上的签名而完成的票据行为有效。许多国家的票据法都确立了票据行为的独立原则，目的是保证票据的流通和社会交易的安全。票据行为的独立性在《票据法》中有着充分的体现，具体如下：

《票据法》第六条　无民事行为能力人或者限制民事行为能力人在票据上签章的，其签章无效，但是不影响其他签章的效力。

《票据法》第五条第二款　没有代理权而以代理人名义在票据上签章的，应当由签章人承担票据责任；代理人超越代理权限的，应当就其超越权限的部分承担票据责任。

《票据法》第十四条第二款　票据上有伪造、变造的签章的，不影响票据上其他真实签章的效力。

票据上其他记载事项被变造的，在变造之前签章的人，对原记载事项负责；在变造之后签章的人，对变造之后的记载事项负责；不能辨别是在票据被变造之前或者之后签章的，视同在变造之前签章。

《最高人民法院关于审理票据纠纷案件若干问题的规定》第四十六条　票据的背书人、承兑人、保证人在票据上的签章不符合票据法及《票据管理实施办法》规定的，或者无民事行为能力人、限制民事行为能力人在票据上签章的，其签章无效，但不影响人民法院对票据上其他签章效力的认定。

5. 连带性

连带性是指同一票据上的各种票据行为人均对持票人承担连带责任。由于票据行为具有独立性和无因性，这就使持票人的权利实现受到影响，因此票据法规定了连带原则，以保护持票人的票据债权。我国《票据法》第六十八条规定，汇票的出票人、背书人、承兑人和保证人对持票人承担连带责任。

(二)票据行为的性质

“票据行为”一词，各国票据立法中虽未使用，但已成为学术上的惯用语。票据行为虽属法律行为的一种，但却具有其自身的特殊性。由于票据行为是票据法上法律关系的基础，关于票据行为的性质，在票据法上通常称为“票据学说”“票据理论”，可以说票据行为构筑成票据法的整体内核，贯穿并统领几乎所有票据法规则。如果说票据规范具有极强的技术性与操作性，缺乏高深莫测、博大精深的法理论的话，那么，票据行为理论的引入就使这种看法不攻自破。

票据行为属于法律行为，即票据法律行为，广义上的票据行为，是指所有能引起票据关系产生、变更或消灭的法律行为或准法律行为的总称。狭义上的票据行为，则特指以发生票据上的债务为目的的法律行为。

（三）票据行为的构成要件

法律行为构成要件，是指法律行为有效成立的必要条件。票据行为属于民事法律行为，但因票据行为是要式行为，除须具备一般民事法律行为构成要件外，还须具备票据法特别规定的要件。票据理论中通常将票据行为构成要件分为实质要件和形式要件。

1. 票据行为的实质要件

票据行为的实质要件是指票据行为有效成立的实质要求。

票据行为作为一种特殊的民事法律行为，通常适用民法的相关规定。其包括行为人的票据能力和行为人的意识标识两个方面。

2. 票据行为的形式要件

票据行为的形式要件是指票据行为有效成立的形式条件。

票据行为是要式法律行为，票据行为的形式和外观，是他人识别和判断票据行为人的意思与票据权利的依据，因此票据行为的有效成立，除具备实质要件外，还必须具备形式要件。票据行为形式要件主要包括记载事项、书面与格式、票据签章和票据交付。

1）记载事项

票据记载事项，是票据行为有效成立的形式要件之一，表现为票据记载的具体内容。依据票据法规定，票据记载事项有不同的效力。按照记载效力的不同，票据理论中一般将票据记载事项分为必要记载事项、任意记载事项、不得记载事项和不发生票据法效力的事项。

（1）必要记载事项。是指法律规定应该在票据上记载的事项，一般分为绝对必要记载事项和相对必要记载事项。

绝对必要记载事项，是指票据法规定票据行为人必须依法进行相应记载的事项。欠缺绝对必要记载事项，导致相应的票据行为无效的法律后果。出票行为的绝对必要记载事项包括表明票据种类的文字、无条件支付或无条件委托支付的文字、确定的金额、付款人的名称、收款人的名称、出票日期和出票人签章。汇票上未记载上述七项之一者汇票无效。背书行为的绝对必要记载事项包括背书人与被背书人。但亦有学者认为，背书行为中不存在绝对必要记载事项，因为根据票据法规则，不禁止空白背书。在承兑和保证行为中，由于各国票据法规定不尽相同，故绝对必要记载事项亦不同。

（2）任意记载事项。也称可记载事项，是指票据法不强制当事人必须记载，而是允许当事人自由选择是否记载，不记载时不影响票据效力，而一经记载即产生票据效力的记载事项。我国《票据法》第二十七条第二款规定，出票人在汇票上记载“不得转让”字样的，汇票不得转让。第三十四条规定，背书人在汇票上记载“不得转让”字样，其后手再背书转让的，原背书人对后手的被背书人不承担保证责任。此类规定的记载事项就是任意记载事项，由行为人自由决定是否记载，如果行为人不作记载，则对票据效力不发生影响，但是一旦作出记载，就发生票据法上的效力。

（3）不得记载事项。是指票据法禁止行为人在票据上记载的事项。根据违反禁令仍为记载行为所产生的法律后果不同,不得记载事项可以区分为记载无效的事项和使票据无效的事项。记载无效的事项又称记载无益事项,是指此记载事项本身无效,票据法上视为未记载,但是票据本身的效力不因此而受到影响。例如,我国《票据法》第九十条规定,支票限于见票即付,不得另行记载付款日期。另行记载付款日期的,该记载无效。使票据无效的事项,也称记载有害事项,是指票据行为人记载了此类事项,不仅记载本身无效,而且使整个票据无效。比如,我国《票据法》第十九条规定,汇票是出票人签发的,委托付款人在见票时或者在指定日期无条件支付确定的金额给收款人或者持票人的票据。如果出票人在汇票上记载的是附条件的支付委托或者不确定的金额,那么该记载就会使整个票据无效。

(4)不发生票据法效力的事项。此类事项不属于必要记载事项,也不属于不得记载事项,与任意记载事项也有本质区别,任意记载事项一经记载即发生票据法上的法律效力,而不发生票据法效力的事项,即使记载也不产生票据法上的法律效力。比如《票据法》第二十四条规定,汇票上可以记载本法规定事项以外的其他出票事项,但是该记载事项不具有汇票上的效力。

2)书面与格式

票据为文义证券,也正因此各种票据都必须以书面形式作成,并且各国票据法对于票据用纸、书面格式等都有着严格的要求和界定。例如,我国《票据法》第一百零八条规定:汇票、本票、支票的格式应当统一。票据凭证的格式和印制管理办法,由中国人民银行规定。

3)票据签章

各种票据行为的内容和形式虽然不一,但签章是所有票据行为共同的要件。所有国家的票据法都规定,在票据上签名的,负票据责任。比如我国《票据法》第四条第二款规定,持票人行使票据权利,应当按照法定程序在票据上签章,并出示票据。

4)票据的交付

票据的交付是指票据行为人将票据实际给付给对方持有的行为。不同的票据行为,其接受交付的相对人不一,例如,出票人须将票据交付给收款人,背书人须将票据交付给被背书人,而承兑人及保证人则须将票据交付给持票人。我国《票据法》虽然没有明确的规定交付,但在总则第十条规定,票据的签发、取得和转让,应当遵循诚实信用的原则,具有真实的交易关系和债权债务关系。这里提出了"签发"的概念,内含交付之意。

(四)票据行为的代理

票据行为是民事法律行为的一种,民事法律行为可以由其代理人进行,票据行为从本质上说也适用代理,只是票据重视流通性和安全性,重在保护持票人的权利,为确保交易安全,票据行为的代理在各国票据法上基本上都作出特别的规定。我国《票据法》第五条对票据行为代理作了规定:票据当事人可以委托其代理人在票据上签章,并应当在票据上表明其代理关系。没有代理权而以代理人名义在票据上签章的,应当由签章人承担票据责任;代理人超越代理权限的,应当就其超越权限的部分承担票据责任。

票据行为代理主要是委托代理。我国《票据法》只承认委托代理,不承认隐名代理、自己代理、双方代理的法律效力。票据实务中可能存在的票据行为代理的情形有出票、承兑、背书、保证行为的代理。代理付款、委托代理收款等,不属于票据行为的代理。越权代理包括增加票据金额的越权代理,提早到期日的越权代理和记载被代理人履行不方便的付款地的越权代理。

票据行为代理中,有以下四个问题要明确。

(1)代理的形式要件欠缺,如何认定行为的性质,代理人承担何种责任?

①票据上写明被代理人姓名,也表明了代理关系,但代理人未在票据上签章。有观点认为,此情形下应由代理人承担票据责任。一般认为,此情形下,因为欠缺代理人签章这一代理的形式要件,根据《票据法》第五条规定,票据行为代理关系不成立,被代理人不承担票据责任,代理人也不承担票据责任,但代理人应承担相应的民事责任。

②票据上表明了代理关系,代理人在票据上做了签章,但未写明被代理人姓名。有观点认为,此情形下应以代理人是否实际获得授权作为代理行为是否有效的标准,代理人获得授权的,由被代理人承担票据责任。一般认为,被代理人名称是代理关系成立与否的必要条件,根据票据行为要式性和无因性的特点,此时代理关系不成立,但因为代理人在票据上做了签章,代理人应自行承担票据责任。

③票据上记载了被代理人姓名,也有代理人签章,但未表明代理关系。有观点认为,可以允许代理人举证,以证明其是否获得代理权。如果代理人获得代理权的,则票据责任由被代理人承担;否则,由代理人自行承担票据责任。一般认为,根据票据行为要式性和无因性的特点,此情形下一般应由代理人负直接的票据责任,仅在有直接基础关系的当事人向其行使票据权利时,其可以举证该当事人明知被代理人向其有委托授权,并以此抗辩,主张应由被代理人承担票据责任。

(2)代理人代理票据转让背书,如何认定背书连续?

有观点认为,转让背书行为的代理容易造成背书形式上的不连续,影响对背书连续性的判断,同时也给票据的非正当持有人进行票据欺诈以可乘之机。因而,主张票据行为代理不适用背书行为。根据《票据法》第五条规定,转让背书行为应当允许代理。在对背书连续的认定上,应将代理人视同被代理人,且不必考察代理人是否享有代理权。

(3)关于无权代理和越权代理的举证。

无权代理和越权代理,是由权利主张人举证还是由代理人自己举证,有两种不同的观点,一种观点认为应由前者举证,另一种观点认为应由后者举证。笔者认为,《票据法》上的举证原则与《民法》上的举证原则有区别,《民法》上以“谁主张、谁举证”为原则,《票据法》上则以“谁付款、谁举证”为原则。笔者赞同由代理人自己举证的观点。代理人举证较之权利主张人举证也比较容易、方便。如果代理人不能提出证据,证明自己有代理权或未超越代理权,则推定其代理行为为无权代理或越权代理。因此,代理人行使票据行为代理时,应取得被代理人较为详尽的书面授权。

(4)关于票据行为的无权代理和越权代理问题。

我国《票据法》对无权代理和越权代理进行了较为明确的规定,以更好地规制票据代理。第五条第二款规定,没有代理权而以代理人名义在票据上签章的,应当由签章人承担票据责任;代理人超越代理权限的,应当就其超越权限的部分承担票据责任。

(5)中国人民银行《支付结算业务代理办法》中规定的代理签发他行银行汇票,是否构成票据行为代理?

从《支付结算业务代理办法》中关于银行汇票业务代理的具体规定来看,代理银行代理签发他行银行汇票,汇票的签章为被代理银行的签章,而非代理银行的签章,同时,票据上也没有代理关系的意思表示,根据《票据法》第五条规定,该代理签发他行银行汇票的行为,不构成票据行为的代理,但构成民法上的委托代理关系。

四、票据权利

我国《票据法》第四条第四款规定,本法所称票据权利,是指持票人向票据债务人请求支付票据金额的权利,包括付款请求权和追索权。付款请求权又称第一次请求权,是指持票人对票据主债务人(如汇票的承兑人、本票的发票人、支票的保付人等)行使请求其支付票据金额的权利。追索权是指因持票人在第一次请求权没有或者无法实现的情况下,对票据的其他付款义务人(如汇票、支票的发票人,汇票、本票的保证人,票据的背书人等)行使请求偿还票款的权利。

(一)票据权利的种类

1. 付款请求权

票据法规定持票人最基本的权利是请求付款人按票据金额给付,付款请求权是票据的第一次权利,实践中人们常称此权利为主票据权利。付款人包括汇票的承兑人、本票的出票人、付款人、保付支票的付款人、参加承兑人、参加付款人等,对持票人承担付款责任。

关于付款请求权,其构成要件为:

第一,持票人持有处在有效期内的票据,其中汇票和本票的有效期自票据到期日起2年以内;见票付的汇票和本票,自出票日起2年以内;支票自出票日起6个月以内。如果票据已经过了此期限,持票人的票据权利便丧失了。

第二,持票人须将原票据向付款人提示付款,如果不能提供票据原件的,不能请求付款,付款人也不得付款。

第三,持票人只能请求付款人支付票据上确定的金额,付款人须一次性将债务履行完毕,因此持票人也不得向付款人请求少于票据确定的金额付款。

第四,持票人得到付款后,必须将票据移交给付款人,原票据上的权利可能由付款人承受,向其他债务人请求付款,从而使付款请求权呈持续状态。

第五,付款人支付票据金额后,如果发现该票据有伪造、变造情况,有权向持票人(接受付款人)请求返还所给付的金额。这是对票据权利不确切的处置。

2. 追索权

持票人行使付款请求权受到拒绝承兑或拒绝付款时,或有其他法定事由请求付款未果时,向其前手请求支付票据金额的权利即为追索权。由于这个请求是在第一次请求未果后的再次请求,所以将其称为第二次请求权,是票据权利的再次行使。追索权的追索对象视票据种类的不同,可以分别包括出票人、背书人、保证人、承兑人和参加承兑人,这些人在票据中的地位是连带债务人,持票人可以不按照汇票债务人的先后顺序,对其中的任何一人、数人或者全体行使追索权;持票人对汇票债务人中的一人或者数人已经进行追索的,对其他汇票债务人仍可行使追索权。被追索人清偿债务后,与持票人享有相同权利。

(二)票据权利的特征

票据权利是民事权利的一种,它除具备民事权利的特征外,还具有以下几个特征。

1. 票据权利是证券性权利

由于票据行为具有无因性、要式性和独立性,由此产生的票据权利就成为比一般民事债权效力更强的一种权利,即证券性权利。这种权利一经产生,就同作为证券的票据合二为一,只有占有票据,才能取得票据权利。

2. 票据权利是单一性权利

由于票据权利与票据本身的不可分割性,不可能有两个以上不同的所有人同时占有同一票据,也不可能同时存在两个以上的票据权利。

3. 票据权利是二次性权利

票据权利不同于一般的债权。一般的债权只有一次性的权利,而票据权利则为二次性权利,即权利人可先行使付款请求权,又可在付款请求权受挫时行使追索权。

4. 票据权利是特种金钱债权

票据标的以票面金额的给付为限。

5. 票据权利为无因金钱债权

持票人以票据文义或票据法规证明自己为票据权利人的,票据债务人需无条件支付票面金额。

6. 票据权利是单纯的金钱给付请求权

一方面,持票人仅得请求票据债务人给付票面金额,不得为其他请求;另一方面,持票人实现票据权利不负任何对价义务,票据债务人单方负担无对价给付的义务。

7. 票据权利与票据一体化

票据权利的行使,以票据提示为唯一必要条件。

(三)票据权利的取得

1. 票据权利的原始取得

票据权利的原始取得,是指持票人最初取得票据权利,而不是从其他前手通过权利受让取得,包括两种方式:一种是出票取得,另一种是善意取得。

2. 票据权利的继受取得

票据权利的继受取得是指持票人从有处分权的前手那里,以背书交付或单纯交付的方式,取得票据权利。票据权利的继受取得与上文所述的善意取得有着很大的区别,不再赘述。

(四)权利保全

票据的权利保全是指票据权利人为防止票据权利丧失而做出的努力,如向人民法院提起诉讼中断时效、做成拒绝证书等。所谓中断时效,是指在票据有效期间内,持票人向人民法院提起诉讼,要求以前经过的票据生效时间无效,从中断时起,重新计算时效期间。比如某汇票从2月1日生效,有效期为1个月。2月26日持票人因某种理由向人民法院提起诉讼,要求中断时效,即以前的25天无效,从26日起重新计算时效。所谓拒绝证书,是证明持票人已有法定或约定期间内为行使和保全票据权利的必要行为,但行为的后果被拒绝的证明书。拒绝证书一般由持票人向公证处、法院或银行申请,由其调查后做出。

持票人票据权利的行使和保全,应当在规定的场所和时间进行,依据《票据法》规定,持票人对票据债务人行使票据权利,或者保全票据权利,应4当在票据当事人的营业场所和营业时间内进行,票据当事人无营业场所的,应当在其住所进行。

(五)权利行使

票据权利是指持票人向票据债务人请求支付票据金额的权利,它包括付款请求权和追索权。付款请求权又称第一次请求权,是指持票人对票据主债务人(如汇票的承兑人、本票的发票人、支票的保付人等)行使请求其支付票据金额的权利。追索权是指因持票人在第一次请求权没有或者无法实现的情况下,对票据的其他付款义务人(如汇票、支票的发票人,汇票、本票的保证人,票据的背书人等)行使请求偿还票款的权利。也就是说,作为持票人,它首先有权要求票据的主债务人向其偿付票款,如果主债务人没有或无法(如账上无款支付或者破产等)偿付票款,持票人有权要求其他付款义务人向其偿付票款。

票据权利的行使是指票据权利人向票据债务人提示票据,请求其履行票据债务的行为。所谓提示票据,就是向债务人出示票据供其观看,请求其付款。持票人如未在票据法规定的时期内提示票据则发生其丧失追索权的效力。按期提示票据既是付款请求权的行使,也是追索权的保全行为。

(六)票据权利移转的效力

票据权利移转的效力,是指票据上的一切权利由背书人转移于被背书人,被背书人因此而取代背书人成为票据上的权利人。这是转让背书所产生的主要效力,它不仅意味着移转因票据而产生的一切权利,包括对出票人的付款请求权、对背书人的偿还请求权、对票据保证人的请求权、对承兑人的付款请求权等,还意味着被背书人因背书而取得的一切票据权利,不受背书人权利瑕疵的影响,并受到票据抗辩限制的保护,使被背书人处于比普通债权人更强的地位。

五、票据法上的其他问题

(一)票据的伪造与变造

1.票据的伪造

票据的伪造是指假冒他人的名义,以行使票据上的权利为目的而为票据行为的行为。其构成要件主要有:假冒他人的名义在票据上签章;其目的是行使票据上的权利。伪造的票据的效力可以从以下几方面来讨论:

(1)对于伪造者来说,由于伪造者并没有在票据上留下自己的真实姓名,所以在票据法上是无法要求其承担责任的。但是,并不是说伪造者不用承担法律责任。根据《票据法》第十四条第一款规定,票据上的记载事项应当真实,不得伪造、变造。伪造、变造票据上的签章和其他记载事项的,应当承担法律责任。此处的法律责任是指民事责任或者刑事责任。在伪造票据的情况下,有可能构成票据诈骗罪,承担刑事责任;也有可能给对方当事人造成损失,应当承担民事责任。

(2)对于被伪造人来说,由于票据是文义证券,只有在票据上进行了记载的人才有可能承担票据责任,而被伪造人并没有在票据上进行任何记载,所以其不应该承担责任。

(3)对于在票据上签字的其他人来说,由于票据具有独立性和文义性的特点,所以票据行为都是独立的,相互并不受影响。行为人只要在票据上签章,就应该对票据所记载的事项承担责任。所以,《票据法》第十四条第二款规定,票据上有伪造、变造的签章的,不影响票据上其他真实签章的效力。

(4)对于持票人来说,如果在其之前,有真实的签章人,则其可以向其行使票据的追索权,要求履行票据权利。如果在其之前没有真实的票据签章人,则其不能够对于票据上的被伪造人行使票据权利,也不能够要求伪造人履行票据义务,但是由于其和票据伪造者之间肯定有基础关系,其可以要求票据伪造者承担相应的民事责任。

2.票据的变造

票据的变造是指依法没有更改权的人,在有效的票据上,变更票据上除签章外的其他记载事项,从而使得票据上的权利义务内容发生变更的行为。票据的变造的构成要件有:必须是无权变更票据上记载事项的人所为的变更行为;必须是变更了票据上的记载事项,使得票据的权利义务的内容发生了变化的行为。对于票据的变造来讲,其效力基本上是和票据的伪造相同的,但是也是有所区别的:

对变造人的效力:如果变造人在票据上签章了,则其应该对其记载的内容负责;如果变造人没有在票据上签章,则其应该承担民事或者刑事责任。

(二)票据的丧失和补救

票据权利的丧失和补救问题,其实是票据权利保护的问题。尽管票据权利的保全和票据法律责任在一定程度上都是对票据权利的保护,但票据权利保全是为了使票据债权人的利益不受损失而设置的一种特殊制度。票据法律责任是违反票据法规定所应承担的法律后果,而票据权利的保护则是指为了使票据权利人顺利实现其付款请求权和追索权所采取的救护措施。票据丧失之后如何补救,恰恰是票据权利保护的范畴。

1.票据的丧失

票据权利票据丧失,是指持票人并非出于自己的本意而丧失对票据的占有。从客观上说,票据丧失的情况包括相对丧失和绝对丧失两种情况。票据的相对丧失是指持票人因遗失、被盗而丧失对票据的占有;票据的绝对丧失是指持票人因票据焚烧、毁损而失去票据的占有。从主观上考察,票据的丧失须为票据权利人非出于自己本意而失去对票据的占有。显然,若因持票人的本意而丧失票据占有,则属于持票人对票据权利之处分,不属于票据法上的票据丧失,自无疑问。

票据的绝对丧失,不存在被他人冒领票据金额或票据被他人善意取得的可能。失票人虽然暂时不能行使票据权利,但是采取法定的补救措施后,票据权利可以得到恢复。而票据相对丧失的情况则与此有所不同,因票据作为权利财产依然存在,如果失票人不立即采取补救措施,则有可能产生票据金额被他人冒领或票据被他人善意取得的风险。持票人丧失了票据,就意味着无法行使票据权利。但是,为了对票据权利加以保障,票据法为此规定了相应的补救措施。

2.票据丧失的补救

关于票据丧失后的救济方法,各国立法例颇不一致,大约有四种:一是失票人可提供担保,向出票人请求交付复本或者新票据,《英国票据法》即采此种方法;二是失票人可提供担保,请求法院裁判命令支付,法国商法即采此种方法;三是失票人可请求法院公示催告,并声请除权判决,德国票据法即采此种方法;四是失票人可以止付的规定,美国统一商法典即采此种方法。由于各种制度差异很大,难以统一,日内瓦统一法对此未作规定。我国《票据法》规定了挂失止付、公示催付和诉讼三种补救方法,这种立法例是开放式的,将国际上现存的主要救济措施一并引入,其立法宗旨就是为失票人提供更多的救济措施,以利于失票人进行自主选择。

挂失止付作为一项失票的补救措施,自有其法律效力,主要表现在两个方面:一是失票人将丧失票据的情况通知付款人,并由接受通知的付款人暂停支付,从而暂时保全失票人的票据权利,不至于让他人冒领失票人票据金额款项。二是票据丧失,经失票人挂失止付后,付款人从接到挂失止付通知时起,不得再履行付款义务,否则,付款人将自己承担其付款的责任。在挂失止付的具体操作程序上,失票人通知票据的付款人或者代理付款人挂失止付时,应当填写挂失止付通知书并签章。挂失止付通知书应当记载下列事项:票据丧失的时间和事由;票据种类、号码、金额、出票日期、付款日期、付款人名称、收款人名称;挂失止付人的名称、营业场所或者住所以及联系方法。付款人或者代理付款人收到挂失止付通知书后,应当立即暂时停止支付。如果付款人或者代理付款人自收到挂失止付通知书之日起 12 日内还没有收到人民法院的止付通知书,则自第 13 日起,失票人的挂失止付通知书失效。如果付款人或者代理付款人在收到失票人的挂失止付通知书前,已经依法向持票人付款,则不应当再接受失票人的挂失止付。

需要指出的是,挂失止付不是失票人采取公示催告或诉讼程序的必经程序或者先行程序。因此,我国《票据法》规定,失票人既可以在票据丧失后,先挂失止付,再向人民法院申请公示催告或提起诉讼;也可以在票据丧失后,直接向人民法院申请公示催告或提起诉讼。对于失票人在丧失票据后直接向人民法院申请公示催告或者提起诉讼的案件,人民法院应当依法受理。

公示催告:公示催告主要是大陆法系国家票据法规定的一种票据丧失补救方法。所谓公示催告,是有管辖权的法院依当事人之申请,以公示的方法,催告不明之利害关系人,于一定期间内申报权利,如逾期不申报则产生失权效果的程序。这是从法律程序的角度来界定公示催告的,对于公示催告的程序,一般由民事诉讼法予以规定,但在其性质上,有学者认为公示在本质上应属于"非诉事件"。另外,还可以从法律制度的角度来界定公示催告。作为一种法律制度,公示催告是指失票人在丧失票据后申请法院宣告票据无效,从而使票据权利与票据本身相分离的一种制度。

公示催告的意义在于防止善意受让以及除权判决,作为失票救济的一种措施,公示催告需要遵循法定程序。我国《民事诉讼法》以及《最高人民法院关于审理票据纠纷案件若干问题的规定》对公示催告程序进行了具体规定。

第一,提出申请。由失票人提出公示催告的申请,可以申请公示催告的失票人,是按照规定可以背书转让的票据在丧失票据占有以前的最后合法持票人。按照我国现行票据法律规则,汇票、本票和支票都可以依背书方式转让,这些票据的持有人在票据被盗、遗失或者灭失的情况下,根据民事诉讼法规定,可以向票据支付地的基层人民法院申请公示催告。此外,对空白授权支票、转账的银行汇票和银行本票的丧失也适用公示催告程序,这些票据的失票人向人民法院申请公示催告的,人民法院应当依法受理。公示催告申请书应当载明票面金额;出票人、挂票人、背书人;申请的理由、事实;通知付款人或者代理付款人挂失止付的时间；付款人或者代理付款人的名称、通信地址、电话号码等。需要指出的是，失票人申请公示催告必须符合一定条件，如须有丧失票据的事实；所丧失的票据必须为可背书转让的有效票据；公示催告申请须由失票人提出；公示催告须向有管辖权的人民法院提出；须以书面方式提出公示催告申请。

第二，法院受理。公示催告的申请提出后，人民法院应当即使决定是否受理。对于符合法律规定的申请，应裁定受理；不符合法律规定的，应在法定期限内裁定驳回。经审查认为申请手续不完备的，应及时通知申请人补充。

第三，通知止付。人民法院决定受理公示催告申请后，应当立即向付款人及代理付款人发出停止支付的通知书，付款人或者代理付款人收到人民法院发出的止付通知，应当立即停止支付，直到公示催告程序终结。如果付款人或代理付款人未经发出止付通知的人民法院的许可，擅自解付票据金额，则不得免除其票据责任。

第四，发布公告。人民法院应在自立案之日起的3日内发布公示催告的公告，将相关票据公布于众，催促利害关系人在指定的时间和地点申报权利。人民法院的这一公告应当在全国性的报刊上登载。公示催告的期间，国内票据自公告发布之日起60日，涉外票据可根据具体情况予以适当延长，但最长不得超过90日。公示催告期间，转让票据权利的行为无效。不仅如此，在公示催告期间以公示催告的票据质押、贴现的，因质押、贴现而接受该票据的持票人，原则上也不得主张票据权利。

第五，终结程序。如果在公示催告期间届满后，没有人申报权利，人民法院应当根据申请人的申请，作出除权判决，宣告该票据无效。判决应当公告，并通知付款人。

（三）票据失效与利益返还请求权

1. 票据时效

票据时效是指持票人可以有效地进行票据权利的行使的期间。这里“票据权利的行使”作广义解释，既包括付款请求权和追索权的行使，也包括请求承兑、请求作出拒绝证明书等。广义票据时效相应地也应包括行使票据权利的时效和保全票据权利的时效。经过一定的期间不行使票据权利或不保全票据权利，票据权利人对特定票据债务人不能有效地行使相应的请求权，票据义务人当然得拒绝其请求。

2. 利益返还请求权

票据利益返还请求权，又称利益偿还请求权或受益偿还请求权是指票据权利因超过票据权利时效或保全手续欠缺而消灭时，持票人对出票人或承兑人在其所受利益的限度内，请求返还该利益的权利。

第二节　汇　票

一、汇票概述

（一）汇票的概念

汇票是由出票人签发的，要求付款人在见票时或在一定期限内，向收款人或持票人无条件支付确定金额款项的票据。汇票是国际结算中使用最广泛的一种信用工具。我国

《票据法》第十九条规定，汇票是出票人签发的，委托付款人在见票时或者在指定日期无条件支付确定的金额给收款人或者持票人的票据。汇票分为银行汇票和商业汇票。

（二）汇票的特征

1. 汇票是票据的一种

汇票是票据的一种是最基本、最重要的票据形式，所以具有票据的一切基础特征，比如是金钱债权证券、完全有价证券等。以我国《票据法》为例，共110条，其中专门规定汇票的就占了54条之多。此外，《票据法》对本票、支票没有特别规定的，一般适用或准用汇票的规定。因此，可以认为，汇票是最基本的、最重要的一种票据。

2. 汇票是一种委托他人支付的票据

汇票的出票人仅为签发票据的人，而不是票据的付款人。汇票的出票人另行委托他人支付汇票金额。所以，汇票属于委付证券（同支票），而不是自付证券（如本票）。

3. 汇票的到期日期具有多种方式

汇票的到期日即为汇票的付款日期。汇票的到期日的形式多样，包括但不限于见票即付、定日付款、见票后定期付款、出票后定期付款等。

（三）汇票法律关系和汇票当事人

在汇票法律关系中享有权利和承担义务的人，即为汇票当事人。汇票法律关系是指汇票当事人在票据的签发和流通转让等一系列过程中，根据相应的票据法律规范所形成的权利、义务关系。汇票法律关系由主体、客体和内容三方面构成。

（四）汇票的种类

汇票按不同的标准可进行如下分类。

1. 按照出票人的不同划分

按照出票人的不同，汇票可分为银行汇票和商业汇票。

（1）银行汇票是指出票人是银行，受票人也是银行的汇票。

（2）商业汇票是指出票人是商号或个人，付款人可以是商号、个人，也可以是银行的汇票。

2. 按照有无随附商业单据划分

按照有无随附商业单据划分，汇票可分为光票和跟单汇票。

（1）光票是指不附带商业单据的汇票。银行汇票多是光票。

（2）跟单汇票是指附带有商业单据的汇票。商业汇票一般为跟单汇票。

3. 按照付款时间不同划分

按照付款时间不同，汇票可分为即期汇票和远期汇票。

（1）即期汇票是指在提示后见票时立即付款的汇票。

（2）远期汇票是指在一定期限或特定日期付款的汇票。远期汇票的付款时间，有以下4种规定：见票后若干天付款、出票后若干天付款、提单签发日后若干天付款、指定日期付款。

4. 按照承兑人的不同划分

按照承兑人的不同划分，分为商业承兑汇票和银行承兑汇票。

（1）商业承兑汇票是企业或个人承兑的远期汇票，托收中使用的远期汇票即属于此种汇票。

(2)银行承兑汇票是银行承兑的远期汇票,信用证中使用的远期汇票即属于此种汇票。值得说明的是,一张汇票往往可以同时具备几种性质。例如,一张商业汇票同时又可以是即期的跟单汇票;一张远期的商业跟单汇票,同时又是银行承兑汇票。

二、汇票的出票

(一)汇票出票的概念

汇票的出票,又称汇票的发票、汇票的签发、汇票的发行。我国《票据法》第二十条规定,出票是指出票人签发票据并将其交付给收款人的票据行为。出票是整个票据行为的前提,是最基本、最重要的票据行为。没有出票也就没有背书、承兑、保证等一系列票据行为。我国《票据法》对于出票行为进行了一系列原则性规定。比如,《票据法》第十条规定,票据的签发、取得和转让,应当遵循诚实信用的原则,具有真实的交易关系和债权债务关系。票据的取得,必须给付对价,即应当给付票据双方当事人认可的相对应的代价。第二十一条规定,汇票的出票人必须与付款人具有真实的委托付款关系,并且具有支付汇票金额的可靠资金来源。不得签发无对价的汇票用以骗取银行或者其他票据当事人的资金。但是《票据法》这两条基础原则性规定在司法实践中很难贯彻实施,也与票据本身的无因性特征相抵触,所以我国《最高人民法院关于审理票据纠纷案件若干问题的规定》第十四条规定,票据债务人以票据法第十条、第二十一条的规定为由,对业经背书转让票据的持票人进行抗辩的,人民法院不予支持。从这个司法解释来看,首先应该维护票据的无因性,保证票据的安全流通。

(二)出票的记载事项

汇票是要式证券,出票也是要式行为,因为汇票的出票必须依据票据法的相关规定,符合法定的格式和款式。根据记载事项对汇票效力的影响不同,可将汇票出票的记载事项分为以下几种。

1. 必要记载事项

1)绝对必要记载事项

根据我国《票据法》第二十二条第一款规定,汇票必须记载下列事项:表明“汇票”的字样;无条件支付的委托;确定的金额;付款人名称;收款人名称;出票日期;出票人签章。

绝对必要记载事项是汇票必须记载事项,缺一不可,缺失将导致汇票无效,所以我国《票据法》第二十二条第二款规定,汇票上未记载前款规定事项之一的,汇票无效。

2)相对必要记载事项

所谓相对必要记载事项,是指在出票时应予以记载,但是如果未作记载,票据法另有补充规定,汇票并不因为没有记载相应事项而无效。根据我国《票据法》第二十三条规定,汇票上未记载付款日期的,为见票即付;汇票上未记载付款地的,付款人的营业场所、住所或者经常居住地为付款地;汇票上未记载出票地的,出票人的营业场所、住所或者经常居住地为出票地。

2. 任意记载事项

任意记载事项是指出票人可以自由选择是否记载的事项,一经记载即发生票据法上的效力。我国《票据法》第二十七条第二款规定,出票人在汇票上记载"不得转让"字样的,汇票不得转让。出票人可以自由决定是否在票据上记载不得转让。如果不作记载,汇票效力不受影响;如果作出记载,即产生票据法上的效力,汇票不得转让。

3. 不得记载事项

汇票出票人出票的时候不得记载的,如果记载,汇票本身无效。我国《票据法》第二十六条规定,出票人签发汇票后,即承担保证该汇票承兑和付款的责任。出票人在汇票得不到承兑或者付款时,应当向持票人清偿本法第七十条、第七十一条规定的金额和费用。如果出票人在汇票上记载了"免除担保承兑和免除担保付款",该记载项无效,而且导致汇票本身无效。又比如出票人违反《票据法》第十九条规定,即汇票是出票人签发的,委托付款人在见票时或者在指定日期无条件支付确定的金额给收款人或者持票人的票据。如果汇票上记载了附条件的委托付款或不确定的金额,则整个汇票无效。

4. 不产生票据法效力的记载事项

比如我国《票据法》第二十四条规定,汇票上可以记载本法规定事项以外的其他出票事项,但是该记载事项不具有汇票上的效力。

三、汇票的背书

(一)背书的概念

背书,是指持票人以转让汇票权利或授予他人一定的汇票权利为目的,在汇票背面或粘单上记载有关事项并签章的票据行为。背书是转让票据权利的一种方式,也是票据得以流通的基础。我国《票据法》第二十七条规定,持票人可以将汇票权利转让给他人或者将一定的汇票权利授予他人行使。出票人在汇票上记载"不得转让"字样的,汇票不得转让。持票人行使第一款规定的权利时,应当背书并交付汇票。背书是指在票据背面或者粘单上记载有关事项并签章的票据行为。

(二)背书的种类

背书依不同的标准可以进行不同的划分。以背书的目的为标准,背书可分为转让背书和非转让背书。

转让背书是持票人以转让票据权利为目的的背书。也可以对转让背书进行更进一步的划分,分为完全背书和空白背书。我国《票据法》第三十条规定,汇票以背书转让或者以背书将一定的汇票权利授予他人行使时,必须记载被背书人名称。可见,我国《票据法》不承认空白背书。

非转让背书是指持票人以非完全转让票据权利的其他目的,而是授予他人一定的汇票权利为目的的背书。非转让背书又可分为委任背书和设质背书两种。我国《票据法》规定了这两种背书形式。《票据法》第三十五条规定,背书记载"委托收款"字样的,被背书人有权代背书人行使被委托的汇票权利。但是,被背书人不得再以背书转让汇票权利。汇票可以设定质押;质押时,应当以背书记载"质押"字样。被背书人依法实现其质权时,可以行使汇票权利。

四、汇票的承兑

（一）承兑的概念

所谓承兑，就是承诺兑付，是付款人在汇票上签章表示承诺将来在汇票到期时承担付款义务的一种行为。我国《票据法》第三十八条规定，承兑是指汇票付款人承诺在汇票到期日支付汇票金额的票据行为。承兑行为只发生在远期汇票的有关活动中，在本票和支票中的付款人不可能有承兑行为。因此，承兑是汇票的一个特有制度。

（二）承兑的程序

1. 承兑的记载事项

汇票的承兑是一种要式法律行为，须由承兑人在汇票上签章并在汇票正面记载一定事项。记载事项包括两种：一是必要记载事项，我国《票据法》对此有着明确的规定。《票据法》第四十二条第一款规定，付款人承兑汇票的，应当在汇票正面记载“承兑”字样和承兑日期并签章；见票后定期付款的汇票，应当在承兑时记载付款日期。可见，承兑的必要记载事项有签章、承兑字样和承兑日期。二是不得记载事项。比如，我国《票据法》第四十三条规定，付款人承兑汇票，不得附有条件；承兑附有条件的，视为拒绝承兑。

2. 提示承兑

所谓提示，即持票人向付款人现实地出示汇票，以行使或保全其票据权利的行为。提示承兑是指持票人向付款人出示汇票，并请求付款人表示承兑与否的行为。提示承兑是汇票中特有的一种票据行为。见票即付的汇票无须提示承兑。我国《票据法》第三十八条规定，承兑是指汇票付款人承诺在汇票到期日支付汇票金额的票据行为。第三十九条规定，定日付款或者出票后定期付款的汇票，持票人应当在汇票到期日前向付款人提示承兑。提示承兑是指持票人向付款人出示汇票，并要求付款人承诺付款的行为。第四十条规定，见票后定期付款的汇票，持票人应当自出票日起 1 个月内向付款人提示承兑。汇票未按照规定期限提示承兑的，持票人丧失对其前手的追索权。见票即付的汇票无须提示承兑。

3. 承兑和拒绝承兑

持票人按照提示承兑期间向付款人提示汇票请求承兑时，付款人应当在一定期间内作出承兑或不承兑的决定。我国《票据法》第四十一条规定，付款人对向其提示承兑的汇票，应当自收到提示承兑的汇票之日起 3 日内承兑或者拒绝承兑。付款人在 3 天期限届满，未作出承兑与否的表示，应视为拒绝承兑。

4. 汇票的回单和交还

持票人向付款人提示承兑时，须将汇票临时交给付款人。在付款人决定是否对汇票承兑的时间内，汇票由付款人临时占有。我国《票据法》第四十一条第二款规定，付款人收到持票人提示承兑的汇票时，应当向持票人签发收到汇票的回单。回单上应当记明汇票提示承兑日期并签章。付款人承兑汇票的，在汇票正面记载“承兑”字样后，应当立即将汇票交还给持票人。

（三）承兑的法律效力

付款人承兑汇票并将汇票交还给持票人，承兑即发生法律效力。我国《票据法》第四十四条规定，付款人承兑汇票后，应当承担到期付款的责任。付款人一经承兑汇票，即成为汇票的承兑人，对汇票债务承担第一性的或主要的付款责任。在付款人承兑之前，汇票是一种期待权，处于不确定状态，付款人一经承兑，持票人的期待权即变成现实权，是确定的，除非因时效届满而消灭。

五、汇票的保证

(一)汇票保证的概念

汇票保证是指汇票债务人以外的第三人，担保特定的票据债务人能够履行票据债务的票据行为。关于保证人，我国《票据法》第四十五条规定，汇票的债务可以由保证人承担保证责任。保证人由汇票债务人以外的他人担当。可见，保证人只能是票据债务人以外的第三人，被保证人则只能是票据债务人，如出票人、承兑人、背书人等。按照我国《票据法》的规定，保证只适用于汇票和本票，支票不适用保证。原因在于我国支票的付款提示期限过短，同城结算支票的提示期限只有 10 天。而国外，无论是日内瓦统一票据法系还是英美法系，大都规定有支票保证制度。对于多数保证人的情况，我国《票据法》第五十一条规定，保证人为 2 人以上的，保证人之间承担连带责任。

(二)保证的记载事项

汇票保证是一个要式法律行为，我国《票据法》第四十六条有着严格的规定，保证人必须在汇票或者粘单上记载下列事项：表明“保证”的字样、保证人名称和住所、被保证人的名称、保证日期、保证人签章。其中，保证人签章和保证字样这两项属于绝对必要记载事项，被保证人的名称、保证人的名称和住所、保证日期属于相对必要记载事项。根据我国《票据法》第四十七条规定，保证人在汇票或者粘单上未记载前条第(三)项的，已承兑的汇票，承兑人为被保证人；未承兑的汇票，出票人为被保证人。保证人在汇票或者粘单上未记载前条第(四)项的，出票日期为保证日期。

保证是无条件的，附条件的保证，不影响对汇票的保证责任。我国《票据法》第四十八条规定，保证不得附有条件；附有条件的，不影响对汇票的保证责任。这属于不得记载事项中的记载无益事项。

(三)保证的效力

保证人为汇票保证后，须承担相应的票据责任，表现如下。

1. 保证人负有与被保证人完全相同的票据责任。

我国《票据法》第五十条规定，被保证的汇票，保证人应当与被保证人对持票人承担连带责任。汇票到期后得不到付款的，持票人有权向保证人请求付款，保证人应当足额付款。

2. 保证人独立承担保证责任

由于票据行为的无因性和独立性，保证人承担的票据保证责任独立于票据债务，被保证的票据债务即使无效，也不影响保证责任。除非由于被保证的票据债务因存在票据行为要件的欠缺而无效时，保证人可不负责任，但这并不排除保证人承担相应的民事责任。我国《票据法》第四十九条规定，保证人对合法取得汇票的持票人所享有的汇票权利，承担保证责任。但是，被保证人的债务因汇票记载事项欠缺而无效的除外。

3. 保证人之间的连带责任

我国《票据法》第五十一条规定，保证人为2人以上的，保证人之间承担连带责任。也就是说，如果保证人为2人以上，即使共同保证人之间并无共同保证的意思，也不影响他们之间承担连带责任。

4. 保证人的权利

保证人履行保证义务，清偿汇票债务后，即取得汇票持票人的身份，可向汇票上的其他债务人进行追偿。我国《票据法》第五十二条规定，保证人清偿汇票债务后，可以行使持票人对被保证人及其前手的追索权。

六、汇票的付款

（一）付款的概念

汇票付款是指付款人或代理付款人（担当付款人）根据汇票持票人的提示请求，依法向其支付票据金额，以消灭票据关系的行为。票据付款行为在性质上不同于票据行为，其性质亦属于法律行为，而属于事实行为，其效果在于履行票据债务，消灭汇票关系。

（二）付款的程序

1. 付款提示

汇票付款提示是指持票人向付款人或担当付款人依法出示汇票并向其请求付款的行为，它本质上是付款请求权行使行为。对于付款提示期间，我国《票据法》第五十三条第一款有明确的规定，持票人应当按照下列期限提示付款：见票即付的汇票，自出票日起1个月内向付款人提示付款；定日付款、出票后定期付款或者见票后定期付款的汇票，自到期日起10日内向承兑人提示付款。

对于未在法定期间提示付款的情况，《票据法》第五十三条第二款也有规定，持票人未按照前款规定期限提示付款的，在作出说明后，承兑人或者付款人仍应当继续对持票人承担付款责任。

2. 实际付款

我国《票据法》第五十四条规定，持票人依照前条规定提示付款的，付款人必须在当日足额付款。可见，我国《票据法》采用的是付款人即时足额付款原则，不允许付款人延期付款、部分付款。

3. 交回汇票

汇票是交回证券，付款人付款后，持票人应将汇票交给付款人。我国《票据法》第五十五条规定，持票人获得付款的，应当在汇票上签收，并将汇票交给付款人。持票人委托银行收款的，受委托的银行将代收的汇票金额转账收入持票人账户，视同签收。

七、汇票的追索权

（一）汇票追索权的概念

所谓汇票追索权，是指持票人在汇据到期不获付款或期前不获承兑或者发生其他法定事由时，在依法行使或保全了汇票权利后，向其前手请求偿还汇票金额、利息及其他法定款项的一种票据权利。汇票的追索权是一种救济性的权利，是为汇票的付款请求权而设立的，在付款请求权得不到满足的时候，才得以行使的第二次权利。所以，《最高人民法院关于审理票据纠纷案件若干问题的规定》第四条有这样的规定，持票人不先行使付款请求权而先行使追索权遭拒绝提起诉讼的，人民法院不予受理。

（二）追索权的要件

1. 到期追索

根据我国《票据法》第六十一条第一款规定，汇票到期被拒绝付款的，持票人可以对背书人、出票人以及汇票的其他债务人行使追索权。大多追索权都属于此类，到期被拒绝付款。

2. 期前追索

通常情况下是因汇票到期得不到付款而行使追索权，汇票未到付款期限，原则上持票人不得行使追索权。但是，如果在汇票到期前发生了一些客观情况，使得汇票权利存在无法实现的可能性，则持票人须行使追索权，但是所谓的客观情况都要采取法定原则。我国《票据法》第六十一条第二款规定了 3 种特殊情形：汇票被拒绝承兑的；承兑人或者付款人死亡、逃匿的；承兑人或者付款人被依法宣告破产的或者因违法被责令终止业务活动的。

第三节　本票与支票

一、本票

（一）本票的概念

本票是出票人签发的，保证即期或定期或在可以确定某个时间，自己无条件向收款人或持票人支付一定金额的票据。我国《票据法》第七十三条第一款对本票是这样规定的，本票是由出票人签发的，承诺自己在见票时无条件支付确定的金额给收款人或持票人的票据。第七十三条第二款规定，本法所指的本票，是指银行本票。所以，在我国，法定意义上的本票仅指银行本票，排除了商业本票。

本票相对于汇票、支票而言，有其自身独特的法律特征：

（1）本票是自付证券。本票是由出票人自己对收款人支付并承担绝对付款责任的票据。这是本票区别于汇票、支票的最显著的特征。汇票和支票是委付证券，本票则是自付证券。

（2）本票是出票人在到期日无条件支付票据金额的一种票据。本票的到期日不以见票即付为限，可以由出票人指定一定的付款日期。这一点是本票与汇票的共同特点，是一种信用证券。与见票即付的支票不同。

（二）本票的种类

依据不同的标准可以对本票进行不同的划分，但大多数国家《票据法》基本上对票据的种类采取法定主义原则划分。在这里仅从学理上对本票种类予以探讨。

（1）以本票对于权利人的记载方式不同，可以将本票分为记名式本票、指示式本票和无记名本票。

我国《票据法》第七十五条明确规定，必须记载收款人名称，可见我国《票据法》只承认记名本票一种。

(2)以本票对于到期日的指定方式不同，可以将本票分为即期本票和远期本票。

我国《票据法》规定的银行本票属于见票即付本票，也就是即期本票。

(3)以本票的出票人的不同，可以将本票划分为以后本票和商业本票。

我国《票据法》第七十三条第二款规定，本法所称本票，是指银行本票。所以，我国只承认银行本票。

(三)本票的特殊规则

1. 本票出票的概念

本票出票是指本票当事人签发本票的行为，签发本票包括了两个方面的含义：一是出票人依据票据法的规定在票据上记载票据法所规定的事项，二是出票人将制作好的本票进行交付。本票的出票行为内含着承诺自己支付票据金额的责任，而汇票出票则是委托付款人向收款人支付票据金额的行为。

2. 本票出票的格式

本票出票的格式即出票人在本票上的记载事项，以及本票的票据格式等。我国《票据法》第七十五条第一款规定，列明了本票必须记载的事项包括表明“本票”的字样、无条件支付的承诺、确定的金额、收款人名称、出票日期、出票人签章，共6项绝对必要记载事项，并在同条的第2款规定，本票上未记载上述6种事项之一的，该本票无效。对于付款地、出票地等属于相对必要记载事项，我国《票据法》第七十六条规定，本票上记载付款地、出票地等事项的，应当清楚、明确。本票上未记载付款地的，出票人的营业场所为付款地。本票上未记载出票地的，出票人的营业场所为出票地。

3. 本票出票的法律效力

本票出票的法律效力，是指出票人签发本票后自己所承担的票据责任及票据权利人因此享有的票据权利。出票人承担付款的绝对责任。出票人的付款义务不因持票人对其权利的行使或保全手续欠缺而免除，我国《票据法》第七十七条规定，本票的出票人在持票人提示见票时，必须承担付款的责任。第七十九条规定，本票的持票人未按照规定期限提示见票的，丧失对出票人以外的前手的追索权。由此可以看出，出票人的付款责任是一种绝对责任、最终责任。出票人一经付款，全部本票关系就归于消灭。

4. 本票与汇票之比较

汇票和本票相比较而言，有以下诸多区别：

(1)证券性质和当事人个数不同。汇票为委付证券，本票为自付证券。本票是出票人自己付款的承诺，汇票是出票人要求他人付款的委托或指示。因此，汇票有三个当事人，即出票人、付款人与收款人；而本票只有两个当事人，即出票人(同时也是付款人)与收款人。

(2)主债务人不同。汇票为委付证券，经过承兑后，主债务人为承兑人，出票人则居于从债务人的地位；本票为自付证券，出票人始终居于主债务人的地位，自负到期偿付的义务，不必办理承兑手续。

(3)有无承兑不同。本票无须承兑，汇票除见票即付的汇票外均可以或应当请求承兑;见票后定期付款的本票也无须承兑,而应当见票。见票后定期付款的汇票必须请求承兑,以确定汇票的到期日。

(4)有无资金关系不同。在票据的基础关系中,由于汇票为委付证券,所以一般都必须有资金关系;本票为自付证券,一般都不需要有资金关系。

(四)出票人和背书人责任不同

汇票的出票人应负担保承兑和担保付款的责任,本票的出票人应负绝对付款责任;汇票的背书人也应负承兑和付款的担保责任,本票的背书人仅负付款的担保责任。

(五)付款人的责任不同

汇票的付款人不再承兑时,可以不负任何票据责任,只有经承兑而成为承兑人后,才负付款责任;本票的出票人即为付款人,自出票之后即应负绝对付款责任。

(六)所包含法定票据种类不同

比如我国《票据法》规定,本票仅指银行本票,而汇票包括银行汇票和商业汇票两种。

(七)付款期限不同

我国《票据法》第七十八条规定,本票自出票日起,付款期限最长不得超过2个月。对于汇票而言,付款期限无此特别限制。

二、支票

(一)支票概述

1. 支票的概念

我国《票据法》第八十一条规定,支票是出票人签发的,委托办理支票存款业务的银行或者其他金融机构在见票时无条件支付确定的金额给收款人或者持票人的票据。

2. 支票的法律特征

(1)支票是票据的一种,所以具有票据的共同特征,属于完全有价证券、设权证券、无因证券、文义证券、金钱债权证券、流通证券、要式证券等。

(2)支票的付款人法定原则,仅限于银行或者其他金融机构。

付款人各国基本上都采取法定原则。我国《票据管理实施办法》第十一条规定,支票的出票人,为在经中国人民银行批准办理支票存款业务的银行、城市信用合作社和农村信用合作社开立支票存款账户的企业、其他组织和个人。

(3)支票是见票即付的票据,不同于汇票和本票,汇票和本票具有信用功能,是信用证券,而支票是支付证券,其主要功能是代替现金支付。

(4)支票是不完全无因性票据。

支票的无因性受到出票人在付款人处实有的存款金额的限制。我国《票据法》第八十七条规定,支票的出票人所签发的支票金额不得超过其付款时在付款人处实有的存款金额。出票人签发的支票金额超过其付款时在付款人处实有的存款金额的,为空头支票。禁止签发空头支票。

3. 支票的种类

(1)以收款人的记载方式不同,可将支票分为记名式、指示式和无记名式。

记名式支票,即载明受款人姓名或名称,并载明“不得另行指定”“只付与甲”等字样的支票；如果载明受款人姓名，而未载明“不得另行指定”，却载明“或其指定人”，则为指示式支票；记名式支票的付款人只能向支票上记载的收款人付款。英美票据法规定，记名式支票通过背书和交付而转让。《日内瓦统一票据法》规定，记名式支票不能背书转让，更不能仅凭交付而转让，只能依照普通债权转让的方式与效力进行转让。我国《票据法》第八十四条未将收款人名称作为绝对必要记载事项；《票据法》第八十六条第一款规定，支票上未记载收款人名称的，经出票人授权，可以补记。足以说明我国《票据法》对于无记名支票是承认的。

(2)以支票的付款方式不同，可将支票分为现金支票和转账支票。

我国《票据法》第八十三条规定，支票可以支取现金，也可以转账，用于转账时，应当在支票正面注明。支票中专门用于支取现金的，可以另行制作现金支票，现金支票只能用于支取现金。支票中专门用于转账的，可以另行制作转账支票，转账支票只能用于转账，不得支取现金。

(3)以支票当事人是否具有多种身份为标准，可将支票分为一般支票和变式支票。

变式支票可分为对己支票(出票人以自己为付款人)、指己支票(出票人以自己为收款人)和受付支票(出票人以付款人为收款人)。我国《票据法》也规定了变式支票，《票据法》第八十四条第四款规定，出票人可以在支票上记载自己为收款人。

(二)支票的特殊规则

1. 支票出票的概念

从形式上看，支票的出票和汇票、本票的出票一样，是指出票人作成票据，并交付票据给收款人的票据行为。但是，在付款人方面，支票与汇票和本票却有着显著的区别。汇票是出票人委托付款人向收款人支付一定金额的票据，本票是出票人承诺自己承担支付本票金额债务的票据，而支票的出票则是委托银行或其他金融机构向持票人支付一定金额的票据。

2. 支票出票的款式

支票出票的款式即支票人在出票时在支票票面上的记载事项。根据我国《票据法》第八十四条规定，支票必须记载事项有表明“支票”的字样、无条件支付的委托、确定的金额、付款人名称、出票日期及出票人签章共6项。假如支票上未全面记载这6项，该支票无效。这6项记载事项，是支票出票的绝对必要记载事项。我国《票据法》第八十五条规定，支票上的金额可以由出票人授权补记，未补记前的支票，不得使用。所以，有人认为支票的金额是一个任意记载事项，可以事后补记，其实是误解，出票人授权补记，才算该支票出票行为的完成，所有才有了“未补记前的支票，不得使用”。

支票上的收款人名称属于任意记载事项，我国《票据法》第八十六条规定，支票上未记载收款人名称的，经出票人授权，可以补记。支票上未记载付款地的，付款人的营业场所为付款地。支票上未记载出票地的，出票人的营业场所、住所或者经常居住地为出票地。出票人可以在支票上记载自己为收款人。

3. 支票出票的法律效力

所谓支票出票的法律效力，是指支票已经出票人出票后，出票人、付款人及收款人等各票据关系人所承担的责任或者所享有的权利。出票人要承担担保支票被付款的责任。

我国《票据法》第八十九条第一款规定,出票人必须按照签发的支票金额承担保证向该持票人付款的责任。也就是说,即使支票超过提示付款期限等原因而不获付款,出票人仍应对持票人承担票据责任。对支票的委托付款人而言,出票行为对其不具强制效力。付款人并不因出票行为而负有付款义务。付款人仅因出票人的出票行为被授予了一项付款的权限。但是,在出票人和付款人之间存在资金关系的情况下,付款人负有该种条件下的付款义务。我国《票据法》第八十九条第二款规定,出票人在付款人处的存款足以支付支票金额时,付款人应当在当日足额付款。所以,付款人承担的付款义务是一种在一定存款足额条件下的授权性质的付款义务。支票的收款人因出票行为获得一种期待的收款权,除付款请求权外,收款人在一定条件下可以行使追索权。

4. 支票的付款

支票的付款是指支票的付款人根据持票人的请求向其支付支票金额,从而消灭支票关系的行为。

对于持票人的提示付款程序及效力,《票据法》第九十一条规定,支票的持票人应当自出票日起 10 日内提示付款;异地使用的支票,其提示付款的期限由中国人民银行另行规定。超过提示付款期限的,付款人可以不予付款;付款人不予付款的,出票人仍应当对持票人承担票据责任。

付款人的付款前的形式审查义务:依法付款行为具有付款人免责的效力,《票据法》第九十二条的但书也规定了例外情形,如果付款人在付款时具有恶意或重大过失,还须其自行承担责任。

(三)支票与本票、汇票的比较

支票与本票、汇票的比较见表 10-1。

表 10-1　支票与本票、汇票的比较

区别	本票(银行本票)	汇票	支票
定义	银行签发的,承诺自己在见票时无条件支付确定的金额给收款人或者持票人的票据	出票人签发,委托付款人在见票时或者在指定日期无条件支付一定金额给收款人或者持票人的票据	出票人签发的、委托办理支票存款业务的银行或者其他金融机构在见票时无条件支付确定的金额给收款人或者持票人的票据
性质	自付证券	委付证券	委付证券
基本当事人	出票人(付款人)、收款人	出票人、付款人、收款人	出票人、付款人、收款人
付款人	出票人付款	委托他人付款	办理支票存款业务的银行或者其他金融机构
主债务人	出票人担当主债务人的责任	承兑前是出票人,承兑后是付款人	受委托的银行或其他金融机构

续表 10-1

区别	本票(银行本票)	汇票	支票
承兑	不需承兑	①银行汇票为见票即付的票据,不需要承兑; ②定日付款、出票后定期付款的,汇票到期日前; ③见票后定期付款的,自出票日起1个月内	不需承担
提示付款	自出票日起2个月内提示付款	①见票即付汇票,自出票日起1个月内提示付款; ②其他汇票,自到期日起10日之内付款	出票日起10日内提示付款,异地使用的中国人民银行另行规定
种类	中国只有银行本票:即期本票、远期本票	①银行汇票、商业汇票; ②商业承兑汇票、银行承兑汇票; ③即期汇票、远期汇票	普通支票、现金支票、转账支票

本章小结

汇票是由出票人签发的,要求付款人在见票时或在一定期限内,向收款人或持票人无条件支付确定金额款项的票据。本票是出票人签发的,保证即期或定期或在可以确定的某个时间,自己无条件向收款人或持票人支付一定金额的票据。支票是出票人签发的,委托办理支票存款业务的银行或者其他金融机构在见票时无条件支付确定的金额给收款人或者持票人的票据。票据关系是指票据当事人因票据行为而产生的票据权利义务关系。票据行为是以票据权利义务的设立及变更为目的的法律行为。票据权利是指持票人向票据债务人请求支付票据金额的权利,包括付款请求权和追索权。汇票的出票是指出票人签发票据并将其交付给收款人的票据行为。背书,是指持票人以转让汇票权利或授予他人一定的汇票权利为目的,在汇票背面或粘单上记载有关事项并签章的票据行为。

思考题

1. 简述票据的概念及分类。
2. 简述票据的特征。
3. 简述票据行为及其特征。
4. 论述票据行为的无因性及独立性。
5. 简述汇票、本票与支票三者之间的区别。

练习题

1. 甲公司签发一张以乙公司为收款人的转账支票，票据金额栏空缺，授权由乙公司财务人员补记，补记后的票面金额为30万元。乙公司在法定期限内提示付款，因票据上补记的手写体字体与其他字体不统一而遭甲公司的开户行退票。理由是票据有可能是变造的。

问：(1)甲公司的开户行退票理由是否正当？

(2)乙公司的补记行为是否属于票据的变造？为什么？

(3)票据的变造与票据的伪造有什么区别？

2. 甲公司开出一张收款人为乙公司、付款人为丙银行的银行承兑汇票，乙公司因与丁厂发生了货物买卖关系而将该银行承兑汇票背书转让给了丁厂，丁厂又将其背书转让给了戊公司。戊公司在票据到期日请求丙银行付款时遭拒绝。为此，戊公司要求乙公司承担票据责任。乙公司认为，丁厂所供货物有明显的质量瑕疵，故拒绝付款。

问：(1)假定上述若干次背书均为有效背书，戊公司要求乙公司承担票据责任的请求是否合法？为什么？

(2)本案中乙公司是否拥有抗辩权？为什么？

第十一章　劳动法律制度

学习目标

1.掌握劳动法的调整对象、劳动关系的特征、劳动法律关系和劳动关系的区别和联系；

2.掌握劳动时间和休息休假等相关知识；

3.熟练掌握劳动合同的特征，订立的原则，劳动合同的种类、履行变更与终止、法律效力等。

第一节　劳动法与劳动合同法概述

一、劳动法概述

（一）劳动法的概念和调整对象

1.劳动法的概念

劳动法是调整劳动关系及与劳动关系密切联系的其他社会关系的法律规范的总和。我国劳动法的渊源有《中华人民共和国劳动法》(1994 年 7 月 5 日第八届全国人民代表大会常务委员会第八次会议通过,1995 年 1 月 1 日起正式生效,2009 年 8 月 27 日第十一届全国人民代表大会常务委员会第十次会议通过修改),也包括宪法中关于劳动领域事务的规定、全国人大及其常委会制定的劳动法律、国务院制定的劳动行政法规,以及地方性法规、规章,部门规章(如中华全国总工会制定的《工会参与劳动争议处理试行办法》)等。

2.劳动法的调整对象

劳动法的调整对象最基础最首要的是劳动关系。所谓劳动关系,是指劳动者与用人单位之间的权利义务关系。

(1)劳动关系的当事人是特定的,一方是劳动者,另一方是用人单位。

在我国,劳动者包括在法定劳动年龄内具有劳动能力的我国公民、外国人、无国籍人。在我国,用人单位包括依法成立的企业、个体经济组织、国家机关、事业组织、社会团体,不包括自然人。

(2)劳动关系是劳动者与用人单位在实现劳动过程中发生的社会关系。

劳动法所调整的劳动关系产生于职业劳动、集体劳动和工业劳动过程中,非单位的个人雇用关系和农业劳动关系、家庭成员的共同劳动关系不由劳动法调整。

(3)劳动关系具有人身、财产关系的双重属性。

劳动关系具有人身、财产关系的双重属性决定了用人单位对劳动力的使用、管理,直接关系到劳动者的人身,关系到其健康和生命,关系到其劳动能力、劳动人格、尊严的维护,关系到其工资等物质权利的保护;这种人身属性也决定了劳动者必须亲自履行劳动义务,并应遵守用人单位的内部劳动规则,按照劳动力使用者的要求进行劳动。劳动关系也具有财产关系的属性,是指劳动者有偿提供劳动力,用人单位向劳动者支付劳动报酬,由此缔结的社会关系具有财产关系的性质。而无偿、义务、慈善性劳动关系不由劳动法调整。这种财产关系与民法调整的财产关系有一定区别。民法所调整的财产关系主要是主体之间因交换物化了的劳动(劳动成果)而发生的财产流转关系,而劳动法调整的是活劳动和物化劳动相交换的关系。

(4)劳动关系具有平等、从属关系的双重属性。

一般而言,劳动者处于相对弱势。同时,劳动关系具有从属性,劳动关系一经确立,劳动者成为用人单位的职工,与用人单位存在身份、组织和经济上的从属关系,用人单位控制和管理劳动者,双方形成管理与被管理、支配与被支配的关系。这就形成了"订立阶段的平等,履行阶段的从属"这样一种双重关系。

劳动法还调整与劳动关系密切联系的其他社会关系,包括:

(1)管理劳动力方面的社会关系;

(2)社会保险方面的社会关系;

(3)工会组织关系、工会监督方面的社会关系;

(4)处理劳动争议方面的社会关系;

(5)劳动监督检查方面的社会关系。

(二)我国劳动法对人的适用范围

我国《劳动法》第二条规定,在中华人民共和国境内的企业、个体经济组织(统称用人单位)和与之形成劳动关系的劳动者,适用本法。国家机关、事业组织、社会团体和与之建立劳动合同关系的劳动者,依照本法执行。

(1)在中华人民共和国境内的企业、个体经济组织和与之形成劳动关系的劳动者适用劳动法。

在中国境内的企业、个体经济组织与劳动者之间,只要形成劳动关系,即劳动者事实上已成为企业、个体经济组织的成员,并为其提供有偿劳动,不论他们之间是否订立劳动合同,都适用劳动法。

(2)国家机关、事业组织、社会团体实行劳动合同制度及按规定应实行劳动合同制度的工勤人员;其他通过劳动合同与国家机关、事业组织、社会团体建立劳动关系的劳动者,适用劳动法。

几种必须说明的情况:

①工勤人员即是我国传统人事体制中"工人"编制的人员。与其工勤人员之间,无论是否存在劳动合同关系,均适用劳动法。

②建立劳动合同关系的非工勤人员与国家机关、事业组织、社会团体之间,也适用劳动法。事业单位与其工作人员之间因辞职、辞退及履行聘用合同所发生的争议,适用劳动法的规定处理。

(3)实行企业化管理的事业组织的人员适用劳动法。

实行企业化管理的事业组织是指国家不再核拨经费,实行独立核算、自负盈亏的事业组织。

(4)公务员、农村劳动者(乡镇企业职工和进城务工、经商的农民除外)、现役军人和个人雇用关系、在中华人民共和国境内享有外交特权和豁免权的外国人等不适用我国劳动法。

(三)劳动法律关系

劳动法律关系是指劳动法律规范在调整劳动关系过程中形成的法律上的劳动权利和劳动义务关系。劳动法律关系是劳动关系在法律上的表现,是当事人之间发生的符合劳动法律规范、具有权利义务内容的关系。狭义的劳动法律关系主体包括劳动者和用人单位,广义的劳动法律关系主体还包括工会组织和雇主组织。

1. 劳动者

劳动者是指达到法定年龄,具有劳动能力,以从事某种社会劳动获得收入为主要生活来源,依据法律或合同的规定,在用人单位的管理下从事劳动并获取劳动报酬的自然人。但并非所有自然人都是合法的劳动者,要成为合法的劳动者必须具备一定的条件并取得劳动权利能力和劳动行为能力,区别于“非法劳动者”,如偷渡打工者。

劳动者的主体资格始于劳动者最低用工年龄(除特种工作外为满16周岁),终于法定退休年龄。劳动者达到法定退休年龄后即丧失劳动者主体资格,不能再与单位形成劳动关系。此时与单位之间的用工关系,由劳动关系转变为劳务关系。

劳动者权利:根据我国《劳动法》第三条第一款的规定,劳动者享有平等就业和选择职业的权利、取得劳动报酬的权利、休息休假的权利、获得劳动安全卫生保护的权利、接受职业技能培训的权利、享受社会保险和福利的权利、提请劳动争议处理的权利以及法律规定的其他劳动权利。

劳动者义务:根据我国《劳动法》第三条第二款的规定,劳动者应当完成劳动任务,提高职业技能,执行劳动安全卫生规程,遵守劳动纪律和职业道德。

2. 用人单位

用人单位是指具有用人权利能力和用人行为能力,运用劳动力组织生产劳动,且向劳动者支付工资等劳动报酬的单位。在我国,用人单位可以是依法成立的企事业单位、国家机关和社会团体,也可以是个体经济组织。

根据我国《劳动法》第二条的规定,在中华人民共和国境内的企业、个体经济组织,以及国家机关、事业组织、社会团体与劳动者建立劳动关系时,都属于《劳动法》上的用人单位。2008年9月,国务院颁布的《中华人民共和国劳动合同法实施条例》明确了“依法成立的会计师事务所、律师事务所等合伙组织和基金会,属于劳动合同法规定的用人单位”。

劳动合同法规定的用人单位主体的组织,最基本的特征有两个:一是合法成立,二是有一定的组织机构和财产。

用人单位的权利一般包括下述几个方面：

（1）录用职工方面的权利。主要是有权按国家规定和本单位需要择优录用职工，可以自主决定招工的时间、条件、数量、用工形式等。

（2）劳动组织方面的权利。主要是有权按国家规定和实际需要确定机构、编制和任职（上岗）资格条件，有权任免、聘用管理人员和技术人员，对职工进行内部调配和劳动组合，并对职工的劳动实施指挥与监督。

（3）劳动报酬分配方面的权利。主要是有权按国家规定确定工资分配办法，自主决定晋级增薪、降级减薪的条件和时间等。

（4）劳动纪律方面的权利。主要是有权制定和实施劳动纪律、有权决定对职工的奖惩。

（5）决定劳动法律关系存续方面的权利。主要是有权与职工以签订协议方式续订、变更、暂停或解除劳动合同，有权在具备法定或约定条件时单方解除劳动合同。

用人单位对职工的义务主要包括以下内容：

（1）支付劳动报酬的义务；

（2）保护职工的义务；

（3）帮助职工的义务；

（4）合理使用职工的义务；

（5）培训职工的义务；

（6）必须执行劳动法规、劳动政策和劳动标准的义务；

（7）接受国家劳动计划的指导，服从劳动行政部门及其他有关国家机关的管理和监督的义务。

（四）劳动基准法

劳动法对劳动关系的规范和调整，是以劳动基准为基础的。所谓劳动基准，就是劳动条件的最低标准。所谓劳动基准法，就是劳动法中规定和确认的一系列劳动标准，用人单位必须遵守，用人单位向劳动者提供的劳动条件只能等于或者优于劳动基准，从而保证劳动权益的实现。劳动基准法主要由规定劳动标准的各项法律制度所构成，包括工时标准、最低工资标准、职业安全卫生法等。

1. 工作时间和休息休假等

（1）工作时间又称劳动时间。是指法律规定的劳动者在一昼夜和一周内从事劳动的时间。工作时间的长度由法律直接规定，或由集体合同或劳动合同直接规定。劳动者或用人单位不遵守工作时间的规定或约定，要承担相应的法律责任。工作时间包括每日工作的小时数，每周工作的天数和小时数。

（2）标准工作时间又称标准工时。是指法律规定的在一般情况下普遍适用的，按照正常作息办法安排的工作日和工作周的工时制度。我国《劳动法》第三十六条、第三十七条做出了明确的规定，国家实行劳动者每日工作时间不超过 8 小时、平均每周工作时间不超过 44 小时的工时制度。对实行计件工作的劳动者，用人单位应当根据日工作时间不超过 8 小时、平均每周工作时间不超过 44 小时的工时制度，合理确定其劳动定额和计件报酬标准。

(3)缩短工作时间。是指法律规定的在特殊情况下劳动者的工作时间长度少于标准工作时间的工时制度。即每日工作少于8小时。缩短工作日适用于:从事矿山井下、高温、有毒有害、特别繁重或过度紧张等作业的劳动者;从事夜班工作的劳动者;哺乳期内的女职工。

(4)延长工作时间。是指超过标准工作日的工作时间,即日工作时间超过8小时,每周工作时间超过44小时。延长工作时间必须符合法律、法规的规定。

(5)不定时工作时间和综合计算工作时间。不定时工作时间又称不定时工作制,是指无固定工作时数限制的工时制度,适用于工作性质和职责范围不受固定工作时间限制的劳动者。如企业中的高级管理人员、外勤人员、推销人员、部分值班人员,从事交通运输的工作人员及其他因生产特点、工作特殊需要或职责范围的关系,适合实行不定时工作制的职工等。综合计算工作时间又称综合计算工时工作制,是指以一定时间为周期,集中安排并综合计算工作时间和休息时间的工时制度。即分别以周、月、季、年为周期综合计算工作时间,但其平均日工作时间和平均周工作时间应与法定标准工作时间基本相同。对符合下列条件之一的职工,可以实行综合计算工作日:交通、铁路、邮电、水运、航空、渔业等行业中因工作性质特殊,需连续作业的职工;地质及资源勘探、建筑、制盐、制糖、旅游等受季节和自然条件限制的行业的部分职工;其他适合实行综合计算工时工作制的职工。

实行不定时工作制和综合计算工时工作制的企业,应根据劳动法的有关规定,与工会和劳动者协商,履行审批手续,在保障职工身体健康并充分听取职工意见的基础上,采用集中工作、集中休息、轮流调休、弹性工作时间等适当方式,确保职工的休息休假权利和生产、工作任务的完成。对于实行不定时工作制的劳动者,企业应根据标准工时制度合理确定劳动者的劳动定额或其他考核标准,以便安排劳动者休息。其工资由企业按照本单位的工资制度和工资分配办法,根据劳动者的实际工作时间和完成劳动定额情况计发。对于符合带薪年休假条件的劳动者,企业可安排其享受带薪年休假。实行综合计算工时工作制的企业,在综合计算周期内,某一具体日(或周)的实际工作时间可以超过8小时(或44小时)。但综合计算周期内的总实际工作时间不应超过总法定标准工作时间,超过部分应视为延长上班时间,并按《劳动法》第四十四条第一项的规定支付工资报酬,其中法定休假日安排劳动者工作的,按《劳动法》第四十四条第三项的规定支付工资报酬。而且,延长工作时间的小时数平均每月不得超过36小时。

(6)计件工作时间。是以劳动者完成一定劳动定额为标准的工时制度。

2. 休息休假的概念和种类

休息休假是劳动者所享有的休息权的体现,是指在法定工作时间之外,不从事生产或工作而自行支配自己的时间。

1)休息的种类

休息的种类包括以下几种:

(1)工作日内的间隔时间。一般1~2个小时,最少不得少于半个小时,用于劳动者休息或者用膳等。

(2)工作日间的休息时间。即两个邻近工作日之间的休息时间,一般不少于16

小时。

(3)公休假日,又称周休息日,一般为周六、周日两日,最低不得少于1日。

2)休假的种类

休假的种类包括:

(1)法定节假日。是指法律规定的用于开展纪念、庆祝活动的休息时间(元旦休息1日、春节休息3日、清明节休息1日、国际劳动节休息1日、端午节休息1日、中秋节休息1日、国庆节休息3日),以及法律规定的其他法定节假休息日。

(2)探亲假。是指劳动者保留工资、工作岗位而同分居两地的父母或者配偶团聚的假期。探亲假适用于在国家机关、人民团体、全民所有制企业、事业单位工作满1年的固定职工。

(3)年休假。是指劳动者工作满1年以上,每年可享受带薪连续休息的时间。我国《劳动法》第四十五条规定,国家实行带薪年休假制度。劳动者连续工作1年以上的,享受带薪年休假。具体办法由国务院规定。

3)关于加班加点的主要法律规定

我国《劳动法》第四十一条规定,用人单位由于生产经营需要,经与工会和劳动者协商后可以延长工作时间,一般每日不得超过1小时;因特殊原因需要延长工作时间的,在保障劳动者身体健康的条件下延长工作时间每日不得超过3小时,但是每月不得超过36小时。特殊情况下,也存在例外情况规定,我国《劳动法》第四十二条规定,延长工作时间不受第四十一条的情形有:发生自然灾害、事故或者因其他原因,威胁劳动者生命健康和财产安全,需要紧急处理的;生产设备、交通运输线路、公共设施发生故障,影响生产和公众利益,必须及时抢修的;法律、行政法规规定的其他情形。

3. 工资法律制度

工资是用人单位支付给劳动者的劳动报酬,用人单位支付给劳动者的社会保险福利费用,如计划生育补贴、劳动保护方面的费用、按照规定未列入工资总额的各种劳动报酬及其他劳动收入,如发明创造奖等,均属于工资范围。

工资的分配形式有多种,包括计时工资、计件工资、奖金、津贴、补贴,以及特殊情况下的工资比如加班加点工资,事假、病假、婚假、探亲假等工资。

4. 职业安全卫生法

1)概念

所谓职业安全卫生法,是指以保护劳动者在职业劳动过程中的安全和健康为宗旨,以劳动安全卫生规则等为内容的法律规范的总称。职业安全卫生法的立法目的是减少和避免因工伤亡事故以及职业危害、职业中毒和职业病。

2)特征

职业安全卫生法与其他劳动法规相比有其特有的特征:

(1)保护对象的特定性。职业安全卫生法保护的对象是特定的,即保护的是劳动者在生产、劳动过程中的生命安全和健康。

(2)法规内容具有技术性。职业安全卫生法主要由劳动安全、劳动卫生技术规程和标准组成,是具有技术性的法律规范。

(3)法律规范多为强制性和禁止性规范。

3)内容

职业安全卫生法律制度的内容:

(1)职业安全卫生工作的方针和制度。

(2)女职工的特殊劳动保护。禁止安排女职工从事矿山井下作业、国家规定的第四级体力劳动强度的劳动和其他禁忌从事的劳动;不得安排女职工在经期从事高处、高温、低温、冷水作业和国家规定的第三级体力劳动强度的劳动;不得安排女职工在怀孕期间从事国家规定的第三级体力劳动强度的劳动和孕期禁忌从事的劳动;对怀孕7个月以上的女职工,不得安排其延长工作时间和夜班劳动;女职工生育享受不少于90天的产假;不得安排女职工在哺乳未满1周岁的婴儿期间从事国家规定的第三级体力劳动强度的劳动和哺乳期禁忌从事的其他劳动,不得安排其延长工作时间和夜班劳动。

(3)未成年工的特殊劳动保护。未成年工是指年满16周岁未满18周岁的劳动者。对未成年工特殊劳动保护的措施主要有:①上岗前培训。未成年工上岗,用人单位应对其进行有关的职业安全卫生教育、培训。②禁止安排未成年工从事有害健康的工作。用人单位不得安排未成年工从事矿山井下、有毒有害、国家规定的第四级体力劳动强度和其他禁忌从事的劳动。③提供适合未成年工身体发育的生产工具等。④对未成年工定期进行健康检查。

(五)劳动争议

1.劳动争议的概念

所谓劳动争议,又称劳动纠纷、劳资纠纷,是指劳动关系当事人之间因劳动的权利与义务发生分歧而引起的争议。其中有的属于既定权利的争议,即因适用劳动法和劳动合同、集体合同的既定内容而发生的争议;有的属于要求新的权利而出现的争议,是因制定或变更劳动条件而发生的争议。

2.劳动争议的分类

按照不同的标准,可划分为以下几种。

1)按照劳动争议当事人人数多少的不同分类

按照劳动争议当事人人数多少的不同,可分为个人劳动争议和集体劳动争议。个人劳动争议是劳动者个人与用人单位发生的劳动争议;集体劳动争议是指劳动者一方当事人在3人以上,有共同理由的劳动争议。

2)按照当事人国籍的不同分类

按照当事人国籍的不同,可分为国内劳动争议与涉外劳动争议。国内劳动争议是指中国的用人单位与具有中国国籍的劳动者之间发生的劳动争议;涉外劳动争议是指具有涉外因素的劳动争议,包括中国在国(境)外设立的机构与中国派往该机构工作的人员之间发生的劳动争议、外商投资企业的用人单位与劳动者之间发生的劳动争议。

3)按照劳动争议的客体不同分类

按照劳动争议的客体不同,可分为履行劳动合同争议、开除争议、辞退争议、辞职争议、工资争议、保险争议、福利争议、培训争议等。

3. 劳动争议的处理机构

目前,我国处理劳动争议的机构有企业劳动争议调解委员会、地方劳动争议仲裁委员会和地方人民法院。企业劳动争议调解委员会是负责调解本企业内部劳动争议的群众性组织,调解委员会由职工代表、企业行政代表和企业工会委员会代表组成。县、市、市辖区设立劳动争议仲裁委员会,负责本行政区域内的劳动争议。仲裁委员会是处理劳动争议的专门机构。人民法院是国家的审判机关,也负担着处理劳动争议的任务。劳动争议当事人对仲裁委员会的裁决不服、进行起诉的案件,人民法院予以受理。

4. 劳动争议处理程序

我国《劳动法》第七十七条规定,用人单位与劳动者发生劳动争议,当事人可以依法申请调解、仲裁、提起诉讼,也可以协商解决。调解原则适用于仲裁和诉讼程序。根据这一规定,我国处理劳动争议的程序可分为协商、调解、仲裁和诉讼 4 个阶段。

1)协商程序

双方通过协商方式自行和解,是当事人应首先争取解决争议的途径。当然协商解决是以双方自愿为基础的,不愿协商或者经过协商不能达成一致的,当事人可以选择调解程序或仲裁程序。

2)调解程序

当事人可以向本用人单位劳动争议调解委员会申请调解。调解程序是自愿的,只有双方当事人都同意申请调解,调解委员会才能受理该案件;当事人可不经过调解而直接申请仲裁。另外,工会与用人单位因履行集体合同发生争议,不适用调解程序,当事人应直接申请仲裁。

3)仲裁程序

若经过调解双方达不成协议,当事人一方或双方可向当地劳动争议仲裁委员会申请仲裁。当事人也可以直接申请仲裁。仲裁程序适用于各类争议,但因签订集体合同发生的争议,目前是由劳动部门会同有关方面进行协调处理,不适用仲裁程序。除了这种争议外,对其他争议而言,仲裁程序是强制性的必经程序,也就是说,只要有一方当事人申请仲裁,且符合受案条件,仲裁委员会即予受理;当事人如果要起诉到法院,必须先经过仲裁程序,未经过仲裁程序的劳动争议案件,人民法院将不予受理。

4)诉讼程序

当事人如果对仲裁裁决不服,可以向当地基层人民法院起诉。目前法院由民事审判庭依民事诉讼程序对劳动争议案件进行审理,实行两审终审制。即当事人若不服一审判决,仍可向上级人民法院上诉。法院审判程序是劳动争议处理的最终程序。

二、劳动合同法概述以及《劳动合同法》与《劳动法》的关系

2008 年 1 月 1 日起,《中华人民共和国劳动合同法》开始实施。劳动合同是规范劳动关系最基本的法律形式;在法律上完善劳动合同制度,是夯实劳动关系基础的必然要求。尽管我国从 20 世纪 80 年代中期就开始进行劳动合同制度改革试点,1995 年 1 月 1 日施行的《劳动法》也正式确立了劳动合同制度,全国陆续开始推行全员劳动合同制度,但受制于多方面因素,劳动合同制度实施情况并不理想。特别是劳动合同签订率不高、质量低

下等问题突出，直接影响了劳动者权益的维护和劳动关系的和谐发展。因此，专门就劳动合同制度进行立法刻不容缓。

实际上，在1994年的下半年，国家劳动部和全国总工会就已经启动了《劳动合同法》的立法程序，但是到1998年下半年，准备提交国务院法制办进行审查的时候却被暂时搁置。其原因主要是当时中央提出到20世纪末建立起社会主义市场经济体制，但诸如就业、社会保险等配套法律尚未启动立法，单独制定《劳动合同法》存在衔接上的问题，即使制定《劳动合同法》，其所产生的实际效应也未必理想。因此，直到2004年底，《劳动合同法》的起草工作才重新启动。

重新起草的《劳动合同法（草案）》于2005年12月24日提交全国人民代表大会常务委员会审议，并于2006年3月20日向社会公开征求意见，结果社会反响十分强烈，全国人民代表大会常务委员会收到的反馈意见达19万条之多。《劳动合同法》不但创造了收集意见之多的纪录，其各方阵营对抗之激烈、立场对峙之鲜明、意见对立之清晰，也给人们留下了深刻的印象。不仅因为这部法律与每个劳动者的切身利益息息相关，而且反映出劳动合同制度亟须通过法律进一步规范和完善的现实需要。

最为集中和激烈的争议莫过于立法宗旨的确立，《劳动合同法》的立法宗旨是保护劳动者的合法权益，还是保护劳动者和用人单位的合法权益，也就是说，是“单保护”还是“双保护”，这是劳动合同立法中争论的一个“焦点”问题。现实中由于用人单位太强势，而劳动者过于弱势，如果对用人单位和劳动者进行同等保护，必然导致劳资双方关系不平衡，背离《劳动合同法》应有的价值取向。所以从构建和谐稳定的劳动关系的目标出发，立法最终还是定位于向劳动者倾斜。

经过了四次审议之后，2007年6月29日，《劳动合同法》提交到全国人民代表大会常务委员会进行表决，当天参加表决的146人中有145人投了赞成票。尽管波折重重，《劳动合同法》最终还是以高票率获得通过。

值得一提的是，《劳动合同法》与《劳动法》有着密切的关系。社会上有很多宣传《劳动合同法》的言论，其中难免会有不正确的说法，可能误导大众。比如，有人说出台了一部新的《劳动法》，这个说法显然是错误的。而有人说出台了一部新的《劳动合同法》，也不完全正确。因为《劳动法》是于1994年出台的，是劳动领域里的基本法，它不会被《劳动合同法》所取代，而且这部法律到目前为止，也没有做任何修改，所以不存在新的《劳动法》一说。

虽然《劳动合同法》出台以后，调整劳动关系的具体细则实施起来会和以前有所不同，但是《劳动合同法》本身并不存在新旧之分，因为它是首次制定的。而《劳动法》是劳动领域里的基本法，其主要内容是一些原则规定，其主要条款反映的是立法精神、立法原则。《劳动法》下面要有若干个配套的法律，才能构成劳动领域里的一个整体法律。

《劳动合同法》就是《劳动法》的子法之一，与《劳动法》构成下位法和上位法的关系。劳动领域的法律规制是促进经济发展、保证社会和谐稳定的重要问题，劳动部门法的完善和发展势在必行。《就业促进法》已经于2007年8月30日第十届全国人民代表大会常务委员会第二十九次会议通过，2008年1月1日与《劳动合同法》同时正式施行；《劳动争议调解仲裁法》已经于第十届全国人大常委会第三十一次会议通过，于2008年5月1日起施行;《中华人民共和国社会保险法》已由第十一届全国人民代表大会常务委员会第十七次会议于2010年10月28日通过,于2011年7月1日起施行。

第二节 劳动合同

一、劳动合同的概念和特征

(一)劳动合同的概念

劳动合同,是指劳动者与用工单位之间确立劳动关系,明确双方权利和义务的书面协议。订立和变更劳动合同,应当遵循平等自愿、协商一致的原则,不得违反法律、行政法规的规定。劳动合同依法订立即具有法律约束力,当事人必须履行劳动合同规定的义务。

(二)劳动合同的特征

劳动合同除具有一般合同的特征外,与民事合同、行政合同相比较,具有其独有的特征。

1. 劳动合同主体具有特定性

一方是劳动者,即具有劳动权利能力和劳动行为能力的中国人、外国人及无国籍人;另一方是用人单位,即具有使用劳动能力的权利能力和行为能力的企业个体经济组织、事业组织、国家机关、社会团体等用人单位。双方在实现劳动过程中具有支配与被支配、领导与服从的从属关系。

2. 劳动合同是劳动者与用人单位确立劳动关系的主要法律形式

我国《劳动法》第十六条规定,劳动合同是劳动者与用人单位确立劳动关系、明确双方权利和义务的协议。建立劳动关系应当订立劳动合同。这表明劳动合同是确立劳动关系的普遍性法律形式。在此基础上,《劳动合同法》第十条规定,建立劳动关系,应当订立书面劳动合同。已建立劳动关系,未同时订立书面劳动合同的,应当自用工之日起1个月内订立书面劳动合同。《劳动合同法》在《劳动法》的基础上,明确了劳动合同的书面形式,并对签订书面劳动合同时间进行了明确规定。

3. 劳动合同具有较强的法定性

即劳动合同的内容主要以劳动法律、法规为依据,且均有强制性规定。法律虽然允许双方当事人可以协商签订劳动合同,但协商的内容不得违反或者排斥法定的强制性规范,否则无效。

二、劳动合同的种类和形式

(一)劳动合同的种类

按照劳动合同的期限的不同,可以将劳动合同分为固定期限劳动合同、无固定期限劳动合同和以完成一定的工作为期限的劳动合同。我国《劳动合同法》也采取了这种分类方法,《劳动合同法》第十二条规定,劳动合同分为固定期限劳动合同、无固定期限劳动合同和以完成一定工作任务为期限的劳动合同。

(1)固定期限劳动合同,是指用人单位与劳动者约定合同终止时间的劳动合同。用人单位与劳动者协商一致,可以订立固定期限劳动合同。

(2)无固定期限劳动合同,是指用人单位与劳动者约定无确定终止时间的劳动合同。原劳动法规定的长期合同。

(3)以完成一定的工作任务为期限的劳动合同,也称单项劳动合同,即没有固定期限,以完成一定工作任务为期限的劳动合同,是指用人单位与劳动者约定以某项工作的完成为合同期限的劳动合同。

(二)劳动合同的形式

根据我国法律法规,劳动合同应当以书面形式订立,即应当采用书面协议。书面形式有主件、附件之分,劳动合同的主件即为劳动合同书;附件一般指作为劳动合同书补充内容的书面文件,比如岗位协议书、专项劳动协议、用人单位依法制定的内部规章制度等。主件和附件一同对双方当事人的权利和义务进行明确约定,具有同等的法律效力。用人单位根据劳动法的规定,通过民主程序制定的规章制度,不违反国家法律、行政法规及政策规定,并已向劳动者公示的,可以作为人民法院审理劳动争议案件的依据。

三、劳动合同订立的原则

我国《劳动合同法》第三条规定,订立劳动合同,应当遵循合法、公平、平等自愿、协商一致、诚实信用的原则。依法订立的劳动合同具有约束力,用人单位与劳动者应当履行劳动合同约定的义务。劳动合同订立的原则有以下几项。

(一)合法原则

劳动合同必须依法以书面形式订立,做到主体合法、内容合法、形式合法、程序合法。只有合法的劳动合同才能产生相应的法律效力。任何一方面不合法的劳动合同,都是无效合同,不受法律承认和保护。

(二)协商一致原则

在合法的前提下,劳动合同的订立必须是劳动者与用人单位双方协商一致的结果,是双方“合意”的表现,不能是单方意思表示的结果,双方要在平等自愿、友好协商的基础上订立劳动合同。

(三)合同主体地位平等原则

在劳动合同的订立过程中,当事人双方的法律地位是平等的。劳动者与用人单位不因为各自性质的不同而处于不平等地位,任何一方不得对他方进行胁迫或强制命令,严禁用人单位对劳动者横加限制或强迫命令的情况。只有真正做到地位平等,才能使所订立的劳动合同具有公正性。

(四)等价有偿原则

劳动合同明确双方在劳动关系中的地位作用,劳动合同是一种双务有偿合同,劳动者承担和完成用人单位分配的劳动任务,用人单位付给劳动者一定的报酬,并负责劳动者的保险金额。

四、劳动合同的法律效力

所谓劳动合同法的法律效力,是指依据签订的劳动合同在法律上的认可与否,以及对双方当事人所产生的法律影响。一般情况下，劳动合同依法成立，即双方当事人意思表示达成一致，签订劳动合同之日起，即产生法律效力。劳动合同的法律效力，表现为合同生效、合同无效以及合同部分无效。

劳动合同的无效是指当事人违反法律、法规，订立的劳动合同不具有法律效力。劳动合同的无效或者部分无效，由劳动争议仲裁委员会或者人民法院确认，引起无效的原因大体有以下几种。

(一)合同主体不合法或者不合格

所谓不合法即当事人不具备法律规定的主体资格。所谓不合格，如受雇一方提供了假的学历、学位、专业技术资格证书，以及聘用单位不具备招聘资格等。

(二)合同内容不合法

即劳动合同有悖法律、法规及善良风俗，或是损害了国家及社会的公共利益。如约定制造冰毒、假钞等。内容不合法的劳动合同不受法律保护。

(三)意思表示不真实，采用欺诈、威胁等手段订立的劳动合同

劳动合同是双方合意的产物，应该是当事人真实的意思表示。采取欺诈、威胁等手段订立的劳动合同，违背一方的真实意愿，因而是无效的。

(四)合同形式不合法、合同订立程序不合法等

这是指劳动合同没有采取书面形式，当事人也未实际履行主要义务，或者依法或应当事人要求应当鉴证的劳动合同没有鉴证等。在一般情况下，只要当事人采取补救措施，使合同形式上合法化后，就可以认定合同有效和福利待遇等其他事项。

无效的劳动合同，从订立时起，就没有法律效力，即自始无效；确认劳动合同部分无效的，不影响合同其他部分的效力。我国《劳动合同法》第二十七条规定，劳动合同部分无效，不影响其他部分效力的，其他部分仍然有效。

无效劳动合同不仅没有法律效力，造成劳动合同无效的当事人还应承担相应的法律责任。如因订立、履行无效劳动合同给当事人造成经济损失的，由有过错一方负责赔偿。另外，我国《劳动合同法》第二十八条规定，劳动合同被确认无效，劳动者已付出劳动的，用人单位应当向劳动者支付劳动报酬。劳动报酬的数额，参照本单位相同或者相近岗位劳动者的劳动报酬确定。这一条凸显了劳动合同法保护劳动者的立法宗旨，也就是说劳动合同确认无效的，不论劳动者是否存在过错，用人单位必须承担支付报酬的义务。

五、劳动合同的履行、变更与终止

(一)劳动合同的履行

劳动合同的履行是指劳动合同的双方当事人按照合同的约定，履行各自应承担的义务，行使自己享有的权利的行为。劳动合同具有很强的人身属性，所以劳动合同的履行具有不同于一般合同履行的自己独有的特征。

1. 亲自履行合同原则

劳动合同具有很强的人身属性，不适用代为履行，须由当事人亲自履行。

2. 全面履行合同原则

我国《劳动合同法》有着明确的规定，《劳动合同法》第二十九条规定：用人单位与劳动者应当按照劳动合同的约定,全面履行各自的义务。

3. 协作履行合同原则

我国《劳动法》第六章专门用独立一章规定劳动安全卫生。这些都体现了协作履行劳动合同的原则,如《劳动法》第五十四条规定,用人单位必须为劳动者提供符合国家规定的劳动安全卫生条件和必要的劳动防护用品,对从事有职业危害作业的劳动者应当定期进行健康检查。

4. 继续履行原则

继续履行原则也得到我国《劳动合同法》的立法确认,《劳动合同法》第三十三条规定,用人单位变更名称、法定代表人、主要负责人或者投资人等事项,不影响劳动合同的履行。《劳动合同法》第三十四条规定,用人单位发生合并或者分立等情况,原劳动合同继续有效,劳动合同由承继其权利和义务的用人单位继续履行。

(二)合同的变更

劳动合同一经依法订立,即具有法律约束力,受法律保护,双方当事人应当严格履行,任何一方不得随意变更劳动合同约定的内容。但是,当事人在订立合同时,有时不可能对涉及合同的所有问题都做出明确的规定。也有很多订立合同时无法预见的新情况、新问题,由于社会生活和市场条件的不断变化,订立劳动合同所依据的客观情况发生变化,使得劳动合同难于履行或者难于全面履行,或者使合同的履行可能造成当事人之间权利义务的不平衡,这就需要用人单位和劳动者双方对劳动合同的部分内容进行适当的调整;否则,在劳动合同与实际情况相脱节的情况下,若继续履行,有可能对当事人的正当利益造成损害。因此,在一定条件下允许当事人变更劳动合同是理智之举。双方当事人可以依据有关法律法规的规定,经协商一致,就劳动合同的部分条款进行修改、补充或者删减,通过对双方权利义务关系重新进行调整和规定,使劳动合同适应变化发展了的新情况,从而保证劳动合同的继续履行。

劳动合同的变更是在原合同的基础上对原劳动合同内容进行部分修改、补充或者删减,而不是签订新的劳动合同。原劳动合同未变更的部分仍然有效,变更后的内容就取代了原合同的相关内容,新达成的变更协议条款与原合同中其他条款具有同等法律效力,对双方当事人都有约束力。

劳动合同变更的程序与订立劳动合同的程序相同,如果原劳动合同经过公证、鉴证的,变更后的劳动合同也应当经过公证和鉴证,方为有效变更。

(三)劳动合同的终止

劳动合同的终止,是指符合法律规定或者当事人约定的情形时,劳动合同关系自然失效,双方不再履行。我国《劳动法》第二十三条规定,劳动合同期满或者当事人约定的劳动合同终止条件出现,劳动合同即行终止。

《劳动法》在这里对劳动合同的终止规定了两种情况:一是劳动合同期限届满,合同即告终止,这里主要是针对有固定期限的劳动合同和以完成一定工作为期限的劳动合同;二是当事人约定的合同终止条件出现,劳动合同即告终止,这种情况既适用于有固定期限和以完成一定工作为期限的劳动合同,也同时适用于无固定期限的劳动合同,属于约定终止。

《劳动合同法》第四十四条规定了劳动合同终止的几种情形：

(1)劳动合同期满的；

(2)劳动者开始依法享受基本养老保险待遇的；

(3)劳动者死亡，或者被人民法院宣告死亡或者宣告失踪的；

(4)用人单位被依法宣告破产的；

(5)用人单位被吊销营业执照、责令关闭、撤销或者用人单位决定提前解散的；

(6)法律、行政法规规定的其他情形。

可见，《劳动合同法》没有明确规定当事人可以约定终止条件，所以对于是否存在约定终止劳动合同的情形，目前存在争议。笔者认为由于《劳动法》是上位法，所以《劳动合同法》不能排除《劳动法》规定的约定终止的法律效力。

六、劳动合同的解除

(一)解除劳动合同的条件和程序

劳动合同的解除，是指当事人双方提前终止劳动合同的法律效力，解除双方的权利义务关系。

1. 双方协商解除劳动合同

用人单位与劳动者协商一致，可以解除劳动合同。协商解除劳动合同没有规定实体、程序上的限定条件，只要双方达成一致，内容、形式、程序不违反法律禁止性、强制性规定即可。我国《劳动法》第二十四条规定，经劳动合同当事人协商一致，劳动合同可以解除。《劳动合同法》第三十六条规定，用人单位与劳动者协商一致，可以解除劳动合同。

2. 劳动者单方解除劳动合同

即具备法律规定的条件时，劳动者享有单方解除权，无须双方协商达成一致意见，也无须征得用人单位的同意。具体又可以分为预告解除和即时解除。

1)预告解除

预告解除即劳动者履行预告程序后单方解除劳动合同。《劳动合同法》第三十七条规定，劳动者提前30日以书面形式通知用人单位，可以解除劳动合同。劳动者在试用期内提前3日通知用人单位，可以解除劳动合同。规定了两种预告解除合同的情形，并对预告时间做了规定。

2)即时解除

我国《劳动合同法》第三十八条第二款规定了即时解除之情形：

用人单位以暴力、威胁或者非法限制人身自由的手段强迫劳动者劳动的，或者用人单位违章指挥、强令冒险作业危及劳动者人身安全的，劳动者可以立即解除劳动合同，不需事先告知用人单位。这种属于即时解除中可以立即解除且不用事先告知用人单位的情形。对于劳动者可即时解除劳动合同的上述情形，劳动者无须支付违约金，用人单位应当支付经济补偿。

3)用人单位单方解除劳动合同

具备法律规定的条件时，用人单位享有单方解除权，无须双方协商达成一致意见。主要包括过错性辞退、非过错性辞退、经济性裁员三种情形。

（1）过错性辞退。

过错性辞退即在劳动者有过错性情形时，用人单位有权单方解除劳动合同。过错性解除劳动合同在程序上没有严格限制。用人单位无须支付劳动者解除劳动合同的经济补偿金。若规定了符合法律规定的违约金条款的，劳动者须支付违约金。

我国《劳动法》第二十五条规定了用人单位可以解除劳动合同的几种情形：在试用期间被证明不符合录用条件的；严重违反劳动纪律或者用人单位规章制度的；严重失职，营私舞弊，对用人单位利益造成重大损害的；被依法追究刑事责任的。《劳动合同法》对《劳动法》也做了补偿规定，列明了另外两种情形：劳动者同时与其他用人单位建立劳动关系，对完成本单位的工作任务造成严重影响，或者经用人单位提出，拒不改正的；因劳动者以欺诈、胁迫的手段或者乘人之危，使对方在违背真实意思的情况下订立或者变更劳动合同，致使劳动合同无效的。

（2）非过错性辞退。

劳动者本人无过错，但由于主客观原因致使劳动合同无法履行，用人单位在符合法律规定的情形下，履行法律规定的程序后有权单方解除劳动合同。非过错性解除劳动合同在程序上具有严格的限制。具体是指：用人单位应提前30日以书面形式通知劳动者本人或者额外支付劳动者1个月工资后，才可以解除劳动合同；用人单位选择额外支付劳动者1个月工资解除劳动合同的，其额外支付的工资应当按照该劳动者上1个月的工资标准确定。

我国《劳动合同法》第四十条规定，有下列情形之一的，用人单位提前30日以书面形式通知劳动者本人或者额外支付劳动者1个月工资后，可以解除劳动合同：

①劳动者患病或者非因工负伤，在规定的医疗期满后不能从事原工作，也不能从事由用人单位另行安排的工作的；

②劳动者不能胜任工作，经过培训或者调整工作岗位，仍不能胜任工作的；

③劳动合同订立时所依据的客观情况发生重大变化，致使劳动合同无法履行，经用人单位与劳动者协商，未能就变更劳动合同内容达成协议的。

（3）经济性裁员。

经济性裁员，是指用人单位为降低劳动成本，改善经营管理，因经济或技术等原因一次裁减20人以上或者不足20人以上但占企业职工总数10%以上的劳动者。经济性裁员具有严格的法定条件和程序限制，用人单位裁员时必须遵守规定。经济性裁员，用人单位应当支付劳动者经济补偿金。

我国《劳动法》第四十一条对于经济性裁员进行了较为翔实的规定，有下列情形之一，需要裁减人员20人以上或者裁减不足20人但占企业职工总数10%以上的，用人单位提前30日向工会或者全体职工说明情况，听取工会或者职工的意见后，裁减人员方案经向劳动行政部门报告，可以裁减人员：

①依照企业破产法规定进行重整的；

②生产经营发生严重困难的；

③企业转产、重大技术革新或者经营方式调整，经变更劳动合同后，仍需裁减人员的；

④其他因劳动合同订立时所依据的客观经济情况发生重大变化，致使劳动合同无法

履行的。

裁减人员时,应当优先留用下列人员:

①与本单位订立较长期限的固定期限劳动合同的;

②与本单位订立无固定期限劳动合同的;

③家庭无其他就业人员,有需要扶养的老人或者未成年人的。

用人单位在6个月内重新招用人员的,应当通知被裁减的人员,并在同等条件下优先招用被裁减的人员。

经济性裁员的例外规定,为了保护特殊情况下劳动者的权益,《劳动合同法》在《劳动法》的基础上,对经济性裁员进行了更为全面的限制性规定。《劳动合同法》第四十二条规定,劳动者有下列情形之一的,用人单位不得依照本法第四十条、第四十一条的规定解除劳动合同:

①从事接触职业病危害作业的劳动者未进行离岗前职业健康检查,或者疑似职业病病人在诊断或者医学观察期间的;

②在本单位患职业病或者因工负伤并被确认丧失或者部分丧失劳动能力的;

③患病或者非因工负伤,在规定的医疗期内的;

④女职工在孕期、产期、哺乳期的;

⑤在本单位连续工作满15年,且距法定退休年龄不足5年的;

⑥法律、行政法规规定的其他情形。

(二)解除劳动合同的经济补偿

解除劳动合同的经济补偿,是指因解除劳动合同,而由用人单位给予劳动者的一次性经济补偿。目的是从经济上制约用人单位的解除合同之行为,并对失去工作的劳动者给予经济上的补偿。根据我国《违反和解除劳动合同的经济补偿办法》的规定,具体补偿办法列举如下:

(1)用人单位克扣或者无故拖欠劳动者工资的,以及拒不支付劳动者延长工作时间工资报酬的,除在规定的时间内全额支付劳动者工资报酬外,还需加发相当于工资报酬25%的经济补偿金。

(2)用人单位支付劳动者的工资报酬低于当地最低工资标准的,要在补足低于标准部分的同时,另外支付相当于低于部分25%的经济补偿金。

(3)经劳动合同当事人协商一致,由用人单位解除劳动合同的,用人单位应根据劳动者在本单位工作年限,每满一年发给相当于1个月工资的经济补偿金,最多不超过12个月。工作时间不满1年的按1年的标准发给经济补偿金。

(4)劳动者患病或者非因工负伤,经劳动鉴定委员会确认不能从事原工作,也不能从事用人单位另行安排的工作而解除劳动合同的,用人单位应按其在本单位的工作年限,每满1年发给相当于1个月工资的经济补偿金,同时还应发给不低于6个月工资的医疗补助费。患重病和绝症的还应增加医疗补助费,患重病的增加部分不低于医疗补助费的50%,患绝症的增加部分不低于医疗补助费的100%。

(5)劳动者不能胜任工作,经过培训或者调整工作岗位仍不能胜任工作,由用人单位解除劳动合同的,用人单位应按其在本单位工作的年限,工作时间每满1年,发给相当于

1个月工资的经济补偿金，最多不超过12个月。

(6)劳动合同订立时所依据的客观情况发生重大变化，致使原劳动合同无法履行，经当事人协商不能就变更劳动合同达成协议，由用人单位解除劳动合同的，用人单位按劳动者在本单位工作的年限，工作时间每满1年发给相当于1个月工资的经济补偿金。

(7)用人单位濒临破产进行法定整顿期间或者生产经营状况发生严重困难，必须裁减人员的，用人单位按被裁减人员在本单位工作的年限支付经济补偿金。在本单位工作的时间每满1年，发给相当于1个月工资的经济补偿金。

(8)用人单位解除劳动合同后，未按规定给予劳动者经济补偿的，除全额发给经济补偿金外，还须按该经济补偿金数额的50%支付额外经济补偿金。

此外，《劳动合同法》对经济补偿责任又进行了补充规定，从而加大了对劳动者权益的保护。比如《劳动合同法》第八十二条规定，用人单位自用工之日起超过1个月不满1年未与劳动者订立书面劳动合同的，应当向劳动者每月支付2倍的工资。用人单位违反本法规定不与劳动者订立无固定期限劳动合同的，自应当订立无固定期限劳动合同之日起向劳动者每月支付2倍的工资。

七、集体合同

(一)集体合同的概念和特征

1. 集体合同的概念

集体合同，又称团体协约、集体协议等，是指企业职工一方与用人单位就劳动报酬、工作时间、休息休假、劳动安全卫生、职业培训、保险福利等事项，通过平等资源、集体协商达成一致的书面协议。我国《劳动合同法》第五十一条规定，企业职工一方与用人单位通过平等协商，可以就劳动报酬、工作时间、休息休假、劳动安全卫生、保险福利等事项订立集体合同。集体合同草案应当提交职工代表大会或者全体职工讨论通过。集体合同实际上是一种特殊的劳动合同。

2. 集体合同的特征

集体合同首先具有一般合同的共同特征，即是平等主体基于平等、自愿协商而订立的规范双方权利和义务的书面协议。除此以外，集体合同还具有其自身特征：

(1)集体合同是特定的当事人之间订立的协议。在集体合同中当事人一方是代表职工的工会组织或职工代表；另一方是用人单位。当事人中至少有一方是由多数人组成的团体。特别是职工方，必须由工会或职工代表参加，集体合同才能成立。

(2)集体合同内容包括劳动报酬、工作时间、休息休假、劳动安全卫生、保险福利等事项。在集体合同中，劳动标准是集体合同的核心内容，对个人劳动合同起制约作用。

(3)集体合同的双方当事人的权利义务不均衡。其基本上是强调用人单位的义务，如为劳动者提供合法的劳动设施和劳动条件。

(4)集体合同采取要式合同的形式，需要报送劳动行政部门登记、审查、备案方为有效。

(5)集体合同受到国家宏观调控计划的制约，就效力来说，集体合同效力高于劳动合同，劳动合同规定的职工个人劳动条件和劳动报酬标准，不得低于集体合同的规定。

(6)集体合同是一项劳动法律制度。

(7)集体合同适用于各类不同所有制企业。

(二)集体合同的订立

1. 协商与起草

集体合同应由工会代表职工与用人单位协商签订,没有建立工会的企业,由上级工会指导劳动者推举的代表与用人单位签订,并广泛征求各方面的意见和要求,提出集体合同的初步草案。

2. 审议和表决

将集体合同草案文本提交职工大会或职工代表大会审议。职工大会或职工代表大会审议时,由企业经营者和工会主席分别就协议草案的产生过程、依据及涉及的主要内容进行说明,然后由职工大会或职工代表大会对协议草案文本进行讨论,作出审议决定。2004年颁布的《集体合同规定》第三十六条规定,经双方协商代表协商一致的集体合同草案或专项集体合同草案应当提交职工代表大会或者全体职工讨论。职工代表大会或者全体职工讨论集体合同草案或专项集体合同草案,应当有2/3以上职工代表或者职工出席,且须经全体职工代表半数以上或者全体职工半数以上同意,集体合同草案或专项集体合同草案方获通过。

3. 签字或盖章

集体合同草案经职工大会或职工代表大会审议通过后,由双方首席代表签字或盖章。

4. 报送、生效及公布

集体合同签订后应当报送劳动行政部门;劳动行政部门自收到集体合同文本之日起15日内未提出异议的,集体合同即行生效。用人单位、工会组织和职工个人均应切实履行。集体合同一经生效,企业应及时向全体职工公布。

(三)集体合同争议处理

(1)因签订集体合同发生争议,当事人协商解决不成的,当地人民政府劳动行政部门可以组织有关各方协调处理。

(2)因履行集体合同发生争议,当事人协商解决不成的,可以向劳动争议仲裁委员会申请仲裁;对仲裁裁决不服的,可以自收到仲裁裁决书之日起15日内向人民法院提起诉讼。

第三节　违反劳动法的责任

一、用人单位向劳动者承担的法定经济责任

所谓用人单位向劳动者承担的法定经济责任,是指因用人单位的原因造成劳动合同无效、解除劳动合同以及用人单位违法或违约所应承担的法律责任的总称。其包括的形式有多种,比如代通知金、经济补偿金、经济赔偿金等。

(一)劳动者解除合同,用人单位应当支付经济补偿金的情形

根据我国《劳动合同法》第三十八条的规定,包括如下情形:

(1)未按照劳动合同约定提供劳动保护或者劳动条件的。

(2)未及时足额支付劳动报酬的。

(3)未依法为劳动者缴纳社会保险费的。

(4)用人单位的规章制度违反法律、法规的规定,损害劳动者权益的。

(5)用人单位因本法第二十六条第一款规定的情形致使劳动合同无效的。

(6)法律、行政法规规定劳动者可以解除劳动合同的其他情形。

上述几种情形,《劳动法》第四十六条规定,用人单位应当向劳动者支付经济补偿。

(二)用人单位可以随时解除或终止劳动合同,且不进行任何赔偿的情形

根据我国《劳动合同法》第三十九条,以及其他法律法规之规定,以下情形出现,用人单位可以解除劳动合同,并且不需要承担经济责任:

(1)在试用期间被证明不符合录用条件的。

(2)严重违反用人单位的规章制度的。

(3)严重失职,营私舞弊,给用人单位造成重大损害的。

(4)劳动者同时与其他用人单位建立劳动关系,对完成本单位的工作任务造成严重影响,或者经用人单位提出,拒不改正的。

(5)因本法第二十六条第一款第一项规定的情形致使劳动合同无效的。

(6)被依法追究刑事责任的。

(三)用人单位与劳动者解除劳动合同需要经济补偿金的情形

(1)单位裁员、破产、被撤销。

(2)合同到期不续约或低于原来条件续约。

(3)与劳动者协议解除劳动合同等。

(四)用人单位向劳动者支付赔偿金的情形

1.双倍支付劳动者工资

根据我国《劳动合同法》第八十二条的规定,用人单位自用工之日起超过1个月不满1年未与劳动者订立书面劳动合同的,应当向劳动者每月支付2倍的工资。用人单位违反本法规定不与劳动者订立无固定期限劳动合同的,自应当订立无固定期限劳动合同之日起向劳动者每月支付2倍的工资。

2.试用期超过法定期限的赔偿责任

我国《劳动合同法》第八十三条的规定,用人单位违反本法规定与劳动者约定试用期的,由劳动行政部门责令改正;违法约定的试用期已经履行的,由用人单位以劳动者试用期满月工资为标准,按已经履行的超过法定试用期的期间向劳动者支付赔偿金。

3.不按时足额支付工资、不支付加班费、低于当地最低工资标准支付、不支付经济补偿金的、劳动合同无效,造成劳动者损失的

根据我国《劳动合同法》第八十五条的规定,用人单位有下列情形之一的,由劳动行政部门责令限期支付劳动报酬、加班费或者经济补偿;劳动报酬低于当地最低工资标准的,应当支付其差额部分;逾期不支付的,责令用人单位按应付金额50%以上100%以下的标准向劳动者加付赔偿金:

(1)未按照劳动合同的约定或者国家规定及时足额支付劳动者劳动报酬的。

(2)低于当地最低工资标准支付劳动者工资的。

(3)安排加班不支付加班费的。

(4)解除或者终止劳动合同,未依照本法规定向劳动者支付经济补偿的。

4. 用人单位违法解除或者终止劳动合同的赔偿

我国《劳动合同法》第八十七条规定,用人单位违反本法规定解除或者终止劳动合同的,应当依照本法第四十七条规定的经济补偿标准的2倍向劳动者支付赔偿金。

5. 用人单位用工行为侵犯劳动者人身权的赔偿及处罚

我国《劳动合同法》第八十八条规定,用人单位有下列情形之一的,依法给予行政处罚;构成犯罪的,依法追究刑事责任;给劳动者造成损害的,应当承担赔偿责任:

(1)以暴力、威胁或者非法限制人身自由的手段强迫劳动的。

(2)违章指挥或者强令冒险作业危及劳动者人身安全的。

(3)侮辱、体罚、殴打、非法搜查或者拘禁劳动者的。

(4)劳动条件恶劣、环境污染严重,给劳动者身心健康造成严重损害的。

6. 用人单位未书面解除或终止劳动合同,给劳动者造成损失的

《劳动合同法》第八十九条规定,用人单位违反本法规定未向劳动者出具解除或者终止劳动合同的书面证明,由劳动行政部门责令改正;给劳动者造成损害的,应当承担赔偿责任。

7. 用人单位制定的规章制度,给劳动者造成损失的

《劳动法》第八十九条规定,用人单位制定的劳动规章制度违反法律、法规规定的,由劳动行政部门给予警告,责令改正;对劳动者造成损害的,应当承担赔偿责任。

8. 病假情况下,用人单位所应承担的责任及情形

(1)工资按劳动合同或集体合同,合同未约定则按实际领取工资的70%疾病休假工资。

(2)6个月内的病假,按工作时间每增加2年增加10%,从60%最高增至100%。

(3)6个月以上病假,按工龄1年内的按40%发疾病救济费,1~3年的按50%发放,3年以上按60%发放。

(4)日工资按工资除以21.75天来计算。

(5)救济金或病假工资不得高于本市平均工资,不得低于本市最低工资的80%,不得低于本企业平均工资的40%。

(6)社保金不算进工资,应该照交。

(7)医疗期1年内3个月,每增加一年增加1个月,但最长不能超过24个月。

(8)企业可以对长休病假,或转长休病假者进行劳动能力鉴定。

(9)超过医疗期不能从事原工作,也不能从事其他工作,可以解除合同。

职业病不视为病假,可申请工伤。

9. 工伤情况下,用人单位的经济责任

(1)用人单位一个月内不申请工伤,劳动者申请的,被认定工伤前的全部费用由用人单位承担全部费用。

(2)用人单位不交工伤保险费的,由用人单位全额承担。工伤保险费个人不承担。

(3)职工因工致残被鉴定为一级至四级伤残的，由用人单位和职工个人以伤残津贴为基数，缴纳基本医疗保险费。

(4)五、六级伤残的，由用人单位按月发给伤残津贴。

(5)七～十级伤残的，劳动、聘用合同期满终止，或者职工本人提出解除劳动、聘用合同的，由工伤保险基金支付一次性工伤医疗补助金，用人单位支付一次性工伤医疗补助金和伤残就业补助金。

(6)职工因工外出期间发生事故或者在抢险救灾中下落不明的，从事故发生当月起3个月内照发工资，从第4个月起停发工资。

二、劳动者(含第三方)向用人单位承担的法定经济责任

(一)约定责任

根据我国《劳动法》第一百零二条、《劳动合同法》第九十条规定，劳动者违法解除劳动合同，或者违反劳动合同中约定的保密义务或者竞业限制，给用人单位造成损失的，应当承担赔偿责任：

(1)违反竞业规定，支付违约金。

(2)违反培训协议规定，支付违约金。根据我国《劳动合同法》第二十二条的规定，用人单位为劳动者提供专项培训费用，对其进行专业技术培训的，可以与该劳动者订立协议，约定服务期。劳动者违反服务期约定的，应当按照约定向用人单位支付违约金。违约金的数额不得超过用人单位提供的培训费用。用人单位要求劳动者支付的违约金不得超过服务期尚未履行部分所应分摊的培训费用。

(二)法定责任

(1)劳动者解除合同提前通知的义务，试用期内未提前3天、正式期未提前1个月通知劳动单位解除劳动合同的。

(2)未进行工作交接。

(3)恶意、欺诈等方式签订劳动合同致使劳动合同无效。

(4)泄露用人单位商业秘密的。

(5)劳动者给用人单位财产和利益造成损失的。

(三)劳动者违反劳动时间约定或违反劳动职责约定

(1)劳动者违反劳动时间约定，工作时间未达到劳动合同约定，且劳动合同约定的工作时间未超过法律规定的。

(2)劳动者违反劳动职责约定，不能按时保质保量完成劳动任务的。

值得说明的是，企业本身没有处罚权，但是法律支持企业损害索赔权，企业应当通过绩效考核形式扣发相应损失薪资。

(3)第三方连带责任。

根据我国《劳动合同法》第九十一条规定，用人单位招用与其他用人单位尚未解除或者终止劳动合同的劳动者，给其他用人单位造成损失的，应当承担连带赔偿责任。

三、国家行政机关对用人单位违法行为进行处罚的情况

国家行政机关，包括劳动、卫生、安监、建设、公安等行政机关对用人单位的劳动用工

过程中的违法行为,均有处罚权。

(一)用人单位扣押证件及收取财物押金的处罚

根据我国《劳动合同法》第八十四条规定,用人单位违法扣押劳动者居民身份证等证件的,由劳动行政部门责令限期退还劳动者本人,并依照有关法律规定给予处罚。用人单位违法以担保或者其他名义向劳动者收取财物的,由劳动行政部门责令限期退还劳动者本人,并以每人 500 元以上 2 000 元以下的标准处以罚款;给劳动者造成损害的,应当承担赔偿责任。劳动者依法解除或者终止劳动合同,用人单位扣押劳动者档案或者其他物品的,依照前款规定处罚。

(二)违反《劳动保障监察条例》,应当承担的法律责任

1. 用人单位违法损害妇女及未成年人权益的情况

根据《劳动保障监察条例》第二十三条规定,用人单位有下列行为之一的,由劳动保障行政部门责令改正,按照受侵害的劳动者每人 1 000 元以上 5 000 元以下的标准计算,处以罚款:

(1)安排女职工从事矿山井下劳动、国家规定的第四级体力劳动强度的劳动或者其他禁忌从事的劳动的;

(2)安排女职工在经期从事高处、低温、冷水作业或者国家规定的第三级体力劳动强度的劳动的;

(3)安排女职工在怀孕期间从事国家规定的第三级体力劳动强度的劳动或者孕期禁忌从事的劳动的;

(4)安排怀孕 7 个月以上的女职工夜班劳动或者延长其工作时间的;

(5)女职工生育享受产假少于 90 天的;

(6)安排女职工在哺乳未满 1 周岁的婴儿期间从事国家规定的第三级体力劳动强度的劳动或者哺乳期禁忌从事的其他劳动,以及延长其工作时间或者安排其夜班劳动的;

(7)安排未成年工从事矿山井下、有毒有害、国家规定的第四级体力劳动强度的劳动或者其他禁忌从事的劳动的;

(8)未对未成年工定期进行健康检查的。

2. 用人单位违法延长劳动者工作时间

根据《劳动保障监察条例》第二十五条的规定,用人单位违反劳动保障法律、法规或者规章延长劳动者工作时间的,由劳动保障行政部门给予警告,责令限期改正,并可以按照受侵害的劳动者每人 100 元以上 500 元以下的标准计算,处以罚款。

3. 用人单位在社会保险方面的违法责任

根据《劳动保障监察条例》第二十七条的规定,用人单位向社会保险经办机构申报应缴纳的社会保险费数额时,瞒报工资总额或者职工人数的,由劳动保障行政部门责令改正,并处瞒报工资数额 1 倍以上 3 倍以下的罚款。骗取社会保险待遇或者骗取社会保险基金支出的,由劳动保障行政部门责令退还,并处骗取金额 1 倍以上 3 倍以下的罚款;构成犯罪的,依法追究刑事责任。

4. 职业中介、培训、技能鉴定考核等单位(包括个人)的违法责任

根据《劳动保障监察条例》第二十八条的规定,职业介绍机构、职业技能培训机构或

者职业技能考核鉴定机构违反国家有关职业介绍、职业技能培训或者职业技能考核鉴定的规定的，由劳动保障行政部门责令改正，没收违法所得，并处1万元以上5万元以下的罚款；情节严重的，吊销许可证。未经劳动保障行政部门许可，从事职业介绍、职业技能培训或者职业技能考核鉴定的组织或者个人，由劳动保障行政部门、工商行政管理部门依照国家有关无照经营查处取缔的规定查处取缔。

5. 用人单位违反《中华人民共和国工会法》的法律责任

根据《劳动保障监察条例》第二十九条的规定，用人单位违反《中华人民共和国工会法》，有下列行为之一的，由劳动保障行政部门责令改正：

(1)阻挠劳动者依法参加和组织工会，或者阻挠上级工会帮助、指导劳动者筹建工会的；

(2)无正当理由调动依法履行职责的工会工作人员的工作岗位，进行打击报复的；

(3)劳动者因参加工会活动而被解除劳动合同的；

(4)工会工作人员因依法履行职责被解除劳动合同的。

6. 用人单位不配合及阻挠劳动行政执法的法律责任

根据《劳动保障监察条例》第三十条的规定，有下列行为之一的，由劳动保障行政部门责令改正；对有第(1)项、第(2)项或者第(3)项规定的行为的，处2 000元以上2万元以下的罚款：

(1)无理抗拒、阻挠劳动保障行政部门依照本条例的规定实施劳动保障监察的；

(2)不按照劳动保障行政部门的要求报送书面材料，隐瞒事实真相，出具伪证或者隐匿、毁灭证据的；

(3)经劳动保障行政部门责令改正拒不改正，或者拒不履行劳动保障行政部门的行政处理决定的；

(4)打击报复举报人、投诉人的。

违反前款规定，构成违反治安管理行为的，由公安机关依法给予治安管理处罚；构成犯罪的，依法追究刑事责任。

7. 劳动保障监察员的违法责任

根据《劳动保障监察条例》第三十一条的规定，劳动保障监察员滥用职权、玩忽职守、徇私舞弊或者泄露在履行职责过程中知悉的商业秘密的，依法给予行政处分；构成犯罪的，依法追究刑事责任。劳动保障行政部门和劳动保障监察员违法行使职权，侵犯用人单位或者劳动者的合法权益的，依法承担赔偿责任。

本章小结

结合我国《劳动法》《劳动合同法》《劳动合同法实施条例》《劳动保障监察条例》等法律法规，本章以现行立法为主线，共分3节，第一节劳动法与劳动合同法概述部分，主要探讨了劳动法概述、适用范围、劳动基准法、劳动争议等。第二节劳动合同部分，讨论了劳动合同的概念与特征、劳动合同的种类与形式、劳动合同的履行变更终止及解除、集体合同等。第三节违反劳动法的责任部分，主要讨论了用人单位的法律责任、劳动者(含第三方)的法律责任等内容。

通过本章的学习，熟悉并掌握劳动法律法规相关知识，从而具有劳动法相关业务的工作能力，预防并避免实际工作中的业务风险。

思考题

1. 工作时间、休息休假分别有哪些种类？
2. 什么是劳动合同？其特征如何？
3. 哪些情况下劳动者或用人单位可以单方解除劳动合同？
4. 劳动争议处理的基本程序有哪些？
5. 我国法律关于加班加点和节假日工资的支付主要有哪些规定？

练习题

一、单项选择题

1. 关于劳动合同的特征，下列不正确的有（　　）。

A. 劳动合同的主体一方是劳动者，另一方是用人单位

B. 对于劳动合同，法律规定了较多的强制性规范

C. 劳动者与用人单位在签订劳动合同过程时，遵循平等、自愿、协商一致的原则

D. 在履行劳动合同的过程中，双方的地位是平等的

2. 根据劳动合同法规定，除特殊行业外，劳动者需达到一定的年龄才可以订立劳动合同。该年龄为（　　）。

A. 13 周岁　　B. 15 周岁　　C. 16 周岁　　D. 18 周岁

3. 关于劳动合同订立主体的义务，下列表述正确的是（　　）。

A. 用人单位应当如实告知劳动者工作内容、工作条件、职业危害、劳动报酬等情况

B. 用人单位有权了解劳动者工作与生活的各种情况，劳动者应当如实说明

C. 用人单位招用劳动者，不得扣押劳动者的居民身份证，但是可以扣押其他证件

D. 用人单位在招用劳动者时，可以要求劳动者适当提供押金

二、多项选择题

1. 用人单位和劳动者已建立劳动关系，但却未同时订立书面劳动合同，则下列处理中，正确的是（　　）。

A. 自用工之日起 1 个月内，劳动者不与用人单位订立书面劳动合同，则用人单位无须向劳动者支付经济补偿

B. 用人单位自用工之日起 6 个月未与劳动者订立书面劳动合同的，应当向劳动者每月支付 2 倍的工资，且与劳动者补订合同

C. 用人单位自用工之日起满 1 年未与劳动者订立书面劳动合同的，则视为自用工之日起满 1 年的当日已经与劳动者订立无固定期限劳动合同，应当立即与劳动者补订书面劳动合同

D. 用人单位自用工之日起超过 7 个月未与劳动者订立书面劳动合同的，向劳动者每月支付 2 倍工资的起算时间为用工之日起满 1 个月的次日

2. 下列劳动合同无效或者部分无效的有(　　)。

A. 以欺诈、胁迫的手段或者乘人之危,使对方在违背真实意思的情况下订立的劳动合同

B. 用人单位免除自己的法定责任、排除劳动者权利的劳动合同

C. 某地下传销组织与劳动者订立的劳动合同

D. 中国公民张某依法与用人单位签订的劳动合同

第十二章 经济仲裁与经济诉讼

学习目标

1.掌握经济仲裁的基本原则和制度、经济诉讼的管辖；

2.了解经济仲裁条款和仲裁协议、经济诉讼时效制度；

3.熟悉经济仲裁的撤销和执行、经济诉讼程序以及证据制度。

第一节 经济仲裁

一、经济仲裁概述

仲裁即居中“公断”,是指当事人双方发生纠纷后,基于当事人双方约定,由特定的仲裁机构作出具有约束力的裁决,以解决纠纷的一种方式。仲裁较诉讼程序具有简便、迅速、便宜和保密等优点,是国际上常用的、重要的解决争议方式。仲裁,依据争议的性质可分为民事仲裁、行政仲裁、经济仲裁、劳动仲裁等。经济仲裁是当事人因经济争议而到仲裁机关请求裁决的活动。当前我国对涉及经济纠纷的仲裁有经济合同仲裁、技术合同仲裁、劳动争议仲裁、著作权纠纷仲裁、房产纠纷仲裁、国际经济贸易仲裁和海事仲裁。

1995 年以前,我国经济合同仲裁机构设置在各级工商局中,仲裁机构按行政区划和行政级别设置,带有明显的行政隶属性。行政权力介入仲裁不利于市场经济的发展,且与国际惯例不符。1995 年,我国施行的新《仲裁法》改变了我国经济合同仲裁机构的原有性质和设置,将其变为:

(1)仲裁委员会可以在直辖市和省、自治区人民政府所在地的市设立,也可以根据需要在其他设区的市设立。这就是说,仲裁委员会已改变了以前的行政建制,不再按行政区划层层设立。

(2)仲裁委员会将由各级人民政府组织有关部门和商会统一组建。仲裁委员会由仲裁员组成,仲裁员必须具备以下条件:具有高等院校毕业的文化水准;具有一定的法律水平和司法工作能力;热心仲裁活动;作风正派、正直、公道;从事仲裁工作满 8 年;从事律师工作满 8 年;曾任人民法院审判员满 3 年;从事法律研究、教学工作并具有高级职称;从事经贸等专业工作并具有高级职称或同等专业水平的。仲裁委员会按照不同专业设仲裁员名册,以便需要时聘用。

仲裁委员会的主任、副主任和组成成员中,法律、经贸专家不得少于2/3。仲裁员可分为专职和兼职两种,仲裁员由仲裁委员会按照不同的专业设立名册。双方当事人可从花名册中指定1名仲裁员,再由双方协商共同指定1名仲裁员,如协商不成,则由仲裁委员会主任指定1名首席仲裁员,由3名仲裁员组成仲裁庭。一般情况下,对那些案情极其简单、财产数额较小、证据十分清楚的案件可以由独任制仲裁庭审理。

仲裁体制打破了过去的行政隶属,仲裁机构的居中、超脱性会给经济纠纷的解决带来方便、灵活、低费用等优点。因此,在地方保护主义盛行的情况下,以仲裁迅速解决纠纷对企业来说不失为一种明智的选择。

(3)设立仲裁委员会除应按照法人设立的条件予以审核外,还应在省、自治区、直辖市司法行政部门登记。仲裁委员会的性质有了根本的改变,仲裁委员会是与行政机关没有隶属关系的社会团体。

(4)各仲裁委员会将独立仲裁经济合同纠纷和其他纠纷,它们之间没有隶属关系和业务指导关系。

(5)国家设立仲裁委员会的自律性组织——中国仲裁协会。该协会是社团法人,各仲裁委员会是中国仲裁协会的成员。中国仲裁协会的章程由全国会员大会制定。中国仲裁协会根据其章程对仲裁委员会及其组成人员、仲裁员的违纪行为进行监督。

(6)根据我国《仲裁法》设立的仲裁委员会不仅受理经济合同纠纷,还受理其他经济纠纷,但法律规定的婚姻、继承、收养、监护、扶养纠纷不能受理。

仲裁委员会的主要任务是仲裁经济合同纠纷案件,它具有如下职权:

(1)有权审查申请仲裁的事由和手续是否恰当、完备。对符合条件的申请应在规定的期限内予以立案受理,如果手续不完备,可责令申请人予以补正。

(2)有权调查取证,查阅与案件有关的档案、资料、原始凭证。有关单位应当如实地提供材料,协助进行调查。仲裁机构有权对现场及物证进行技术鉴定、通知当事人及有关人员到场,必要时可邀请有关单位派人协助。仲裁机构委托有关单位进行技术鉴定时,受托单位应按照委托鉴定的项目、标准等要求认真办理。仲裁机构有权委托其他有调查权的机构进行案件的调查工作,受托机构应当认真办理委托调查事项,及时回复。

(3)仲裁委员会根据当事人提出的证据保全申请,将其请求提交证据所在地的人民法院执行。对经合法通知,无正当理由拒不到庭的当事人,仲裁机构有权作出缺席仲裁。

二、经济仲裁的基本原则和制度

(一)裁审自择原则

发生经济纠纷时,是通过仲裁还是通过司法审判来解决,完全取决于当事人双方的自愿选择。对此选择权任何组织和个人不得干预。如果选择仲裁,双方当事人在选择上意思表示必须一致,即对争议的解决有选择仲裁和确定仲裁机构的书面约定,才可将争议提请仲裁机构进行仲裁。没有书面约定选择仲裁,争议发生后,不能将争议提请仲裁,仲裁机构也不会受理，在此种情况下，当事人只能向人民法院提起诉讼。

实践中有两种情况值得注意：

(1)双方曾达成仲裁条款或仲裁协议，一方当事人翻悔又向人民法院起诉，另一方当事人在答辩前提出异议，人民法院将作出不受理的裁定，让双方回到仲裁程序。可见，裁与审虽然取决于当事人的选择，但选择本身意味着在双方协商一致下产生，一旦协议达成，任何一方不可单方翻悔。

(2)双方曾有仲裁条款或仲裁协议，一方当事人在争议发生后未提起仲裁，而是向人民法院起诉，另一方未提出异议并参加答辩，一旦进入法庭辩论程序，就意味着另一方当事人默认了对方放弃仲裁重新选择诉讼的抉择，等于双方用行为变更或者说放弃了仲裁，而选择了诉讼。所以，在一方当事人起诉后，另一方不愿以诉讼方式解决，必须在答辩前提出异议，向法庭出示曾有的仲裁协议，而使双方进入仲裁程序。

(二)根据事实，依法仲裁原则

以事实为根据、以法律为准绳是司法原则。仲裁作为准司法行为，必须遵守。要求仲裁委员和仲裁员在调解、仲裁纠纷过程中，必须根据事实，依法律规定，公平合理地解决纠纷。

(三)当事人在仲裁中权利平等原则

双方当事人的法律地位平等也是一项司法原则。不论双方的经济性质如何、隶属关系如何、规模大小，一方均不能凌驾于另一方之上，更不能利用其地位和社会影响凌驾于仲裁庭之上或干扰仲裁庭工作，双方均可聘请律师作代理人，陈述自己的反请求。如果是在少数民族地区还必须使用当地民族通用的语言文字。

(四)仲裁机构依法独立仲裁原则

各个仲裁委员会对所受理的合同纠纷依事实和法律独立进行仲裁，不受行政机关、社会团体和个人的干涉。仲裁已由行政管理的功能转向民间、居中、公正地与国际惯例接轨的仲裁。任何行政机关、社会团体和个人不得凭借自己的职权和关系对仲裁机构施加压力、施加影响，使其作出不公正的裁决，从而保证仲裁活动能依法、公正、公平合理地进行。

(五)当事人协议选定仲裁机构制度

当事人协议选定仲裁机构制度即当事人选择仲裁机构不受行政区划和行政级别的限制。当事人有了更大的选择余地，可以在全国范围内选择声誉高、可信度高的仲裁机构进行仲裁。当事人可选择申请人所在地、被申请人所在地、合同履行地，或与当事人毫无联系的仲裁机构进行仲裁，体现了选择的公平性，并可有效避免裁决和执行中的地方保护主义。但如果双方在仲裁机构的选择上不能达成一致，则意味着仲裁协议没有成立或仲裁条款没有达成，也就丧失了提请仲裁的法律前提。

(六)回避制度

回避是指仲裁机构在仲裁案件时，如果参加仲裁的仲裁员与该案结果有利害关系或有其他牵连可能影响公正仲裁的，当事人可以要求更换仲裁员，使其不再参加案件的仲裁活动。仲裁员也可主动要求回避，退出案件的仲裁活动。有下列情形之一的，仲裁员必须回避，当事人有权提出回避申请：

(1)仲裁员是案件的当事人或者是案件当事人、代理人的近亲属。

(2)仲裁员与案件有利害关系的,即仲裁员不是案件的当事人,但案件的仲裁结果对仲裁员的利益产生影响的。

(3)仲裁员与案件的当事人、代理人有其他关系,如有恋爱、师生、同乡或经济关系,可能影响案件的公正仲裁的。

(4)仲裁员私自会见当事人、代理人,或者接受当事人、代理人的请客送礼的。

当事人任何一方提出回避申请应当在首次开庭仲裁前提出,但如果回避事由是在首次开庭后知道的,也可以在最后一次开庭仲裁结束前提出。当事人提出回避申请后,仲裁员是否回避,由仲裁机构作出决定。仲裁员回避,当事人还可重新指定或重新选定仲裁员。

(七)仲裁不公开进行制度

仲裁庭在对经济合同案件进行仲裁时,不能在有除合同当事人之外的第三人在场时公开进行,也不能将仲裁过程向新闻界公开。这一原则是为了保护当事人的合法权益,因为仲裁过程中涉及大量当事人的经济情报和商业秘密,如果公开仲裁过程,必将使这些为当事人所拥有的有价值的商业信息公开泄露,使竞争对手从中渔利,使当事人遭受损失。当然,如果当事人协商双方同意公开仲裁,仲裁机构也可公开进行,但如果仲裁机构认为涉及国家机密的合同纠纷,则不能公开仲裁。

(八)一裁终局制度

一裁终局原则的含义是:仲裁机构对经济合同纠纷的仲裁只进行一次,仲裁的结果是终局的。裁决作出后当事人不可再要求仲裁机构进行仲裁,也不可再向人民法院起诉。这一原则的目的是缩短仲裁时间,提高结案效率。过去我国实行两级仲裁制,仲裁之后,不服裁决还可起诉。实践证明,这种既裁又审的制度,环节多、效率低、结案慢,不利于当事人的权益保护。所以,为加快解决纠纷的速度,新仲裁法与国际惯例接轨,实行或裁或审制,即要么仲裁,要么向人民法院起诉,二者只能择其一,不可兼得。当然,如果仲裁机构作出的裁决被人民法院依法裁定撤销或者不予执行,当事人就纠纷可以重新达成仲裁协议再次向仲裁机构提请仲裁,也可以直接向人民法院提起诉讼。

三、经济仲裁条款和仲裁协议

仲裁条款和仲裁协议是合同当事人就合同争议是否提起仲裁的书面意思表示,所不同的是仲裁条款直接订立在合同中,仲裁协议另行签订,也可在争议产生后签订。仲裁条款和仲裁协议必须具有以下内容:

(一)请求仲裁的意思表示

有明确的提请仲裁的语言文字写在条款或协议中。请求仲裁的意思表示必须是明确的,不能含糊其辞、模棱两可。如有的当事人约定:“本合同发生争议,任何一方可以向仲裁机构提起仲裁请求,也可以向法院提起诉讼。”这是一个典型的模棱两可、含糊不清的表述,且违反我国仲裁法所确定的或裁或审的原则。

(二)协议要明确约定仲裁事项

仲裁事项是指仲裁机构能进行仲裁的事由范围。当事人可以笼统地约定“关于本协议所产生的一切纠纷均可向仲裁机构提起仲裁”,也可以是较为具体的,如“本协议双方当事人如遇下列争议,应提起仲裁申请……”。这样合同中有些事项被排除不能提请仲裁。

（三）协议要选定仲裁机构

如不明确选定仲裁机构无效,不产生法律约束力。一般可选择不在申请人所在地,也不在被申请人所在地的第三地声誉和权威较高的仲裁机构作为合同争议的仲裁人。选择不可模糊,如“遇争议双方选择中国贸促会仲裁机构或香港仲裁机构作为合同争议的仲裁人”。这种约定属于模糊不清,无法律效力。

仲裁协议一旦依法签订便产生法律效力,成为当事人提起仲裁的前提和依据之一。当事人不可随便与对方签订仲裁协议而事后又觉不妥翻悔推翻之。仲裁协议的作用在于约束各方当事人的行为。当合同纠纷发生后,必须向约定的仲裁机构提起仲裁,且不能改变仲裁范围。此外,仲裁协议排除了法院的管辖权。凡订有仲裁协议的,不得再向法院起诉。

仲裁协议约定的仲裁事项如果超出法律的规定,如就婚姻、继承、扶养、监护等问题约定仲裁,这样的协议是无效的。此外,仲裁协议由无民事行为力人或限制行为能力人订立,或一方在另一方胁迫下被迫与对方订立仲裁协议,这样的协议均是无效的。如果出现上述三种情况,任何一方当事人可在仲裁庭首次开庭仲裁前提出异议并提供有关证据。当事人也可以请求人民法院对仲裁协议的效力作出裁定。如果一方当事人请求仲裁机构作出确认仲裁协议是否有效的决定,另一方当事人则向人民法院提出异议,要求人民法院对仲裁协议的效力作出裁定,仲裁机构应停止活动,由人民法院对此作出裁定,并以该裁定为准。这体现了国家司法审判权高于仲裁权。

四、经济仲裁裁决的撤销和执行

仲裁裁决具有法律效力。其一,裁决对双方当事人而言,是终局决定,当事人在此后不可就同一事项再向任何仲裁机构提起仲裁请求。其二,裁决与终审的法律判决具有几乎相同的法律效力,当事人必须执行;否则,人民法院可依当事人申请强制执行仲裁裁决。

如果当事人认为仲裁裁决确实不符合我国法律规定,可在收到裁决之日起 6 个月内向仲裁机构所在地中级人民法院提出撤销裁决的申请,法院经审理可依法撤销裁决,也可以驳回当事人的申请,维持原裁决的效力。这体现出国家司法权对仲裁权的必要监督。以仲裁机构所在地中级人民法院对仲裁实施监督,体现出国家司法审判权对仲裁监督的严肃性和权威性。这种监督可促使仲裁人员依法办事、公正办案。

人民法院对当事人提出的撤销仲裁裁决的申请,一般要审查以下几个方面,当事人也可就以下事实和理由向人民法院提出撤销仲裁裁决:

(1)申请人提出申请是否已超过 6 个月。即收到仲裁裁决书之日起 6 个月内才有权提出,过了 6 个月,无此权利。

(2)当事人之间有没有仲裁协议。如当事人无仲裁协议,仲裁机构受理仲裁申请并作出裁决显然是违法的,是应该撤销的仲裁裁决。

(3)裁决的事项是否属于仲裁协议的范围或者是否属于仲裁机构有权仲裁的范围。

超越仲裁协议约定的可仲裁事项的范围,违反当事人意思表示一致的原则,裁决无效可撤销。仲裁机构受理了本不属于它受理的争议事项,显然违法而无效。

(4)仲裁庭的组成或仲裁程序是否违反法定程序。如当事人合理的回避请求没有得到准许,导致裁决不公。

(5)仲裁裁决依据的证据是否伪造。当事人发现是伪证、假证,可请求人民法院撤销裁决。

(6)一方当事人隐瞒证据,使裁决不公,另一方也可向人民法院请求撤销裁决。

(7)仲裁员在仲裁案件中有受贿、索贿、徇私舞弊、枉法裁决行为,当事人可请求人民法院撤销裁决。

(8)仲裁结果虽不存在以上列举的情况,但其实际履行却会给社会公共利益带来损害的,人民法院有权裁定撤销。

人民法院所作的撤销裁决的裁定或驳回当事人申请撤销裁决的裁定,对当事人发生终局裁定的法律效力。如人民法院驳回当事人申请撤销裁决,仲裁裁决有效,双方当事人仍应遵守裁决。当事人不能再次提出申请或请求人民法院再审。如人民法院裁定撤销仲裁裁决,这就意味着仲裁裁决无效,当事人之间的合同纠纷并没有得到解决。当事人可通过以下两种方法去解决并未解决的合同纠纷:

(1)当事人再行协商,达成一个新的仲裁协议,选定新的仲裁机构,再次提起仲裁。

(2)当事人直接向人民法院起诉,通过人民法院的审判活动,对合同争议作出终审判决。仲裁裁决具有法律强制力,一方不履行裁决中决定的自己的义务,另一方可申请人民法院强制执行。申请执行的期限是:当事人如果一方或双方是公民的,申请执行期限为1年;当事人双方是法人的,其申请执行期限为半年,均从裁决决定的最后履行期限日起计算。人民法院将通过划拨、扣留、提取、搜查、查封、扣押、变卖、强制交付被申请执行人的存款、收入、财产、指定财物和票证等手段进行强制执行。

五、涉外仲裁

(一)涉外仲裁的概念

涉外仲裁是指当事人根据他们之间订立的仲裁协议自愿将涉外经济贸易、运输和海事中发生的争议提交选定的仲裁机构,由该机构按照规定的程序居中进行审理并做出裁决以解决争议的活动。因此,涉外仲裁是以仲裁的方式解决具有涉外因素的纠纷案件的一种方式。涉外仲裁与国内仲裁的根本区别在于它是解决涉外经济贸易、运输和海事中发生的纠纷的一种方式。这种纠纷的特点是具有涉外因素,因而这类纠纷案件属于涉外纠纷案件。我国《仲裁法》对何谓涉外仲裁未作明确规定,只是在该法第七章涉外仲裁的特别规定中明确了涉外经济贸易、运输和海事中发生的纠纷的仲裁,适用本章规定。在仲裁实践中,中国仲裁机构对涉及香港、澳门或台湾地区法人或自然人之间,或者其同外国法人或自然人之间产生于契约性或非契约性的经济贸易等争议中的仲裁案件,比照涉外仲裁案件处理。

(二)涉外仲裁机构

涉外仲裁机构属民间性质。它的仲裁员也由民间推荐选任;对仲裁事项仲裁机构没有强制管辖权;涉外仲裁机构行使仲裁权的基础取决于双方当事人的合意。我国涉外仲裁机构有两个:一是中国国际经济贸易仲裁委员会,该机构分别在深圳、上海设立了分支机构;二是中国海事仲裁委员会。这两个委员会隶属于中国国际商会。中国国际经济贸易仲裁委员会由主任一人、副主任和委员若干人组成。其仲裁的范围按照《中国国际经济贸易仲裁委员会仲裁规则》规定,中国国际经济贸易仲裁委员会主要管辖中外当事人之间、外国当事人之间和中国当事人之间的产生于国际或涉外的契约性或非契约性的经济贸易等争议。如合资经营、合作经营、合作开发、合作生产、技术转让、金融信贷、财产租赁、融资租赁、货物买卖、运输、保险、支付以及来料加工、来件装配、补偿贸易等方面的案件。中国海事仲裁委员会由主席一人、副主席和委员若干人组成。仲裁员从具有有关专业知识和实际经验的中外人士中聘任。中国海事仲裁委员会主要管辖下列案件:关于海上船舶互相救助、海上船舶和内河船舶互相救助报酬的争议;关于海上船舶碰撞、海上船舶和内河船舶碰撞或海上船舶损坏港口建筑物或设备所发生的争议;关于海上船舶租赁、代理、拖航、打捞、买卖、修理、建造业务以及根据运输合同、提单或其他运输文件办理的海上运输业务和海上保险所发生的争议;关于海洋环境污染损害的争议;双方当事人协议要求仲裁的其他海事争议。

国际仲裁机构一般分为以下几类:

(1)区域性仲裁组织与机构,如吉隆坡仲裁中心、阿拉伯国家仲裁中心、美洲国家商事仲裁委员会。

(2)有关国家的国际仲裁机构,如伦敦国际仲裁院、斯德哥尔摩商会仲裁院、瑞士苏黎世商会仲裁院。

(3)专业性仲裁组织与机构,如东京海事仲裁委员会、印度东部棉花有限责任协会。

(4)全球性仲裁机构,如国际商会仲裁院、世界知识产权组织仲裁中心、多边投资担保机构、解决投资争端国际中心。

(三)涉外仲裁适用的法律

涉外仲裁适用的法律与国内仲裁不同,国内仲裁只能适用中国法律。涉外合同仲裁允许当事人协商选择适用的法律。如果当事人未约定,则由涉外仲裁机构来决定应该适用哪国的实体法。中国的涉外仲裁机构在决定适用哪国实体法时,一般遵循"根据与合同最密切联系原则来选择所适用的法律"这条原则。一般可选择缔约地国家法律、合同履行地国家法律、仲裁机构所在国家法律、合同标的物所在地国家法律、合同当事人国籍法等。

但当事人选择法律的目的必须不能是为了规避法律或违反与合同有密切关系国家的法律的强制规定及仲裁地国家的公共秩序,也不可违反国家基于主权控制的强制性规定,如我国法律规定:在中国境内履行的中外合资经营企业合同、中外合作经营企业合同、中外合作勘探合同,必须适用中国法律。

(四)涉外仲裁的原则

1. 协议原则

所谓协议原则,是指仲裁机构仲裁权的取得须建立在当事人自愿协议基础之上。当事人可以事先在合同中订立仲裁条款,也可以在案发后达成书面仲裁协议。没有当事人的仲裁协议,仲裁机构不能行使仲裁权。

2. 独立裁决原则

独立裁决原则,首先是指仲裁机构在仲裁案件时,只能依据客观事实和法律,实事求是地裁决,不受任何机关、团体和个人的干涉。其次是指仲裁员个人独立,基于独立的意志作出裁决意见。

3. 公平原则

公平原则建立在当事人法律地位平等的基础之上。无论是中国当事人或外国当事人,也无论当事人所在国家的大、小、强、弱,他们在仲裁程序中都处于平等的地位,仲裁机构将公平相待、公正裁决。

4. 保密审理原则

保密审理即指不公开审理和当事人、仲裁员、证人、鉴定人等承担不向外界透露案件实体和程序进行情况的义务。对涉外案件不公开仲裁是出于对当事人自由意志的尊重和商业保密的考虑。如果双方当事人申请公开审理,必须征得仲裁庭的同意和认可。

5. 参照国际惯例原则

各国在长期的商业交往中已形成若干惯例,这些惯例既涉及实体法,又涉及程序法。涉外仲裁机构在仲裁时,参照这些国际惯例可以弥补我国法律法规的某些缺陷,也利于双方当事人接受裁决结果,从而合理、迅速地解决当事人间的争执。

第二节　经济诉讼

经济诉讼是指当事人依法请求人民法院运用审判权处理经济纠纷,解决当事人双方权利义务争执的一种方式。人民法院依照法律规定独立行使审判权,不受行政机关、社会团体和个人的干涉。当事人通过诉讼请求人民法院处理经济纠纷,是解决经济纠纷的最终办法。

我国经济诉讼立法,采纳了"经济诉讼属于民事诉讼"的观点,即"民事诉讼"说。

一、民事诉讼法规定的管辖

管辖是指法院系统内各级法院之间以及同级法院之间受理第一审案件的分工与权限。有级别管辖、地域管辖、移送管辖和指定管辖。

(一)级别管辖

级别管辖是指人民法院系统内上下级法院之间受理第一审案件的分工与权限。

《民事诉讼法》第十七条　基层人民法院管辖第一审民事案件,但本法另有规定的除外。

《民事诉讼法》第十八条　中级人民法院管辖下列第一审民事案件:

(1)重大涉外案件;

(2)在本辖区有重大影响的案件;

(3)最高人民法院确定由中级人民法院管辖的案件。

《民事诉讼法》第十九条　高级人民法院管辖在本辖区有重大影响的第一审民事

案件。

《民事诉讼法》第二十条　最高人民法院管辖下列第一审民事案件：

(1)在全国有重大影响的案件；

(2)认为应当由本院审理的案件。

(二)地域管辖

地域管辖是指不同地区的同院之间受理第一审案件的权限划分。有一般地域管辖、特别地域管辖、专属管辖、协议管辖、共同管辖。

1.一般地域管辖

一般地域管辖也叫普通地域管辖，是指根据当事人住所地确定行使管辖权的法院。地域管辖采取原告就被告原则，即原告到被告营业场所地起诉，此原则防止原告滥用诉权。

《民事诉讼法》第二十一条　对公民提起的民事诉讼，由被告住所地人民法院管辖；被告住所地与经常居住地不一致的，由经常居住地人民法院管辖。对法人或者其他组织提起的民事诉讼，由被告住所地人民法院管辖。同一诉讼的几个被告住所地、经常居住地在两个以上人民法院辖区的，该人民法院都有管辖权。

《民事诉讼法》第二十二条　下列民事诉讼，由原告住所地人民法院管辖；原告住所地与经常居住地不一致的，由原告经常居住地人民法院管辖：

(1)对不在中华人民共和国领域内居住的人提起的有关身份关系的诉讼；

(2)对下落不明或者宣告失踪的人提起的有关身份关系的诉讼；

(3)对被采取强制性教育措施的人提起的诉讼；

(4)对被监禁的人提起的诉讼。

2.特别地域管辖

特别地域管辖指根据诉讼标的或诉讼标的物所在地及被告住所地来确定管辖权，它与普通地域管辖相对称，列举如下：

《民事诉讼法》第二十三条　因合同纠纷提起的诉讼，由被告住所地或者合同履行地人民法院管辖。

《民事诉讼法》第二十四条　因保险合同纠纷提起的诉讼，由被告住所地或者保险标的物所在地人民法院管辖。

《民事诉讼法》第二十五条　因票据纠纷提起的诉讼，由票据支付地或者被告住所地人民法院管辖。

《民事诉讼法》第二十七条　因铁路、公路、水上、航空运输和联合运输合同纠纷提起的诉讼，由运输始发地、目的地或者被告住所地人民法院管辖。

《民事诉讼法》第二十八条　因侵权行为提起的诉讼，由侵权行为地或者被告住所地人民法院管辖。

《民事诉讼法》第二十九条　因铁路、公路、水上和航空事故请求损害赔偿提起的诉讼，由事故发生地或者车辆、船舶最先到达地、航空器最先降落地或者被告住所地人民法院管辖。

《民事诉讼法》第三十条　因船舶碰撞或者其他海事损害事故请求损害赔偿提起的

诉讼,由碰撞发生地、碰撞船舶最先到达地、加害船舶被扣留地或者被告住所地人民法院管辖。

《民事诉讼法》第三十一条 因海难救助费用提起的诉讼,由救助地或者被救助船舶最先到达地人民法院管辖。

《民事诉讼法》第三十二条 因共同海损提起的诉讼,由船舶最先到达地、共同海损理算地或者航程终止地的人民法院管辖。

3. 协议管辖

即当事人可以在充分协商的基础上对第一审案件共同协议选择由哪个法院管辖。其立法旨在尊重当事人的自主选择,减少当事人对管辖的争议,克服地方保护主义,促使当事人对管辖法院信赖。目前我国协议管辖只适用于合同纠纷案件。

合同的双方当事人可以在书面合同中协议选择被告住所地、合同履行地、合同签订地、原告住所地、标的物所在地人民法院管辖,但不得违反本法对级别管辖和专属管辖的规定。

协议管辖应注意:

(1)双方可选择被告住所地、合同履行地、合同签订地、原告住所地、标的物所在地法院管辖。即当事人协议选择的法院必须是与争议相关的法院。

(2)协议管辖应采用书面形式。

(3)协议管辖不可违反级别管辖、专属管辖和特别管辖的规定。

(4)协议管辖有国内与涉外之分。国内案件协议管辖的范围仅限于合同纠纷案件,只能选择我国法院管辖。涉外协议管辖的范围除合同纠纷案件以外,还包括财产权益纠纷案件。涉外协议管辖,既可选择中国法院,也可选择外国法院。但在中国境内履行中外合资经营企业合同、中外合作经营企业合同、中外合作勘探开发自然资源合同发生纠纷提起的诉讼,由中国法院管辖,即协议管辖不可违反我国针对特殊案件基于主权控制的法定管辖。

当事人如果认为受理经济合同纠纷案件的法院对该案无管辖权,可以向受诉法院提出不服该院管辖的意见或主张。这就是管辖权异议,它是当事人的一项重要权利。行使这项权利应注意:

第一,提出管辖权异议的只能是被告,这一点对被告减少应诉费用、防止地方保护主义有重要意义。

第二,提出管辖权异议应当在收到原告起诉状后的 15 天内提出,过 15 天后并参加诉讼过程,再提管辖权异议,法院不予审查,当事人丧失异议权。

第三,管辖权异议应以书面形式提出。

4. 专属管辖

即根据案件的特定性质,法律规定某类案件必须由一定地区的人民法院管辖,其他法院无权管辖。

下列案件,由以下规定的人民法院专属管辖:

(1)因不动产纠纷提起的诉讼,由不动产所在地人民法院管辖。

(2)因港口作业中发生纠纷提起的诉讼,由港口所在地人民法院管辖。

(3)因继承遗产纠纷提起的诉讼,由被继承人死亡时住所地或者主要遗产所在地人民法院管辖。

两个以上人民法院都有管辖权的诉讼,原告可以向其中一个人民法院起诉;原告向两个以上有管辖权的人民法院起诉的,由最先立案的人民法院管辖。

(三)移送管辖和指定管辖

1. 移送管辖

人民法院发现受理的案件不属于本院管辖的,应当移送有管辖权的人民法院,受移送的人民法院应当受理,受移送的人民法院认为受移送的案件依照规定不属于本院管辖的,应当报请上级人民法院指定管辖,不得再自行移送。

2. 指定管辖

有管辖权的人民法院由于特殊原因,不能行使管辖权的,由上级人民法院指定管辖。人民法院之间因管辖权发生争议,由争议双方协商解决;协商解决不了的,报请它们的共同上级人民法院指定管辖。

人民法院受理案件后,当事人对管辖权有异议的,应当在提交答辩状期间提出。人民法院对当事人提出的异议,应当审查。异议成立的,裁定将案件移送有管辖权的人民法院;异议不成立的,裁定驳回。

上级人民法院有权审理下级人民法院管辖的第一审民事案件,也可以把本院管辖的第一审民事案件交下级人民法院审理。下级人民法院对它所管辖的第一审民事案件,认为需要由上级人民法院审理的,可以报请上级人民法院审理。

二、诉讼时效

经济诉讼时效是指法律规定经济权利人通过经济诉讼程序请求法院保护其经济权利的有效时间。法院只在诉讼时效期间保护权利人的请求权。权利人在法定期间内不行使自己的权利,就丧失了请求法院依诉讼程序强制义务人履行义务的权利。即诉讼时效期间届满,除法律另有规定外,权利人的请求权就不受法院保护。可见诉讼时效对权利人是非常重要的。需要明确的是,时效期间届满以后,虽然权利人的权利不再受法院的强制保护,义务人因诉讼时效期间届满不履行义务是合法的,但权利人和义务人之间的债权债务关系依然存在。但是,过了诉讼时效期间债务人自愿履行义务的,不受诉讼时效的限制,即债务人不得又翻悔以诉讼时效已过要求债权人返还已履行的债务额。诉讼时效的目的是促使权利人及时行使权利,有利于解决当事人权利义务关系处于不稳定的状态。除法律另有规定外,任何人不得延长或缩短诉讼时效期间,当事人双方约定变更诉讼时效的协议是不具有法律效力的。

依据我国《民事诉讼法》规定,我国诉讼时效期间有如下几种:

(1)一般时效为2年。

(2)短期时效为1年。如出售质量不合格的商品未声明的,或延付、拒付租金的。短期时效为了便于法院及时调查取证,迅速结案。

(3)最长时效为20年。

(4)特殊时效。如我国《合同法》第一百二十九条规定,因国际货物买卖合同和技术进出口合同争议提起诉讼或者申请仲裁的期限为 4 年,自当事人知道或者应当知道其权利受到侵害之日起计算。因其他合同争议提起诉讼或者申请仲裁的期限,依照有关法律的规定。

理解诉讼时效制度还应注意以下几个问题:

(1)诉讼时效期间的计算方法为:年、月、日,开始的当天不算入,从第二天开始计算。期间最后一天是星期日或其他法定休假日的,以休假日的次日为期间的最后一天,期间的最后一天的截止时间为停止业务活动的时间。

(2)诉讼时效期间的开始一般是按照当事人知道或应当知道权利被侵害时起计算。如有期限的债权债务纠纷案件,应从期限届满日的第二天起算。

(3)诉讼时效中止。是指在诉讼时效进行到最后 6 个月内,因不可抗力或者其他障碍,使权利人不能行使请求权时,诉讼时效暂时中止。从中止时效的原因消除之日起,诉讼时效期间继续计算。其中,时效暂停的一段时间不计入诉讼时效期间之内。即计最后 6 个月内,暂停多少时间,补足多少时间,当然,补足的时间不会超过 6 个月。中止的目的是为延长时效,使权利人有充分的时间行使诉权。

(4)诉讼时效中断。是指在诉讼时效进行中,由于某种法定事由,致使以前经过的时间不算数,从中断时起,诉讼时效期间重新计算。引起诉讼时效中断的法定事由有以下几种:

①权利人或义务人向法院提起诉讼。

②债权人向债务人主张债权,即债权人明确向债务人提出要求。

③债务人表示履行义务,这包括承认债务存在和实际履行债务。如果是债务人偿还了一部分债务,应在这一法律事实基础上,从偿还之日起诉讼时效中断。如果出现债务人表示要求缓期履行,而债权人表示同意,也可以发生诉讼时效中断。

时效中断与时效中止一样都是延长时效,促使当事人尽快打破权利不行使的状态,尽快行使诉权。不同的是,时效中止是时效的暂停;时效中断是时效发生根本性障碍,而产生了一个新的时效,原来的时效作废了。

三、主要诉讼程序

(一)第一审程序

第一审程序包括普通程序、简易程序和特别程序。第一审普通程序是民事诉讼法中规定的一种诉讼程序,在整个民事诉讼程序中具有广泛的实用性,审理第一审经济纠纷案件一般适用普通程序。简易程序是基层人民法院和它的派出法庭,审理事实清楚、权利义务关系明确、争议不大的经济纠纷案件时适用的一种既独立又简便易行的诉讼程序。特别程序是法院审理某些特别的非民事权益争议案件所适用的程序,这些案件包括选民资格、宣告失踪或者宣告死亡案件、认定公民无民事行为能力或者限制民事行为能力案件和认定财产无主案件。

第一审普通程序包括起诉和受理、审理前的准备、开庭审理、诉讼中止和终结、判决和裁定等几个部分。

（二）第二审程序

当事人不服第一审法院的判决和裁定的，有权向上级人民法院提起上诉。

当事人不服第一审法院的判决，在收到判决书的15内有权上诉；对裁决不服的，应在10日内提起上诉。逾期没有上诉的，第一审法院的判决和裁定发生法律效力。

第二审人民法院对上诉案件应当组成合议庭开庭审理，其程序与第一审程序大致相同。第二审不采用独任制，也没有陪审员参加合议庭。经过阅卷和调查，询问当事人，在事实核对清楚后，合议庭认为不需要开庭审理的，也可以径行判决、裁定。

第二审人民法院应当对上诉请求的有关事实和适用法律进行审查。

第二审人民法院对上诉案件，应当组成合议庭，开庭审理。经过阅卷和调查，询问当事人，在事实核对清楚后，合议庭认为不需要开庭审理的，也可以径行判决、裁定。第二审人民法院审理上诉案件，可以在本院进行，也可以到案件发生地或者原审人民法院所在地进行。

第二审人民法院对上诉案件，经过审理，按照下列情形，分别处理：

（1）原判决认定事实清楚，适用法律正确的，判决驳回上诉，维持原判决；

（2）原判决适用法律错误的，依法改判；

（3）原判决认定事实错误，或者原判决认定事实不清，证据不足，裁定撤销原判决，发回原审人民法院重审，或者查清事实后改判；

（4）原判决违反法定程序，可能影响案件正确判决的，裁定撤销原判决，发回原审人民法院重审。当事人对重审案件的判决、裁定，可以上诉。

第二审人民法院对不服第一审人民法院裁定的上诉案件的处理，一律使用裁定。

第二审人民法院的判决、裁定，是终审的判决、裁定。

（三）审判监督程序

即对已经发生法律效力的判决、裁定，发现确有错误，重新再审，以纠正错判。这是当事人最后一次申辩机会，也是司法审判中最后的修错和救济机制。

1. 提起审判监督的途径

（1）作出生效判决的法院院长提起，由本院审判委员会决定是否再审；

（2）最高法院和上一级法院对下级法院作出的生效判决布权再审；

（3）最高检察院和上一级检察院对下一级法院已作出的生效判决有权抗诉，引起再审；

（4）当事人提起。

2. 提起再审的条件

（1）有新的证据，足以推翻原判决、裁定；

（2）原判决、裁定认定事实的主要证据不足；

（3）原审运用法律确有错误；

（4）法院违反法定程序，可能影响案件正确判决；

（5）审判人员在审理该案时贪污受贿、衔私舞弊、枉法裁判。

（四）支付令程序

支付令程序又叫督促程序，是指法院根据债权人要求债务人给付金钱或有价证券的请求,不经过审判程序,直接向债务人发出支付令并要求其按期给付;否则,即根据债权人的申请和支付令予以强制执行。

支付令的申请条件如下:

(1)支付令仅适用于给付金钱和有价证券;

(2)债权人和债务人之间无其他债务纠纷,不存在抵销法律关系;

(3)支付令能够送达债务人,如债务人不在我国境内,或虽在境内但不能直接送达,则法院不予受理;

(4)支付令应向债务人主要办事机构地法院申请。

债务人自收到法院签发的支付令之日起 15 日内应主动清偿债务,或向法院提出异议,如异议成立,法院裁定终结督促程序。债权人可以向法院起诉,以求解决纠纷。如果债务人 15 日内既不偿债,又不提出异议,15 日后法院将强制债务人偿债。

(五)先予执行

先予执行指法院受理经济案件后,作出判决前,根据当事人一方的申请,先行裁定另一方给付一定的财物,或先行裁定另一方作为或不作为的法律制度。

1. 先予执行必须具备以下构成要件

(1)当事人之间权利义务关系明确。权利义务内容不需要经过查证便能够确定。

(2)不先予执行将严重影响申请人的生活或者生产经营。如原材料缺乏,企业发不出工资,甚至停产、停业。

(3)被申请人有履行能力口如无实际给付能力,即使作出裁定也无法执行。

(4)当事人提出申请。提出申请是先予执行的前提。有些个案中法院还会责令申请人提供担保,防止执行错误。如申请人不提供担保,法院将驳回申请。

2. 实践中可以适用先予执行的情况

(1)追索货款的,如生产方已按合同按期交付或经营方已按合同发运,义务人已如数验收,且在法定期间未提出质量异议的。

(2)追偿赔偿费用的,如因环境污染、食品中毒、放射性污染等已经给部分公民或团体、集体组织造成经济损失、人身伤害,严重影响身体健康、影响生产和生活的。

(3)追索交付生产、经营活动中急需的图纸、资料、设备部件的,如一方已经支付了合同约定的费用,而另一方却以价格低、汇款时间稍有差误等拒不交付图纸、资料、设备部件,以致严重影响权利方的施工、生产的。

(4)追索交付生产上急需的原材料、辅助材料的,如冶炼急需的原材料,纺织急需的棉花、棉纱,服装行业需要的棉布、布料,等等。

(5)在原告为个体工商户、专业户等的经济纠纷案件中,必须先予执行才不致使其在生活上造成严重困难的。

(6)由于一方当事人违反合同,造成对方经济上的重大损失亟待赔偿,否则将严重影响其资金流转,甚至有可能造成生产经营活动停顿的。

(7)其他需要先予执行的。经济越发展,经济法律关系越完备,经济审判的范围会越来越大,需要先予执行的案件范围也随之扩大。

先予执行与支付令的区别在于:先予执行必须起诉,是执行前的一种特殊执行手段;

支付令不需经过诉讼程序，当事人直接请求法院强制执行，是一种非诉的执行手段。

（六）强制执行

强制执行指法院依法定程序以国家强制力强制实现法律文书确定的权利义务关系的一种诉讼活动。强制执行是法律文书确定后在义务人拒不履行义务的情况下，不能自动履行的情况下，强制实现法律文书所确定的内容。

能够作为法院执行根据的法律文书有以下几种：

（1）法院判决书、裁定书、调解书、支付令、罚款决定书；

（2）法院制作的具有财产内容的刑事判决书、裁定；

（3）法院制作的承认和执行外国法院、外国仲裁机构的裁定书；

（4）仲裁机构制作的裁决书、调解书；

（5）公证机关依法赋予强制执行效力的债权文书；

（6）行政机关制作的依法应当由法院执行的决定书。

当事人应特别注意申请执行的期限：双方或一方当事人是公民的，申请执行期限为一年；双方都是法人的，申请执行期限为 6 个月。超过上述期限则丧失申请执行的权利。申请执行的期限，从法律文书规定的履行期间的最后一日起开始计算。如法律文书规定被告于年底前还清全部债款，原告申请执行的期限从 12 月 31 日起开始计算，如果双方均为法人，申请执行的期限到 6 月 30 日止。法律文书规定分期履行的，从规定的每次履行期间的最后一日起开始计算。如判决书规定被告分两次还清 80 万元，6 月底偿还 30 万元，12 月底偿还 50 万元。在此情况下原告应当分两次申请：第一次申请执行 30 万元债款的期限为 6 月 30 日至 12 月 31 日；第二次申请执行 50 万元债款的期限为 12 月 31 日至来年 6 月 30 日。

法律规定申请执行期限是为了加速民事流转，维护经济秩序，确保生产经营，当事人必须及时行使申请权，以防过时失权。

（七）公示催告程序

公示催告程序指人民法院根据可以背书转让的票据持有人的申请，以公示的方法，催告不明的票据利害关系人，在法院指定的期间内向法院申报票据权利，逾期无人申报，法院则作出宣告票据无效的判决的程序。票据被判无效，申请人获得票据权利，可持法院裁决书请求付款人付款。如有人出来申报票据权利，公示催告终结，申请人和申报人一起进行票据诉讼，进入诉讼程序，等待法院的确权判决。

票据丢失在报纸、电台上作挂失声明是不具有法律效力的，因为其他任何人没有义务对报纸和电台、电视上的挂失声明尽注意义务。公示催告程序应注意以下几个问题：

（1）公示催告中的票据仅指汇票、本票、支票。

（2）申请公示催告只能向票据支付地基层法院申请。

（3）票据一旦被公示催告，公示催告期间，即 60 天内，票据转让无效，所以受让票据必须查明该票据是否已被公示催告，如果已被公示催告，这种票据的受让方是有风险的。

（4）只有票据被盗、遗失和灭失时，才可申请公示催告，且无明确的相对人，如果票据丢失，又知道票据拾得人，就不必公示催告，直接起诉明确的相对人。

（5）法院决定受理公示催告申请后，将同时通知支付人停止支付。支付人收到法院止付通知，应当停止支付，至公示催告程序终结。但在收到停止支付通知前，支付人已支付,支付人无过错。申请人只能与票据款项取得人进行票据诉讼。

本章小结

经济仲裁是当事人因经济争议而到仲裁机关请求裁决的活动,在了解我国经济仲裁的基本原则和基本制度的基础上,按照仲裁程序达到解决经济争议的目的。经济诉讼是指当事人因经济争议而到人民法院,请求判决而解决经济纠纷的活动,在明确人民法院的管辖和诉讼时效的基础上,按照诉讼程序,解决经济纠纷。

思考题

1. 简述经济仲裁的特点。
2. 简述经济仲裁与经济诉讼的区别。
3. 简述自愿原则的具体体现。
4. 简述经济仲裁与民事诉讼中财产保全的不同。
5. 简述申请撤销仲裁裁决的条件。

练习题

一、单项选择题

1. 仲裁实行(　　)制度。
   A. 一裁终局　B. 二裁终局　C. 一裁一审　D. 二裁二审
2. 当事人申请撤销裁决的应当自收到裁决书之日起(　　)个月内提出。
   A. 1　B. 2　C. 3　D. 6
3. 民事诉讼的程序可分为普通程序和(　　)。
   A. 特别程序　B. 简易程序　C. 复杂程序　D. 重点程序
4. 管辖可以分为级别管辖和(　　)。
   A. 一般地域管辖　B. 特殊地域管辖
   C. 专属管辖　D. 地域管辖

二、多项选择题

1. 仲裁协议应当至少具有(　　)等内容。
   A. 请求仲裁的意思表示　B. 仲裁的事项
   C. 裁决的效力　D. 选定的仲裁机构
2. (　　)不影响仲裁协议的效力。
   A. 合同的变更　B. 合同的解除
   C. 合同的无效　D. 仲裁委员会约定不明确
3. 我国仲裁的原则主要有(　　)。
   A. 自愿原则　B. 仲裁依法独立进行的原则
   C. 先行调解的原则　D. 不开庭审理原则
4. 诉讼程序包括(　　)等。
   A. 一审程序　B. 二审程序　C. 执行程序　D. 强制程序

参考文献

[1] 董保华.劳动法原理[M].上海:上海社会科学院出版社,1998.
[2] 董保华.劳动法论[M].北京:世界图书出版公司,1999.
[3] 许建宇.劳动法新论[M].杭州:杭州大学出版社,1996.
[4] 郭捷.劳动法学[M].北京:中国政法大学出版社,1997.
[5] 李景森,贾俊玲.劳动法学[M].北京:北京大学出版社,2001.
[6] 黄越钦.劳动法新论[M].北京:中国政法大学出版社,2003.
[7] 关怀.劳动法学[M].北京:法律出版社,1996.
[8] 常凯.劳动关系、劳动者、劳权[M].北京:中国劳动出版社,1995.
[9] 李玉梅.经济法概论[M].郑州:河南人民出版社,2007.
[10] 杨立新.合同法专论[M].北京:高等教育出版社,2006.
[11] 杨立新.合同法判例与学说[M].长春:吉林人民出版社,2005.
[12] 徐杰.经济法概论[M].北京:首都经济贸易大学出版社,2008.
[13] 中国注册会计师协会.经济法[M].北京:中国财政经济出版社,2016.
[14] 姜发根.新编经济法教程[M].北京:北京交通大学出版社,2008.
[15] 黄河,张卫华.经济法概论[M].北京:中国政法大学出版社,2007.
[16] 王丽萍.经济法[M].重庆:西南财经大学出版,2006.
[17] 财政部会计资格评价中心.经济法[M].北京:中国财政经济出版社,2007.
[18] 江伟.民事诉讼法[M].2版.北京:高等教育出版社,2004.
[19] 黄进.仲裁法学[M].北京:中国政法大学出版社,2003.
[20] 曲振涛.产品质量法概论[M].北京:中国财政经济出版社,2002.
[21] 谢德成.劳动法与社会保障法[M].北京:中国政法大学出版社,2005.
[22] 李昌麒.经济法学[M].北京:法律出版社,2007.
[23] 种明钊.竞争法学[M].北京:高等教育出版社,2002.
[24] 孔祥俊.反不正当竞争法适用与完善[M].北京:法律出版社,1996.
[25] 张严方.消费者保护法研究[M].北京:法律出版社,2003.
[26] 沈志斌.新版电力法实例说[M].长沙:湖南人民出版社,2006.
[27] 顾功耘.公司法[M].北京:北京大学出版社,2004.